Ursprung und Entwicklung des Lebens

Johannes Sander

Ursprung und Entwicklung des Lebens

Eine Einführung in die Paläobiologie

 Springer

nicht genug Energie, um die Kontraktion zum Erliegen zu bringen. Erst wenn die Kerntemperatur 4×10^6 Celsius überschreitet, setzt die Fusion von Wasserstoff zu Helium ein und der Stern gelangt in sein thermisches Gleichgewicht.

1.2 Planetensysteme

Nach dem Akkretionsmodell entstehen Planetensysteme aus der kurzlebigen Akkretionsscheibe, die die jungen Sterne umgibt. Diese Scheibe besteht zunächst aus kleinen Staubpartikeln, die vor allem elektrostatisch miteinander wechselwirken. Mit der Zeit bilden sich aus diesen Staubteilchen größere Brocken. Kritisch ist hierbei die Meterbarriere (Elkins-Tanton 2017): Haben die Brocken einen Durchmesser von etwa einem Meter erreicht, so vernichten sie sich bei Stößen immer wieder gegenseitig. Elektrostatische Kräfte reichen nicht mehr, um die Objekte zusammenzuhalten. Doch erst ab einem Durchmesser von etwa 100 m wird die Schwerkraft so stark, dass sie zu einem Zusammenballen der Objekte führt. Zudem bremsen Wechselwirkungen zwischen den metergroße Brocken und dem Gas der Scheibe die Brocken aus. Sie bewegen sich daher auf Spiralbahnen in Richtung Zentralgestirn. Möglicherweise sorgen aber Turbulenzen dafür, dass sich die metergroßen Klumpen an einigen Stellen der Scheibe, an sogenannten „Staubfallen", konzentrieren. So können diese auch als Planetesimale bezeichneten Planetenkeime weiter wachsen, bis sie sich schließlich unabhängig vom Gas bewegen können. Einige „mausern sich" schließlich so stark, dass aus ihnen Planetenembryos werden, die durch ihre Schwerkraft immer mehr Objekte anziehen und so ihre Bahn freiräumen. Wahrscheinlich üben die Planetesimale, solange sie noch in der Überzahl sind, über ihre Gravitation einen Dämpfungseffekt auf die Planetenembryos aus. In der Schlussphase dürfte dieser Effekt allerdings wegfallen, sodass vorübergehend chaotische Zustände in dem Planetensystem ausbrechen: Es kommt zu Kollisionen (→ Mondentstehung) und dazu, dass einzelne Objekte aus dem System herauskatapultiert werden. Möglicherweise hat es durch Kollisionen auch mehrere Phasen der Entstehung und Neubildung von Planeten und Planetesimalen gegeben. Da die Akkretionsscheibe im Drehsinn des Sterns rotiert, umkreisen Planeten ihren Zentralstern normalerweise auch in der Rotationsrichtung und mit der Rotationsachse des Sterns. Junge Planeten sind oft noch sehr heiß und haben daher eine rote Farbe.

Die Erde ist vermutlich ursprünglich als Doppelplanet entstanden. Ihre Schwester Theia, in etwa so groß wie der Mars, stürzte allerdings vor rund 4,5 Milliarden Jahren in einem Winkel von 45 Grad auf die Gaia genannte und mit einer Rotationsdauer von nur 2,3 Stunden damals noch sehr rasch rotierende Urerde *(giant impact)* (Cuk und Stewart 2012). Dabei wurde Material aus dem durch den Einschlag völlig aufgeschmolzenen Gaia-Mantel herausgeschlagen. Hieraus hat sich später der Mond gebildet. Theias Eisenkern wäre demnach im Erdkern aufgegangen, was den geringen Eisengehalt des Mondes und damit auch seine geringe Dichte relativ zur Erde erklären könnte. Der Mantel des Protomondes oder vielleicht sogar der ganze Protomond bestand zu diesem frühen Zeitpunkt wahrscheinlich ebenfalls aus geschmolzenem Magma.

Offen ist bei diesem Modell allerdings, wie das Erde-Mond-System seinen überschüssigen Drehimpuls abgeführt hat: Möglicherweise hat die Sonne diesen aufgenommen.

Der Erdenmond ist verglichen mit dem Planeten, den er umkreist, ungewöhnlich groß. Wahrscheinlich hat dieser Umstand wesentlich dazu beigetragen die Erdachse und damit auch das Klima auf der Erde zu stabilisieren. Der Mond dürfte somit für den dauerhaften Erhalt des Lebens auf der Erde eine große Rolle gespielt haben.

In den rund 500 Millionen Jahren, die auf den *giant impact* folgten, im sogenannten Hadaikum, bedeckte glutflüssige Lava die Erde beziehungsweise diese besaß eine zumindest noch instabile Kruste. Erst im Laufe und gegen Ende des Hadaikums kühlte die Erdoberfläche soweit ab, dass sie fest wurde und Ozeane entstehen konnten.

Das Klima auf der jungen Erde war vermutlich sehr viel kühler als heute (*faint-young-sun*-Paradoxon). Denn auch die Sonne war noch jung und besaß gerade einmal 70 Prozent ihrer aktuellen Leuchtkraft. Die Annahme von hohen Konzentrationen von Treibhausgasen wie Methan oder Kohlendioxid in der Erdatmosphäre können dieses Paradoxon zumindest teilweise auflösen.

Die Altersbestimmung von Mondgestein verrät, dass es in einem kurzen Zeitfenster vor 4,1 bis 3,7 Milliarden Jahren – also mehrere Hundertmillionen Jahre nachdem die Planeten entstanden waren – zu zahlreichen Kollisionen kleiner Körper wie **Asteroiden** oder **Kometen** mit Planeten gekommen ist, dem Großen Bombardement. Infolge dessen könnten die damals noch jungen Meere möglicherweise vorübergehend wieder verdampft sein. Die genaue Ursache für das Bombardement ist noch strittig. Als Ursache infrage kommen nach dem Nizza-Modell z. B. Wechselwirkungen zwischen den Gasriesen unter den Planeten – vor allem Jupiter und Saturn- und dem Asteroiden- bzw. dem Kuiper-Gürtel. Auch der Verlauf und das Ausmaß des Großen Bombardements sind umstritten. Möglicherweise lief es langsam aus und endete nicht abrupt wie früher angenommen (Mann 2018).

In größerer Entfernung von der Sonne könnten bei dem Bombardement wasserreiche Objekte entstanden sein: Die Hitze des jungen Stern reichte nicht so weit, um dieses Wasser verdampfen zu lassen. Bei den Kollisionen könnten solche Objekte **organische Moleküle** auf die Erde gebracht haben (Jewitt und Young 2015). Auf Kometen wurde z. B. die Aminosäure Glycin nachgewiesen. Hauptquelle für das Wasser auf der Erde waren aber wahrscheinlich die Asteroiden und nicht die Kometen.

2

Die Entstehung des Lebens

Anfangs war die Erde noch sehr heiß. Mit der Zeit kühlte sie aber immer mehr ab, sodass Wasserdampf zu Wasser kondensieren konnte. Flüssiges Wasser gibt es wahrscheinlich seit etwa 4,3 Milliarden Jahren auf der Erde. Damit waren auch die Voraussetzungen gegeben, damit sich Leben entwickeln konnte. Doch wie soll so etwas Komplexes wie das Leben einfach so entstehen? Selbst einzelne Zellen bestehen aus Tausenden von Einzelmolekülen, die alle richtig zusammenarbeiten müssen, damit die Zelle funktioniert. Betrachten wir beispielsweise die Erbsubstanz. Sie wird als Desoxyribo**nukleinsäure** (englisch kurz: DNA) bezeichnet und besteht aus vier Bausteinen (Nukleotiden): Adenosin- (A), Guanosin- (G), Thymidin- (T) und Cytidinphosphat (C), die jedes für sich selbst wieder komplexe organische Moleküle sind. In der Abfolge (Sequenz) dieser vier Bausteine ist die Erbinformation gespeichert. Jeder dieser Bausteine besteht aus einer Base (Adenin, Guanin, Thymin und Cytosin), die über einen

© Springer-Verlag GmbH Deutschland,
ein Teil von Springer Nature 2020
J. Sander, *Ursprung und Entwicklung des Lebens*,
https://doi.org/10.1007/978-3-662-60570-7_2

Zuckerrest mit einer Phosphatgruppe verbunden ist. Die Phosphatgruppen stellen jeweils den Kontakt zu dem Zuckerrest des folgenden Nukleotids her, Zuckerrest und Phosphatgruppen bilden somit das Rückgrat des Moleküls. In der variierenden Abfolge der vier Bausteine (Sequenz) der Nukleinsäuren ist letztlich die Erbinformation gespeichert.

Die Erbsubstanz muss sich bei der Teilung der Zelle verdoppeln. Nukleinsäuren besitzen dazu ideale Voraussetzungen: Sie liegen als Doppelstränge vor, wobei der eine Strang quasi eine Art Negativabdruck des anderen Strangs ist. Ein Adenosinrest des einen Stranges paart sich immer mit dem Thymidinrest des anderen Stranges und ein Guanosinrest immer mit einem Cytosinrest. Umgekehrt gilt das natürlich auch. Werden die beiden Stränge voneinander getrennt, so können die zu jedem der beiden Stränge passenden Gegenstränge leicht erzeugt werden. Die benötigten Bausteine sowie die zu ihrem Zusammenbau notwendige Energie liefert der Stoffwechsel. Dieser wiederum benötigt Enzyme, das heißt **Proteine** (= große Polypeptide), die von der DNA codiert werden. Beim Ablesen einzelner Gene wird zunächst eine Kopie der DNA erzeugt. Diese Kopie besteht aus Ribonukleinsäure (RNA), eine Substanz, die der DNA chemisch ähnelt. Allerdings dient als Zucker nicht Desoxyribose, sondern Ribose und die Base Thymin wird durch die chemisch verwandte Base Uridin ersetzt. Die Sequenz der Ribonukleinsäure wird schließlich an den **Ribosomen,** großen Strukturen, die sowohl aus Ribonukleinsäuren als auch aus Proteinen bestehen, in eine Abfolge von Aminosäure und damit in ein Protein übersetzt. Auch dieser Vorgang benötigt Bausteine und Energie, die ebenfalls der Stoffwechsel bereitstellt. Die Weitergabe der Erbsubstanz und der Stoffwechsel einer Zelle sind somit auf das engste miteinander verknüpft und können zumindest bei allen heute existierenden Zellen nicht unabhängig voneinander gedacht werden.

Der Stoffwechsel von Lebewesen beruht vor allem auf Redoxprozessen: Bei der Reduktion nehmen Substanzen Elektronen auf, bei der Oxidation geben sie Elektronen ab. Da es immer eine Quelle (Elektronendonor, Reduktionsmittel) und einen Empfänger (Elektronenakzeptor, Oxidationsmittel) geben muss, sind Reduktion und Oxidation aneinander gekoppelt. Wir Menschen, aber auch viele andere Organismen nehmen zum Beispiel **organische Moleküle** wie Zucker oder Fettsäuren auf und oxidieren diese über die Glykolyse, beziehungsweise die β-Oxidation und den Citratzyklus zu Kohlendioxid. Die dabei freiwerdenden Elektronen werden schließlich auf Sauerstoff übertragen, wobei Wasser entsteht. Außerdem wird Energie frei, die der Organismus zum Leben nutzen kann.

Die Übertragung der Elektronen auf den Sauerstoff erfolgt bei uns in kleinen Organen („Organellen"), die in jeder unserer Zellen vorhanden sind, den **Mitochondrien:** Diese sind von zwei Membranen umhüllt. In der inneren Membran befinden sich Proteine, die die Elektronen aufnehmen und über mehrere Zwischenschritte an den Sauerstoff weiterreichen. Dies bezeichnet man auch als Elektronentransport- oder **Atmungskette.** Steht kein Sauerstoff zur Verfügung, so können Organismen einen Gärungsstoffwechsel betreiben. In diesem Fall dienen organische Moleküle als Empfänger für die Elektronen. Als Endprodukte verbleiben beispielsweise Alkohol oder andere organische Moleküle. Da bei einer Gärung die Kohlenstoffatome nicht vollständig zum Kohlendioxid oxidiert werden, die Oxidation also unvollständig ist, ist der Energiegewinn wesentlich geringer, als bei der Atmung. Grüne Pflanzen etwa nutzen das Sonnenlicht, um Elektronen in einen energiereichen Zustand zu versetzen. Mit diesen Elektronen reduzieren sie dann das Kohlenstoffatom des Kohlendioxids und erzeugen somit Zucker, beziehungsweise genauer: lange, als Stärke bezeichnete Zuckerketten. Diese können sie dann nachts oder in ihren Wurzeln veratmen.

Wie genau das Leben entstanden ist, lässt sich natürlich nie mit absoluter Sicherheit sagen, da niemand dabei war und den Vorgang beobachtet hat. Um die Vorgänge dennoch besser verstehen zu können, ist es sinnvoll, zunächst einmal die Bedingungen, die auf der frühen Erde herrschten, genauer zu betrachten. Dafür bietet es sich an, das Problem in einzelne Teile zu zerlegen.

2.1   Die Quelle des Stoffwechsels

Das erste Zeitalter der Erdgeschichte wird als Hadaikum bezeichnet. Es beginnt mit der Entstehung des Planeten Erde und endet vor etwa vier Milliarden Jahren. Bevor es überhaupt irgendein Leben gab, bestand die Atmosphäre wahrscheinlich aus Wasserdampf, Stickstoff (N_2), Wasserstoff (H_2), Schwefelwasserstoff (H_2S), Kohlenmonoxid (CO), Blausäure (HCN) und vielleicht Kohlendioxid (CO_2) und Methan (CH_4) (Lloyd 2006). Das Oxidationsmittel Sauerstoff fehlte noch, die Atmosphäre war also reduzierend. Entsprechend lagen auch Eisenionen als reduzierte Fe(II)-Ionen vor. Im Gegensatz zu den stärker oxidierten Fe(III)-Ionen fehlen diesen Ionen nicht drei, sondern nur zwei Elektronen in ihrer **Atom**hülle. Die Ozeane waren damals zudem deutlich wärmer als heute (Garcia et al. 2017). Bevor Leben entstehen konnte, mussten zunächst einmal organische Moleküle entstehen. Solche Moleküle könnten mit **Meteoriten** auf die Erde gelangt sein. Teils könnten sie auch unter dem Einfluss von Blitzen in der Uratmosphäre entstanden sein, wie das klassische Miller-Urey-Experiment zeigen konnte. Die früher postulierte Ursuppe, also eine dicke, alle Urozeane umfassende Brühe aus organischen Molekülen und Wasser, hat es aber sicher nicht gegeben. Viel wahrscheinlicher ist es, dass das Leben am Meeresboden in kleinen Gesteinsporen entstanden ist, in denen sich aufgrund ihrer geringen Größe leicht organischen Molekülen anreichern konnten. Besonders Fe(II)-Disulfide, wie zum Beispiel das Mineral Katzengold (Pyrit: FeS_2), könnten bei der Entstehung des Lebens eine entscheidende Rolle gespielt haben. Man spricht in diesem Zusammenhang auch von der Eisen-Schwefel-Welt nach Günter Wächtershäuser (1990). Solche Fe(II)-Disulfide sind wie Enzyme katalytisch aktiv. Daher könnten sie unter den Bedingungen, die auf der frühen Erde herrschten, chemische Reaktionen beschleunigt haben, die zum Beispiel dem bereits erwähnten Citratzyklus weitgehend ähnelten (Keller et al. 2017; Muchowska et al. 2019).

Gute Kandidaten für die Entstehung des Lebens sind zum Beispiel basische, hydrothermale Quellen am Meeresgrund (Martin et al. 2008; Martin 2009). Diskutiert wurden und werden aber auch andere Orte, etwa Thermalquellen an Land (Damer 2016; Pearce et al. 2017). Letzterem könnte jedoch entgegenstehen, dass es damals möglicherweise noch keine größeren Festlandmassen gab. Einzelne Inseln könnte es aber durchaus gegeben haben.

Auf mittelozeanischen Rücken in der Tiefsee treten heute Thermalquellen auf, die als Black Smoker und White Smoker bekannt sind: Im Meeresboden versickert ständig Wasser. Dieses heizt sich im Untergrund dann über Magmakammern auf mehrere Hundert Grad Celsius auf und wird mit Mineralien angereichert. Tritt das Wasser dann an den Quellen wieder aus, so fallen die gelösten Mineralien durch den plötzlichen Temperaturabfall aus und erzeugen den Eindruck von weißem oder schwarzem Rauch.

Obwohl diese Smoker im Gegensatz zu dem überwiegenden Rest der Tiefsee in ihrer Umgebung reiches Leben
beherbergen, sind sie wahrscheinlich nicht die besten Kandidaten für die Entstehung des Lebens. Deutlich geeigneter sind
die weniger bekannten beziehungsweise oft mit den Smo-
kern verwechselten Thermalquellen vom Typ der Lost City.
Das Wasser dieser Thermalquellen ist mit nur 40 bis 90 Grad
Celsius deutlich kühler, da es nicht durch Magmakammern
sondern durch einen als Serpentinisierung bezeichneten chemischen Prozess erhitzt wird. Dabei reagieren Fe(II)-Ionen
mit Wasser zu Fe(III)-Ionen und Wasserstoff. Außerdem
ist dieses Wasser beim Austritt klar und sehr viel basischer
(= höherer pH-Wert) als das umgebende Meereswasser.

Falls solche Quellen auf der frühen Erde existiert haben
und es in ihrer Umgebung in porösem Gestein Eisensulfide
wie Pyrit gab, so waren wesentliche Voraussetzungen erfüllt,
damit ein einfacher Stoffwechsel zur Erzeugung organischer
Verbindungen ablaufen konnte: In den kleinen Gesteinsporen könnte – gefördert durch die Eisensulfide – bei der
Serpentinisierung gebildeter molekularer Wasserstoff dazu
gedient haben, Kohlendioxid zu reduzieren, das im Meerwasser damals besonders reichlich vorkam. So könnten
organische Kohlenwasserstoffe entstanden sein, die sich in
den kleinen Hohlräumen leicht anreichern konnten. Durch
verschiedene chemische Reaktionen können sich beispielsweise Methan, Acetat, Pyruvat und sogar bestimmte
Aminosäuren gebildet haben. So jedenfalls hat es sich an
rezenten Tiefseequellen gezeigt (Ménez et al. 2018). Es ist
auch denkbar, dass sich größere Moleküle wie Polypeptide
(= kleine Protein) oder **Nukleinsäuren** gebildet haben.

Die für diese Prozesse benötigte Energie könnte aus
dem pH-Gradienten zwischen der Quelle und dem
umgebenden Meerwasser stammen: Jeder Gradient strebt
dazu, sich auszugleichen, dabei wird Energie frei, die
genutzt werden kann. Wasserkraftwerke etwa nutzen dieses

Prinzip, um Turbinen anzutreiben, die Strom erzeugen. Noch heute verwenden auch Organismen pH-Wert-Gradienten über Zellmembranen zur Energiegewinnung. Cluster aus Eisen- und Schwefelatomen werden von vielen Enzymen als Kofaktoren genutzt. Außerdem existiert bei heute lebenden Mikroorganismen ein sehr sauerstoffempfindlicher – und damit wahrscheinlich sehr alter – Stoffwechselweg, der gut zu diesen Prozessen passen würde. Diesen als Acetyl-CoA-Weg bekannte Stoffwechselweg nutzen zum Beispiel Mikroorganismen, die im sauerstofffreien Schlamm von Seen aus molekularem Wasserstoff und Kohlendioxid Methan oder Acetat bilden (Sander 2016a).

2.2 Der Ursprung der Erbsubstanz

Für das Verständnis dafür, wie der genetische Apparat entstanden ist, der für die Speicherung, die Weitergabe und das Auslesen der Erbinformation zuständig ist, ist es bedeutsam, dass nicht nur **Proteine,** sondern auch Ribo**nukleinsäuren** (RNA-Moleküle) chemische Reaktionen beschleunigen können. Nukleinsäuren könnten rein chemisch aus Formamid, Zuckern und anderen Substanzen entstanden sein, die sich in den hydrothermalen Gesteinsporen anreicherten (Powner et al. 2009; Niether et al. 2016). Es erscheint daher denkbar, dass es in einer frühen Phase der Entstehung des Lebens spontan entstandene RNA-Moleküle oder der RNA ähnliche Nukleinsäuren gab, die imstande waren, ihre eigene Synthese zu **katalysieren.** Einmal entstanden hätten sich solche RNA-Moleküle durch einen selbst verstärkenden Prozess immer mehr angehäuft. Man spricht in diesem Zusammenhang auch von der RNA-Welt. Später oder vielleicht sogar schon von Beginn an wurden die RNA-Moleküle dann wahrscheinlich von Proteinen unterstützt: RNA-Moleküle beziehungsweise große Komplexe aus RNA-Molekülen und Proteinen – das heißt frühe Vorläufer der **Ribosomen** – katalysierten die Bildung von Proteinen. Diese wiederum katalysierten die Bildung von RNA-Molekülen. Aus dieser RNP-Welt – „P" steht für „Protein" – könnte sich dann unsere moderne DNA-Welt entwickelt haben. In dieser hat die – verglichen mit der Ribonukleinsäure – wesentlich stabilere Desoxyribonukleinsäure die Rolle des Informationsspeichers übernommen, während die RNA-Moleküle auf ihre katalytischen Funktionen und die Übertragung der Information zu den Ribosomen beschränkt wurde.

Problematisch bei diesem Szenario ist allerdings, dass RNA-Moleküle bei den hohen Temperaturen nahe von Thermalquellen instabil sind. Es wird daher spekuliert, ob der RNA-Welt nicht eine PNA-Welt vorausgegangen sein könnte, in der Peptidnukleinsäuren vorherrschten (Martin et al. 2008). Bei solchen Peptidnukleinsäuren besteht das Rückgrat des Moleküls nicht aus sich abwechselnden Zucker- und Phosphatresten wie bei den RNA- und den DNA-Molekülen, sondern aus einer Polypeptidkette wie bei Proteinen. Peptidnukleinsäuren sind somit Hybride aus Nukleinsäuren und Proteinen. Alternativ oder ergänzend wird außerdem überlegt, ob nicht bei der sogenannten Thermophorese Nukleinsäuren in kühleren Bereichen ansammelten (Niether et al. 2016): Bei diesem Prozess führen Temperaturunterschiede dazu, dass einzelne Moleküle unterschiedlich schnell diffundieren.

2.3   Biomembranen

Alle lebenden Zellen sind heute von Biomembranen umgeben, die sie von ihrer Umgebung abgrenzen. Diese bestehen aus einer Doppelschicht von Molekülen, bei denen an einen hydrophilen (wasserliebenden) Kopf hydrophobe (wasserabweisende) Fettsäureschwänze angeheftet sind. Diese Moleküle können sich so zusammenlagern, dass die Schwänze in das Innere der Membran zeigen, während die Köpfe nach außen auf das wässrige Umgebungsmilieu hin ausgerichtet sind. Wahrscheinlich sind durch den präbiotischen Stoffwechsel irgendwann solche Moleküle und damit Membranen entstanden. Möglicherweise haben diese zunächst die Gesteinsporen voneinander abgegrenzt. Später haben sich dann einzelne, von einer Membran umgebene Tröpfchen, die in ihrem Inneren einen Stoffwechsel und Nukleinsäuren trugen, von dem Gestein gelöst.

Viele dieser ersten „Zellen" sind wahrscheinlich wieder zugrunde gegangen oder haben den Weg zurück in das Gestein gefunden. Klare Abstammungslinien, wie wir sie bei heutigen Organismen finden, gab es damals sicher noch nicht. Vielmehr war alles eine Art „wabernde Masse", in der genetisches Material ständig ausgetauscht wurde. Mit der Zeit bildeten sich aber doch einzelne, direkt miteinander konkurrierende Linien. Der Mikrobiologe Karl Woese hat hierfür den Begriff der *Darwinian transition* geprägt, zu Deutsch den Übergang zu einer Darwin'schen Evolution. Doch auch jetzt war immer noch ein Weg zurück zu der „wabernden Masse" möglich. Wahrscheinlich kam es in dieser Frühphase zu einem mehrfachen Wechsel zwischen präbiotischen Zuständen und echtem Leben (Arnoldt et al. 2015).

Nimmt man an, dass das Leben nicht in der Tiefsee, sondern in Thermalquellen an Land entstanden ist, so könnte es eine elegante Erklärung für den ständigen Wechsel zwischen ersten „Zellen" und der „wabernden Masse" geben: Thermalquellen an Land sind durch ständig wechselnde Wasserstände gekennzeichnet. In Trockenphasen könnten sich durch chemische Reaktionen **Polymere** (zum Beispiel Nukleinsäuren, Proteine etc.)

bilden, die dann in Nassphasen von Lipidmembranen umhüllt und somit geschützt im Wasser verteilt werden, wo sie miteinander konkurrieren. Beim Übergang in die Trockenphase könnten sich diese „Protozellen" zu einem Gel verdichten. In dieser Phase verschmelzen die einzelnen Protozellen dann zu Lamellen und vereinen sich so wieder zu einem Kollektiv, dass Polymere untereinander austauschen kann (Damer und Deamer 2015).

Schließlich kristallisierten sich aber dennoch zwei Hauptlinien des echten Lebens heraus: die Bakterien und **Archaeen** Sie unterscheiden sich so deutlich in verschiedenen Punkten – etwa in der Zusammensetzung ihrer Zellmembran und Zellwände –, dass ihr letzter gemeinsamer Vorfahre möglicherweise noch keine lebende Zelle war, sondern ein „präbiotischer Zustand" (Kandler 1995; Martin und Russel 2003).

Ein wichtiger Faktor bei der Separation der Archaeen und der Bakterien könnte die Entwicklung von Zellwänden gewesen sein: Die Zellwände beider Gruppen unterscheiden sich erheblich voneinander (s. Abschn. 3.2.1). Zellwände verhindern auf einfache Weise, dass sich Zellmembranen unkontrolliert trennen oder verschmelzen, und damit die ungleichmäßige Aufteilung von Molekülen zwischen den Tochterzellen. Die Wände bieten Schutz vor Umwelteinflüssen und erlauben die Besiedlung von Lebensräumen, deren **osmotischer Wert** sich von dem osmotischen Wert des Zellinneren unterscheidet (Errington 2013).

Es ist keineswegs auszuschließen, dass in der Frühphase des Lebens außer den Bakterien und Archaeen auch noch weitere Entwicklungslinien existiert haben, die heute ausgestorben sind. Womöglich haben sie sich auch als Viren erhalten, das heißt als DNA- oder RNA-haltige Partikel, die keinen eigenen Stoffwechsel besitzen, sondern lebende Zellen für ihre Vermehrung nutzen. Bestimmte urtümliche Proteinstrukturen, die Viren mit heute lebenden, zellulären Organismen teilen, sprechen zum Beispiel dafür, dass zumindest einige Viren, vielleicht sogar ein Großteil der Viren einen gemeinsamen Vorläufer mit heute lebenden Zellen besessen haben könnten. „Proto-Virozellen" besaßen wahrscheinlich ein **Genom** aus RNA-Molekülen (Nasir und Caetano-Anolés 2015).

Möglicherweise vermehrten sich die ursprünglich eigenständigen Proto-Virozellen genau wie andere Zellen durch Zellteilung oder waren Teil der beschriebenen „wabernden Masse". Dann aber erwarben sie zusätzlich die Fähigkeit, ihre Erbsubstanz durch „Virionen" (Virenpartikel) in andere Zellen einzuschleusen und diese zu kapern, indem sie deren eigenen genetischen Apparat stilllegten oder zerstörten. Den Stoffwechsel der gekaperten Zellen übernahmen sie dann selbst. Da diese Art der Vermehrung möglicherweise viel effizienter war als die in der frühen Phase des Lebens noch ineffektive Zellteilung, gaben die Virenvorläufern diese womöglich bald auf. Alternativ könnten Viren aber auch durch die Verselbstständigung von einzelnen Abschnitten der Erbsubstanz von Zellen entstanden sein. Diese beiden Hypothesen müssen sich noch nicht einmal widersprechen, denn auch eine mehrfach unabhängige Entstehung der Viren ist denkbar.

Einmal entstanden könnten die ersten Viren eine entscheidende Rolle beim Übergang von der RNP- zur DNA-Welt gespielt haben: DNA ist reaktionsträger und stabiler als RNA. Die Nutzung von DNA-Molekülen, um Erbinformation zu speichern, könnte einigen Viren einen Vorteil verschafft haben, da die Wirtszellen jetzt ihre Erbsubstanz nicht mehr so leicht zerstören konnten. Wirtszellen hatten es somit schwerer, Angriffe von Viren abzuwehren. Die **Stammlinien** der Bakterien und Archaeen könnten dann zweimal unabhängig voneinander die DNA als Träger der Erbsubstanz übernommen haben. Dies jedenfalls würde die deutlichen Unterschiede erklären, die bei der Vervielfältigung der DNA zwischen diesen beiden Linien bestehen.

Wie auch immer genau das Leben entstanden ist, wahrscheinlich hat es sich bereits relativ früh entwickelt. Die Isotopenzusammensetzung von sehr alten Gesteinen etwa deuten daraufhin – Beispiele sind 3,95 Milliarden Jahre alten Graphiten und Carbonaten in Sedimentgestein aus Labrador (Kanada) oder auch 3,7 Milliarden Jahre alte, als **Stromatolithe** interpretierbare (Nutman et al. 2016; Tashiro et al. 2017), aber vielleicht auch durch Deformation von Sedimentgestein entstandene kuppelförmig-geschichtete Carbonatausfällungen, die im Isua-Grünsteingürtel auf Grönland gefunden wurden (Allwood et al. 2018). Da für gewöhnlich nicht die frühesten Vertreter einer Entwicklungslinie fossil überliefert sind, liegt es nahe anzunehmen, dass das Leben älter sein muss. Man spricht in diesem Zusammenhang auch von dem Signor-Lipps-Effekt. Wahrscheinlich existierte bereits vor vier oder sogar vor mehr als vier Milliarden Jahren Leben auf unserem Planeten, also bereits im späten Hadaikum. Das Leben könnte also schon zur Zeit des Großen Bombardements entstanden sein, als noch zahlreiche **Meteoriten** auf der Erde niedergingen.

Dass sich trotz der damals widrigen Umstände Leben auf der Erde entwickeln und behaupten konnte, zeigt eindrucksvoll, wie widerstandsfähig das Leben bereits kurz nach seiner Entstehung war.

Das Große Bombardement lässt allerdings Tiefseequellen als Ort der Lebensentstehung wahrscheinlicher erscheinen als Thermalquellen an Land: Die Tiefsee bot sicher wesentlich besseren Schutz vor der verheerenden Wirkung der Meteoriteneinschläge als die Landoberfläche oder das Flachwasser. Umgekehrt könnte das Große Bombardement auch gerade die Entstehung von

Thermalquellen und damit auch die Entstehung und Entfaltung des Lebens gefördert haben. Einmal an irgendeiner Thermalquelle entstanden könnte das junge Leben rasch auch andere Thermalquellen besiedelt und sich so ausgebreitet haben. Eine solche rasche Ausbreitung würde die Wahrscheinlichkeit einer Auslöschung kurz nach der Entstehung jedenfalls deutlich reduzieren.

Eine neue Hypothese geht sogar davon aus, dass vor 4,47 Milliarden Jahren ein etwa mondgroßer Körper, der die Erde gestreift hat und dabei zerbrochen ist, die Initialzündung für die Entstehung des Lebens geliefert hat: Möglicherweise ging damals ein Hagel aus geschmolzenem Eisen auf die Erde nieder, der Wassermolekülen den Sauerstoff entrissen hat. Dadurch wären große Mengen an Wasserstoffmolekülen freigesetzt worden. Diese hätten für rund 200 Millionen Jahre eine dichte Atmosphäre gebildet, in der leicht organische Moleküle entstehen konnten.

3

Die Erdurzeit

Vor etwa vier Milliarden Jahren begann die Erdurzeit. Sie wird in zwei Phasen unterteilt: Während im Archaikum noch kein freier Sauerstoff in der Erdatmosphäre existierte, tritt dieser ab dem Proterozoikum erstmals auf. Das Archaikum dagegen war vor allem durch relativ große Mengen an Methan in der Atmosphäre geprägt.

3.1 Die ersten Schritte im Archaikum

Die ersten Lebewesen waren sogenannte Prokaryoten, die noch keinen Zellkern besaßen. Einige von ihnen bezogen ihre Energie wahrscheinlich weiter aus den reduzierten, anorganischen chemischen Verbindungen an den Thermalquellen. Die Reduktion von Kohlendioxid mit Elektronen, die aus dem molekularen Wasserstoff stammten, könnte über den Acetyl-CoA-Weg erfolgt

© Springer-Verlag GmbH Deutschland,
ein Teil von Springer Nature 2020
J. Sander, *Ursprung und Entwicklung des Lebens,*
https://doi.org/10.1007/978-3-662-60570-7_3

sein (Sander 2016a; Weiss et al. 2016) (s. Abschn. 2.1). Darüber hinaus mehren sich Hinweise darauf, dass auch der heute im Stoffwechsel vieler Organismen so wichtige Citratzyklus (s. Abschn. 2.1) bereits bei den ersten Lebewesen oder deren Vorstufen eine wichtige Rolle gespielt hat (Keller et al. 2017). Wahrscheinlich entstanden damals große Mengen des kleinsten organischen Moleküls: Methan, das unter dem Einfluss des Sonnenlichts allerdings auch permanent wieder zerstört wurde. Die so gewonnene Energie diente wahrscheinlich dazu, weitere organische Moleküle wie Aminosäuren und Zucker zu erzeugen, aus denen dann wiederum Proteine und **Nukleinsäuren** gebildet wurden. Organische Moleküle konnten sich so rasch in großen Mengen anhäufen.

Wahrscheinlich entstanden bald, ja möglicherweise sogar (fast) zeitgleich auch Organismen, die Methan und andere organische Verbindungen auf anaeroben Weg abbauen, das heißt in Abwesenheit von Sauerstoff, und so ihren Energiebedarf decken konnten. Sauerstoff und damit die Möglichkeit zur **(aeroben) Atmung** standen damals noch nicht zur Verfügung. Heute lebende Mikroorganismen nutzen bei Abwesenheit von Sauerstoff zum Beispiel verschiedene Formen der Gärung, bei der organische Moleküle zum Zweck der Energiegewinnung unvollständig oxidiert werden. Aus der Analyse der **Genome** von heute lebenden Organismen konnte geschlossen werden, dass vor etwa 3,33 bis 2,85 Milliarden Jahren, vielleicht auch etwas später, in rascher Folge in der Erbsubstanz der Organismen neue Typen von **Genen** entstanden. Dies wird auch als archaische Genexpansion bezeichnet (David und Alm 2011). Viele dieser neuen Gene waren mit **Elektronentransportprozessen** assoziiert. Das spricht dafür, dass jetzt die ersten **anaeroben Atmungsprozesse** entstanden, bei denen überschüssige Elektronen, die bei der Oxidation von organischen Verbindungen frei werden, zwar noch nicht auf Sauerstoff, wohl aber auf andere anorganische Substanzen übertragen werden, etwa auf Nitrat, Sulfat oder Eisen(III)-Ionen. Diese Prozesse sind zwar nicht so effizient wie die aerobe Atmung. Sie vergeuden aber weniger Energie als Gärungsprozesse, bei denen die organischen Moleküle nur unvollständig oxidiert werden.

Wahrscheinlich lebten die ersten Mikroorganismen nicht nur frei im Meerwasser und im Sediment, sondern bildeten auf Oberflächen wie dem Meeresboden auch ausgedehnte Biofilme und **Mikrobenmatten.** Biofilme bestehen aus Tausenden von Bakterien, die sich zu ihrem Schutz mit einer schleimigen Matrix aus Polysacchariden, Proteinen und weiteren Substanzen umgeben. Sie sind auch heute noch weit verbreitet und stellen nicht selten ein großes medizinischen Problem dar, etwa wenn sie sich in medizinischen Katheterschläuchen ansiedeln. Die sehr viel umfangreicheren Mikrobenmatten hingegen sind heute selten und auf besondere Standorte beschränkt, etwa den Yellowstone-Nationalpark in den USA oder verschiedene Meeresküsten. Dabei handelt es sich um mehrere Zentimeter, bei guten Wachstumsbedingungen manchmal sogar mehrere Meter dicke, oftmals nach verschiedenen Stoffwechseltypen geschichtete Ökosysteme aus Mikroorganismen. Die bereits erwähnten **Stromatolithe** sind quasi versteinerte Mikrobenmatten, die durch carbonatausfällende Mikroorganismen gebildet wurden. Wahrscheinlich besiedelten solche Matten schon vor mindestens 3,48 Milliarden Jahren vulkanische Quellen und Geysire an Land. Darauf deuten zumindest fossile Überreste in der südaustralischen Dresser-Formation hin.

Die Hauptenergiequelle für alles Leben auf der Erde ist heute das Sonnenlicht. Grüne Pflanzen und auch einige Bakterien nutzen diese Energie, um organische Moleküle aufzubauen, die dann anderen Lebewesen als Nahrung dienen. Möglicherweise dienten die ersten lichtabsorbierenden Moleküle dazu, Mikroorganismen im Flachwasser oder an Land vor der UV-Strahlung der Sonne zu schützen (Kiang et al. 2007). Eine schützende Ozonschicht konnte mangels Sauerstoff damals noch nicht entstehen. Irgendwann wurde dann aber auch die Energie des Lichtes genutzt. Anders als es heute die grünen Pflanzen tun, die zwei hintereinander geschaltete Photosysteme nutzen, besaßen die ersten zur **Photosynthese** befähigten Mikroorganismen aber vermutlich nur ein Photosystem (Sander 2016a). Entsprechend waren sie auch noch nicht in der Lage, Wasser in Wasserstoffionen, Elektronen und Sauerstoff zu spalten. Man spricht daher auch von einer „*an*-oxygenen", das heißt „*nicht*-sauerstofferzeugenden" Photosynthese.

Auch heute existieren noch Bakterien, die auf diese Art leben. Als Elektronenquellen dienen ihnen zum Beispiel Schwefelwasserstoff oder Fe(II)-Ionen. Da insbesondere reduzierte Eisenionen auf der frühen Erde sehr häufig vorkamen, dürften die ersten Photosynthese betreibenden Bakterien wahrscheinlich vor allem diese Ionen genutzt haben. Hinzu kommt, dass bei der Oxidation von Fe(II)-Ionen als Produkt Fe(III)-Ionen gebildet werden. Diese könnten dann womöglich eine vor dem UV-Licht zusätzlich schützende Schicht aus Eisenmineralien um die Bakterien gebildet haben.

Mit der Zeit entwickelten sich so erste Stoffkreisläufe: Methanogene (methanerzeugende) Mikroorganismen erzeugten Methan, das dann von methanotrophen (methanfressenden) Organismen genutzt wurde. Zudem oxidierten lichtenergienutzende Bakterien Fe(II)-Ionen zu Fe(III)-Ionen, während **anaerobe Atmer** die Fe(III)-Ionen als Akzeptoren für die bei der Oxidation organischer Verbindungen freiwerdenden Elektronen nutzten. Später – vielleicht bereits vor 3,5, spätestens aber vor

2,5 Milliarden Jahren – entstanden dann auch Organismen, die statt Eisen(II)-Ionen Sulfat reduzierten (Blank 2004). Das Stoffwechselprodukt ist in diesem Fall Sulfid. Damit gewannen auch anoxygene **phototrophe** Bakterien an Bedeutung, die Sulfid statt Eisen(II)-Ionen als Elektronenquelle verwenden.

Mikrofossilien von einzelnen Zellen aus dem nordwestaustralischen Apex Chert des Pilbara-**Kratons** passen recht gut zu den mutmaßlichen Stoffwechseltypen in der Frühzeit der Erde. Also gab es offenbar damals schon eine erhebliche Biodiversität (Schopf et al. 2017): Isotopenanalysen erlauben Rückschlüsse auf die wahrscheinlich genutzte Kohlenstoffquelle. So konnten Wissenschaftler einige dieser Zellen, die den Namen *Primaevifilum delicatulum* tragen, als mutmaßliche Methanbildner identifizieren. Als *Archaeocillatoriopsis disciformis* und *Primaevifilum amoenum* bezeichnete Zellen könnten als Methanfresser das gebildete Methan als Kohlenstoff- und Energiequelle genutzt haben. *Primaevifilum-minutum*-Zellen wiederum kommen – wenn auch mit einem größeren Unsicherheitsfaktor – als mögliche phototrophe Organismen infrage. Die Zuordnung mehrerer dieser Zellen zur Gattung *Primaevifilum* ist übrigens alleine durch die äußere Gestalt bedingt und deutet nicht auf einen nähere Verwandtschaft hin: Wahrscheinlich gehörte *Primaevifilum delicatulum* zu den **Archaeen,** während die übrigen Zellen vermutlich Bakterien waren.

3.2   Das Proterozoikum

Irgendwann im Archaikum schalteten einige Bakterien zwei Photosysteme hintereinander, nämlich frühe Vorstufen der „Cyanobakterien" oder „Blaualgen", wie sie im Deutschen manchmal noch genannt werden

(Sander 2016a). Damit waren sie in der Lage, dem Wasser seine Elektronen zu entziehen und so ersten freien Sauerstoff zu bilden. Doch dieser wurde zunächst von den reduzierten chemischen Verbindungen in der Erdkruste abgefangen und gelangte daher nicht in die Atmosphäre. Räumlich und zeitlich begrenzt konnten aber wahrscheinlich erste sauerstoffreiche Ökosysteme entstehen (Crowe et al. 2013). Überreste einer 2,97 Milliarden Jahre alten Sauerstoffblase wurden zum Beispiel im südafrikanischen Pongola-Becken entdeckt (Eickmann et al. 2018). Erst als die reduzierenden Verbindungen vor etwa 2,3 Milliarden Jahren vollständig oxidiert waren, konnte in globalem Umfang freier Sauerstoff freigesetzt werden. Man nennt dieses Ereignis, das große Folgen für das Leben auf der Erde hatte und daher den Beginn einer neuen Epoche markiert, auch die „Große Sauerstoffkatastrophe".

Wann genau die oxygene (sauerstoffbildende) Photosynthese erfolgte, ist umstritten (Sander 2016a). Mit ihr in Zusammenhang gebracht werden oft Bändereisenformationen, das heißt bandförmige „Rostbänder", die zwischen Sedimentlagen aus Kieselgestein liegen (Camacho et al. 2017). Dabei handelt es sich um Fe(III)-Mineralien, die auf den Kontinentalschelfen der Meere nach der – möglicherweise durch Sauerstoff verursachten – Oxidation von Fe(II)- zu Fe(III)-Ionen ausgefällt wurden. Die Fe(II)-Ionen könnten aus Thermalquellen am Meeresgrund stammen und mit Wasser aus der Tiefsee an die Oberfläche der Ozeane gelangt sein, wo **phototrophe** (lichtenergienutzende) Bakterien lebten. Die ersten dieser Formationen entstanden bereits vor 3,8 bis 3,5 Milliarden Jahren.

Es ist allerdings durchaus denkbar, dass auch anoxygene, phototrophe, Eisen(II)-Ionen oxidierende Bakterien für die Bildung von Bändereisenformationen verantwortlich sind (Schink 2011; Camacho et al. 2017).

Nicht ausgeschlossen werden kann zudem, dass durch UV-Licht ausgelöste chemische Prozesse an deren Bildung beteiligt gewesen sein könnten. Vielleicht sind sie sogar auf eine Kombination verschiedener Prozesse zurückzuführen. Auf jeden Fall entstanden Bändereisenformationen auch noch nach der Großen Sauerstoffkatastrophe bis vor 1,8 Milliarden Jahren (Camacho et al. 2017). Zu dieser Zeit nahm die Konzentration an Fe(II)-Ionen in den tiefen Schichten der Ozeane stark ab und die Sulfidkonzentration stieg deutlich an.

Auch wenn die Sauerstoffkonzentration in der Atmosphäre anfänglich noch deutlich niedriger lagen als heute, so hatte das Auftreten von freiem Sauerstoff doch weitreichende Konsequenzen für das Leben auf der Erde. Viele Pflanzen und Tiere benötigen heute zwingend Sauerstoff, um zu überleben. Doch für Organismen, die nicht an ihn angepasst sind, stellt das Element aufgrund seiner großen Oxidationskraft ein gefährliches Gift dar. Die zunehmende Sauerstoffkonzentration in der Atmosphäre führten wahrscheinlich dazu, dass zahlreiche Organismengruppen auf weiterhin sauerstofffreie Lebensräume zurückgedrängt wurden oder sogar ausstarben. Dies betraf vor allem die methanbildenden **Archaeen,** die bis dahin das Leben auf der Erde dominiert hatten. Damit entstand aber auch Platz für die Entwicklung neuer Lebensformen, die den Sauerstoff zu nutzen verstanden.

Einige Organismen begannen Sauerstoff als Akzeptor für die bei der Oxidation organischer Verbindungen freiwerdenden Elektronen zu verwenden und entwickelten so die **aerobe Atmung.** Diese ist sehr viel effizienter als die **anaerobe Atmung** oder Gärungsprozesse. Darüber hinaus diente Sauerstoff jetzt dazu, Sulfidionen zu oxidieren. Sulfat entstand somit von nun an nicht nur durch die anoxygene Photosynthese, sondern auch durch einen Prozess, der in Analogie zur Photosynthese als Chemosynthese bezeichnet wird. Die Sulfatkonzentration nahm daher in den Ozeanen deutlich zu. Dies wiederum kam den sulfatreduzierenden Mikroorganismen zugute, also anaeroben Atmer, die Sulfat als Endakzeptor für ihre Elektronen nutzen, wobei sie wieder Sulfid bilden. Sulfid (S^{2-}) oder besser Sulfide sind die Salze des Schwefelwasserstoffs (H_2S). Jedem, der einmal „Stinkbomben" oder faule Eier gerochen hat, ist der Geruch des von den Sulfatreduzierern gebildeten Schwefelwasserstoffs wohlbekannt.

Mit freiem Sauerstoff in der Atmosphäre konnte sich auch eine Ozonschicht bilden, die die Erde vor schädlicher UV-Strahlung schützt. Der Sauerstoff oxidierte aber zudem das atmosphärische Methan zu Kohlendioxid und wandelte damit ein starkes in ein schwächeres Treibhausgas um. Gleichzeitig nahm die Zahl der methanbildenden Archaeen deutlich ab. So kam es wahrscheinlich zu einer lange andauernden Abkühlung der Erde, der sogenannten huronischen Eiszeit (Kopp et al. 2005). Mitverursacher waren möglicherweise auch eine vorübergehend geringere vulkanische Aktivität sowie das Zerbrechen des Superkontinents Kenorland, wobei allerdings umstritten ist, ob es die dazu nötige Plattentektonik damals bereits gegeben hat (Boyle 2019).

Die huronische Eiszeit dauerte etwa 60 bis 300 Millionen Jahre und verlief weit dramatischer, als die Eiszeiten der Erdneuzeit. Die Vereisung der Erde reichte bis in die subtropische Klimazone hinein, möglicherweise vereiste sogar der vollständige Planet. Hinweise darauf fanden sich in Europa, Amerika, Afrika und Indien. Dass das Leben diese Periode trotzdem überstanden hat, liegt nicht zuletzt daran, dass viele Mikroorganismen auch auf, in und unter Eismassen leben können. Hochgebirge, Arktis und Antarktis bieten dafür heute viele Beispiele. Darüber hinaus gab es wahrscheinlich weiter heiße Tiefseequellen. Ihr Ende fand die huronische Eiszeit wahrscheinlich erst, als sich genug Kohlendioxid in der Atmosphäre angereichert hatte, um erneut einen Treibhauseffekt hervorzurufen.

3.2.1 Zum Kern der Zelle

Innovationen wie die oxygene Photosynthese können gravierende Konsequenzen für die auf der Erde lebenden Organismen haben. Eine weitere wichtige Innovation zum Beispiel war die Entwicklung von Zellen mit einem Zellkern. Solche Organismen nennt man Eukaryoten, im Gegensatz zu den Prokaryoten, den kernlosen Bakterien und Archaeen. Zu den Eukaryoten gehören heute neben vielen einzelligen Organismen auch die Landpflanzen und die vielzelligen Tiere – einschließlich uns Menschen. Ihre Zellen sind sehr viel komplexer gebaut als diejenigen von Prokaryoten und unterscheiden sich von diesen in zahlreichen Details (Abb. 3.1): Der Zellkern ist von einer schützenden Doppelmembran umgeben und mit einem ausgeprägten Membransystem im Inneren der Zelle verbunden, dem endoplasmatischen Retikulum. Übersetzt bedeutet dies „Netzwerk, das sich in der Zelle befindet", was anschaulich wiedergibt, wie dieses Membransystem aussieht. Das endoplasmatische Retikulum wiederum steht über kleine von einer Membran umhüllte Bläschen (sogenannte Vesikel) mit den Dictyosomen in Verbindung. Dabei handelt es sich um Stapel aus flachen, membranumhüllten Hohlräumen, die in ihrer Gesamtheit als Golgi-Apparat bezeichnet werden. Auch dieser schnürt wieder kleine Vesikel ab, die zur Zellmembran wandern und mit dieser verschmelzen können. Auf diese Weise kann die Zelle zum Beispiel Stoffe an die Umgebung abgeben. Endoplasmatisches Retikulum und Golgi-Apparat sind daher an zahlreichen Synthese und

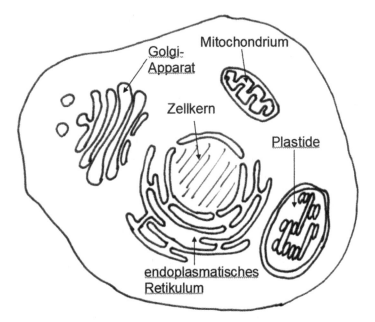

Abb. 3.1 Einfaches Modell einer photosynthetisch aktiven, eukaryotischen Zelle. Zu sehen sind der Zellkern, der das Erbgut enthält, der Golgi-Apparat, das endoplasmatische Retikulum, ein Mitochondrium und eine Plastide. In letzterer findet die Photosynthese statt

Ausscheidungsprozessen der Zelle beteiligt, weshalb sie gerade auch in Drüsenzellen besonders ausgeprägt sind.

Über die sogenannte Phagozytose wiederum, die Aufnahme von festen Partikeln in die Zelle durch Einstülpen der Zellmembran, können eukaryotische Zellen Materialien aus ihrer Umgebung aufnehmen. Meist sind auch **Mitochondrien** vorhanden, die den Zellen als Energiekraftwerke dienen. Eukaryoten betreiben in den Mitochondrien zum Beispiel ihren Citratzyklus (s. Abschn. 2.1) und ihre **Atmungskette,** bei der im Stoffwechsel anfallende Elektronen auf Sauerstoff übertragen werden. Pflanzliche Zellen enthalten zudem noch einen anderen

Typ von Organellen, die **Plastiden.** Deren Hauptaufgabe
ist, in der speziellen Ausprägung als Chloroplasten die
Photosynthese zu betreiben.

Typisch für Eukaryoten ist außerdem das Phänomen
der Sexualität. Zwar tauschen auch Prokaryoten über die
Konjugation oder über Viren genetisches Material untereinander aus (horizontaler Gentransfer). Sexuelle Prozesse, bei denen sich zwei haploide Zellen (=Zellen mit
einfachem Genomsatz) vereinen, gegebenenfalls eine
Zeit lang als diploide Zellen (=Zellen mit doppeltem
Genomsatz) weiter wachsen und schließlich durch eine
Reduktionsteilung (Meiose), bei der das Erbmaterial neu
durchmischt wird, wieder haploide Zellen erzeugen, finden bei ihnen aber nicht statt.

Zur Entstehung der Eukaryoten stellen sich viele
Fragen: Wann und weshalb sind sie entstanden? Wie
und in welcher Reihenfolge haben sich ihre typischen
Eigenschaften ausgebildet? Lange Zeit war zum Beispiel umstritten, ob sich die **Stammlinie** der Eukaryoten
bereits sehr früh von derjenigen der **Archaeen** getrennt
hat – und somit lange bevor sich ihre typischen Eigenschaften herausbilden konnten. Vielleicht sind Eukaryoten
aber auch innerhalb der Archaeen entstanden, eventuell sogar unter Beteiligung von genetischem Material von
Bakterien. Im ersten Fall wären Eukaryoten somit eine
Schwestergruppe aller heute lebenden Archaeen, im zweiten Fall wären sie eine Schwestergruppe von nur einem
Teil der heute lebenden Archaeen.

Als unumstritten gilt, dass die Mitochondrien und die
Plastiden einst selbstständig lebende Bakterien waren –
Proteobakterien und **Cyanobakterien** –, die von den
Vorfahren der heute lebenden Eukaryoten in ihre Zellen
aufgenommen und zu nicht mehr selbstständig lebens-
fähigen Organellen mit einem Restbestand an eigener Erbsubstanz degradiert wurden. Die bei fast allen Eukaryoten

auftretenden Mitochondrien dürften dabei früher aufgenommen worden sein als die Plastiden, die auf photosynthesebetreibende Eukaryoten beschränkt sind. Die
Vorfahren der wenigen Eukaryotenarten, denen heute
Mitochondrien fehlen, haben diese wahrscheinlich später
wieder verloren.

Umstritten ist dagegen, wann die Aufnahme der Mitochondrien erfolgt ist. Möglicherweise geschah dies bereits,
bevor die Vorfahren der heute lebenden Eukaryoten ihre
typischen Zellmerkmale erworben haben (*mito-early*-Hy-
pothese). Diese Merkmale könnten sich aber auch erst
ausgeprägt haben und dann erfolgte ganz am Schluss
die Aufnahme der Mitochondrien (*mito-late*-Hypo-
these) (Martin et al. 2017). Oder anders gefragt: Mussten
zunächst komplexe Zellen entstehen, die dann die Fähigkeit besaßen durch Phagozytose andere Zellen aufzunehmen und zu verdauen oder zu versklaven? Oder setzt
die Entstehung komplexer Zellen nicht vielmehr den
Besitz von Mitochondrien als energieliefernde Kraftwerke
voraus? Womöglich wurden die ersten durch Phagozytose
aufgenommenen Bakterien anfänglich noch nicht als
Energiekraftwerke genutzt, sondern zunächst nur als Vor-
rat für schlechte Zeiten gespeichert und somit verzögert
verdaut (*farming*-Hypothese).

Im Jahr 2015 wurde die Erbsubstanz einer neuen, bis
dahin unbekannten Gruppe von Archaeen beschrieben,
die nahe des Loki-Castle entdeckt worden war, einer
hydrothermalen Tiefseequelle im Nordatlantik (Spang
et al. 2015). Nach ihrem Fundort erhielten diese
Archaeen, die man bisher leider noch nie unter dem
Mikroskop betrachten konnte, den Namen Lokiarchaeota. Sie nutzen wahrscheinlich molekularen Wasserstoff (H_2) als Energiequelle und fixieren Kohlendioxid
über den schon erwähnten, sehr alten Acetyl-CoA-Weg
(s. Abschn. 2.1).

Wenig später wurden dann weitere, mit den Lokiarchaeota eng verwandte Archaeengruppen entdeckt und man kam überein, auch diese Gruppen nach germanischen Göttern zu benennen: Nach Asgaard, dem Götterwohnsitz, bezeichnet man die Lokiarchaeota zusammen mit ihren engen Verwandten daher auch als Asgard-Superphylum.

Auffallend ist die große Zahl von Genen, die die Vertreter dieses Superphylums mit Eukaryoten teilen. Wahrscheinlich sind die Asgard-Archaeen also nach bisherigem Kenntnisstand die engsten heute lebenden Verwandten der Eukaryoten. Dies wiederum spricht dafür, dass sich die Eukaryoten einst aus den Archaeen heraus entwickelt haben. Damit wären sie also keine **Schwestergruppe** der Archaeen, sondern sie selbst wären Archaeen.

Grundsätzlich können Prokaryoten, also Organismen ohne Zellkern, andere Prokaryoten in ihre Zellen aufnehmen, obwohl sie nicht über die Fähigkeit zur Phagozytose verfügen. Auch heute gibt es zum Beispiel Bakterien *(Moranella endobia),* die im Cytoplasma von anderen Bakterien *(Tremblaya princeps)* leben (McCutcheon und von Dohlen 2011). Es erscheint somit denkbar, dass ein Archaeon irgendwann ein Bakterium in sich aufgenommen und zum Mitochondrium umgeformt hat. Diskutiert wird beispielsweise, ob ein wasserstoffnutzendes und über den Acetyl-CoA-Weg kohlendioxidfixierendes Archaeon, das in **Symbiose** mit einem zur Sauerstoffatmung und Wasserstoffbildung befähigten Bakterium lebte, irgendwann seinen Symbiosepartner einfach „verschluckt" hat.

Möglicherweise ist auch der Zellkern durch die Aufnahme eines Bakteriums entstanden. Alternativ wird diskutiert, ob die zellinternen Membran der Eukaryoten (also die Zellkernmembranen, das endoplasmatische Retikulum und der Golgi-Apparat) und damit auch der Zellkern selbst durch Einstülpungen der Plasmamembran, durch die Neubildung einer äußeren Membran, aus der Äußeren Membran, der als Mitochondrien aufgenommenen Bakterien (Gould et al. 2017), die dann die Rolle der Zellmembran übernommen hätte oder durch die Infektion mit einem besonders großen Virus entstanden sein könnte.

Einstülpungen der Plasmamembran etwa sind bei den Planktomyceten bekannt, einer sehr speziellen Gruppe von Prokaryoten. Viele Viren wiederum formen, nachdem sie die Zelle infiziert haben, einen Teil des Cytoplasmas zu einer „Virenfabrik" um, in der dann neue Viren gebildet werden. Diese Virenfabriken könnte man als eine Art „Zellkern der Virenzellen" ansehen.

Von besonderem Interesse könnte in diesem Zusammenhang der Bakteriophage („Bakterienfresser" = „Bakterienvirus") 201φ2-1 sein. Dieser bildet in Zellen des Bakteriums *Pseudomonas chlororaphis* eine Art „Zellkern" aus, um seine **DNA** vor dem Abwehrsystem der Wirtszelle zu schützen. Allerdings ist dieser „Zellkern", in dem die Erbsubstanz des Virus vermehrt wird, nicht wie bei den Eukaryoten von einer Lipidmembran umgeben, sondern von einer **Protein**hülle. Eine Lipidmembran hingegen umgibt die Virenfabriken der Pockenviren. Durchgesetzt hat sich bisher jedenfalls keine der verschiedenen Hypothesen zur Entstehung des Zellkerns.

Die meisten Eukaryoten pflanzen sich heute sexuell fort. Einige Arten haben ihre Sexualität zwar wieder verloren, aber auch diese stammen von Organismen ab, die sich sexuell fortpflanzen konnten. Die Sexualität bietet den Eukaryoten einen großen Vorteil, denn sie ermöglicht die rasche Kombination von nützlichen **Mutationen** aus verschiedenen Organismen, die sonst in Konkurrenz zueinander stünden, beziehungsweise das schnelle Eliminieren schädlicher Mutationen. Ereignen sich beispielsweise zwei nützliche Mutationen in jeweils unterschiedlichen Bakterienzellen, so können diese –von der Möglichkeit eines horizontalen Gentransfers einmal abgesehen – nicht in einem Organismus zusammenkommen. Erst, wenn zufällig auch die zweite nützliche Mutation in einem der beiden Organismen auftritt, kann sich die positive Wirkung der beiden Mutationen addieren. Besonders dann, wenn sich Umweltbedingungen schnell ändern, können Organismen, die sich sexuell fortpflanzen, also deutlich im Vorteil sein.

Sexualprozesse verursachen aber auch Kosten, etwa den Aufwand, einen Partner zu suchen. Deswegen können Eukaryoten, die ihre Sexualität verloren haben, zwar kurzfristig erfolgreich sein –vor allem dann wenn die Umweltbedingungen eher stabil sind. Langfristig sind ihnen aber doch die Organismen überlegen, die sich sexuell fortpflanzen. Gerade dieser erst auf lange Sicht wirksame Vorteil macht es aber schwer zu erklären, weshalb die Sexualität eigentlich entstanden ist. Ein kurzfristiger, unmittelbarer Nutzen scheint umso eingängiger.

Vielleicht haben sich auch ursprünglich bei schlechter werdenden Umweltbedingungen (Trockenphasen, Nahrungsmangel etc.) je zwei Organismen zusammengetan, um gemeinsam als Dauerzelle zu überleben. Die Kombination zweier **Genome** in einer Zelle könnte zum Beispiel Reparaturprozesse bei Schäden an der Erbsubstanz erleichtert haben: War jeweils nur eines der beiden Genome an einer bestimmten Stelle beschädigt, so könnte das andere als Vorlage für einen Reparaturprozess gedient haben. Diskutiert werden in diesem Zusammenhang nicht nur schlechte Umwelteinflüsse, sondern auch DNA-Schäden durch reaktive Formen des Sauerstoffs. Diese traten nach dem Erwerb der Sauerstoffatmung durch die Eukaryoten vermehrt auf. Später könnte sich die Rekombination dann als vorteilhaft für den Austausch nützlicher Mutationen erwiesen und somit durchgesetzt haben.

Wann genau der letzte gemeinsame Vorfahre aller heute lebenden Eukaryoten (LECA: *last eukaryotic common ancestor*) gelebt hat, ist umstritten. Die ältesten allgemein überzeugenden Fossilfunde, die auf Eukaryoten hindeuten – zum Beispiel aus der Gaoyuzhuang-Formation in China oder der Chitrakoot-Formation in Indien – sind etwa 1,6 Milliarden Jahre alt (Zhu et al. 2016). Die Fossilien der Chitrakoot-Formation sind unter den Namen *Rafatazmia chitrakootensis*, *Denaricion mendax* und *Ramathallus lobatus* bekannt. Bei ihnen könnte es sich um Vertreter aus der **Stammgruppe** der Rotalgen oder sogar bereits um Vertreter der **Kronengruppe** handeln (Bengtson et al. 2017). Eingebettet wurden diese Algen zusammen mit zahlreichen **Cyanobakterien** in Sedimente, die sich damals in flachen Küstengewässern abgelagert hatten.

Ältere Funde sind oft sehr umstritten – etwa die 2,4 Milliarden Jahre alten pilzähnlichen Fossilien der Ongeluk-Formation im Meeresboden oder die möglicherweise bereits vielzellige, etwa 1,9 Milliarden Jahre alte Alge *Grypania*, die bis zu einem halben Meter lange Schnüre bilden konnte. Auch die 2,1 Milliarden Jahre alten Gabonionta, an Ohren oder Spiegeleier erinnernde Fossilien aus der Francevillian-B-Formation in Gabun, stammen wahrscheinlich von Vielzellern ab.

Vielzelligkeit bedeutet aber nicht zwangsläufig, dass es sich um Eukaryoten gehandelt haben muss (Albani et al. 2010). Für die Eukaryotenhypothese könnte aber das mögliche Vorkommen von **Steranen** in der Francevillian-B-Formation sprechen. Sterane gelten als Biosignatur für die Gegenwart von Eukaryoten und Sauerstoff: Sie repräsentieren einerseits die Grundstruktur der für die Zellmembranen von Eukaryoten typischen **Steroiden.**

Andererseits wird für ihre Biosynthese Sauerstoff benötigt. Zweifelhaft ist aber, ob Sterane nicht erst später als Kontamination in die Probe der entsprechenden Studie gelangt sind.

Ein Genomvergleich von heute lebenden Cyanobakterien und von Chloroplasten, die sich von den Cyanobakterien ableiten, hat für die Chloroplasten ein mutmaßliches Alter von bis zu 1,9 Milliarden Jahren ergeben (Sánchez-Baracaldo et al. 2017). Möglicherweise lebten die ersten Eukaryoten mit Chloroplasten im Süßwasser und haben sich dann von dort ins Meer hinein ausgebreitet. Die Mitochondrien wurden dann wahrscheinlich irgendwann zwischen der Großen Sauerstoffkatastrophe vor 2,4 Milliarden Jahren und dem ältesten als sicher geltenden Nachweis von Eukaryoten vor 1,6 Milliarden Jahren aufgenommen.

3.2.2 Das Leben entfaltet sich

Der älteste bekannte Organismus, der sich sexuell fortpflanzen konnte, ist die vielzellige, fossile Rotalge *Bangiomorpha pubescens,* die vor etwa 1,05 Milliarden Jahren lebte und bereits eine große Ähnlichkeit zu heute lebenden Rotalgen der Gattung *Bangia* aufwies (Butterfield 2000; Gibson et al. 2017). Zudem handelt es sich bei *Bangiomorpha pubescens* um einen schon recht komplexen Organismus. Beispielsweise besaß diese Alge an ihrer Basis bereits eine Struktur, um sich am Substrat festzuhalten. Der gleichzeitige Nachweis einer komplexen, vielzelligen Bauweise und von Sexualität bei demselben Organismus könnte auf den rasanten Entwicklungsschub hinweisen, den die Sexualität Organismen ermöglichte. Die vielzellige Bauweise etwa brachte den Vorteil, dass sich jetzt einzelne Zellen zum Nutzen des Gesamtorganismus gegenseitig unterstützen und auf bestimmte Aufgaben spezialisieren konnten. In die gleiche Richtung deuten auch eine Milliarde Jahre alte Fossilien aus der Torridonian-Formation in Schottland, die für eine erste Besiedelung des Süßwassers beziehungsweise sogar des Landes durch zwar immer noch einfach gebaute, aber ebenfalls bereits vielzellige Eukaryoten sprechen (Strother et al. 2011). Zu etwa dieser Zeit dürfte sich auch die **Stammlinie** der heute lebenden Armleuchteralgen und Landpflanzen von den Grünalgen getrennt haben. Das Land haben diese frühen Vorfahren der Landpflanzen damals wahrscheinlich aber noch nicht besiedelt.

Mit einem Alter von 1,01 Milliarden bis 890 Millionen Jahren nur wenig jünger als *Bangiomorpha pubescens* ist das aus der Grassy-Bay-Formation in Kanada bekannte Fossil *Ourasphaira giraldae*. Hierbei handelt es sich wahrscheinlich um einen Pilz (Loron et al. 2019). Für diese Verwandtschaft spricht zum Beispiel der Aufbau aus verzweigten Zellfäden, an deren Enden sich kugelförmige Gebilde (mutmaßliche Sporen) befinden. Auch die Feinstruktur deutet darauf hin. Zudem enthalten die Zellwände die für Pilze typischen **Polymere** wie Chitin und Chitosan.

Vor 900 bis 800 Millionen Jahren finden sich zum ersten Mal unumstrittene Sterane als Biomarker für Eukaryoten in Sedimentgesteinen. Vor etwa 900 bis 600 Millionen Jahren entfaltete sich auch die seit mehreren Milliarden Jahren bekannte Algengruppe der einzelligen Acritarchen (zum Beispiel *Tappania*, *Leiosphaeridia* oder *Ammonidium*). Ob diese mutmaßlichen Algen eher mit den Grünalgen oder mit den Panzergeißlern (Dinoflagellaten), einer Gruppe von einzelligen Organismen, die im Wasser leben und teilweise Photosynthese betreiben, verwandt sind, ist umstritten. Die Acritarchen waren wahrscheinlich für den weiteren Anstieg der Sauerstoffkonzentration in der Atmosphäre verantwortlich und enthielten in ihren Zellwänden Sporopollenin oder sporopolleninähnliche Substanzen. Sporopollenin ist auch aus den Sporen und Pollen der Landpflanzen bekannt. Es bietet einen Schutz vor UV-Strahlen und war somit eine wichtige Voraussetzung für den Landgang der Pflanzen. Wahrscheinlich lebte vor etwa 800 Millionen Jahren auch der letzte gemeinsame Vorfahr der vielzelligen Tiere (Metazoa). Möglicherweise haben sich damals innerhalb eines Zeitfensters von nur 50 Millionen Jahren alle Metazoenstämme von einem gemeinsamen Vorfahren abgespalten, fossil belegt ist dies aber nicht (Dohrmann und Wörheide 2017).

In der Zeit von vor 850 bis 635 Millionen Jahren, während des „Cryogeniums", kam es auf der Erde möglicherweise mehrfach zu weitgehenden Vereisungen (Hoffman et al. 2017). Man spricht auch von der „Schneeballerde" beziehungsweise der sturtischen und der marinoische Eiszeit. Entgegen früheren Annahmen kam es während dieser Eiszeitphasen aber wahrscheinlich nicht zu einer vollständigen Vereisung des Planeten. Die Bezeichnung „Schneematscherde" dürfte also zutreffender sein. Verursacht wurde das Cryogenium wahrscheinlich durch den bis heute anhaltenden, von Konvektionsströmen im Erdmantel angetriebenen Superkontinentzyklus. Dieser lässt sich in fünf Phasen unterteilen:

1. Beginnen wir mit der Phase, in der alle Kontinente zu einer einzigen riesigen Landmasse, einem sogenannten Superkontinent, zusammengeballt sind. Da kontinentale Platten deutlich dicker als ozeanische Platten sind, isolieren sie wie Dämmmaterial das heiße Erdinnere. Die Folge ist ein Hitzestau. Das aufgeheizte Gestein dehnt sich aus und es kommt zu einer Aufwölbung der Landmasse. Die Ozeanbecken hingegen stülpen sich

nach unten, was dazu führt, dass der Meeresspiegel sinkt.

2. Eine spätere Folge des Wärmestaus sind heiße Flecken (Hot Spots) unter der Kontinentalplatte. Örtlich schmilzt dort die Platte auf und Vulkane brechen zur Oberfläche durch. Heute findet man solche Hot Spots im zentral- und ostafrikanischen Graben.

3. Liegen mehrere Hot Spots auf einer Linie, so entstehen dort Gräben, die sich zu Rissen erweitern und dabei den Superkontinent in einzelne Kontinente aufteilen. Parallel zu den Phasen 2 und 3 kommt es zunächst zu einem Anstieg und später dann zu einem Absinken des Meeresspiegels.

4. In der jetzt folgenden Phase 4 entfernen sich die Einzelkontinenten durch Auseinanderdriften immer mehr voneinander. Dabei kommt es zunächst zu einem langsamen Anstieg des Meeresspiegels. Später sorgen dann Verwitterungsprozesse und die Bildung von Eis an den Polen dafür, dass der Meeresspiegel wieder fällt. In dieser Phase befindet sich die Erde zurzeit.

5. Irgendwann treffen alle Kontinente wieder aufeinander, so dass sich erneut ein Superkontinent bildet.

Nach dem Auseinanderbrechen des Superkontinents Kenorland, das seinerzeit vielleicht die huronische Eiszeit mitverursacht hat, hatten sich die Kontinentalmassen zunächst wieder getrennt, um sich dann zu dem neuen hypothetischen Superkontinent Columbia zusammenzulagern. Auch dieser zerbrach, was diesmal jedoch wahrscheinlich ohne Folgen für das Leben auf der Erde blieb – zumindest wurden solches bis heute nicht entdeckt. Schließlich vereinigten sich die Kontinente erneut zum Superkontinent Rodinia. Als er wieder zerbrach, änderten sich die von der Erde zurückgestrahlte Menge an

Sonnenenergie sowie –über Verwitterungsprozesse – der Kohlendioxidgehalt der Atmosphäre. Zusammen führte dies wahrscheinlich zu einer Abkühlung.

Im Cryogenium bildeten sich auch erneut Bändereisenerze. Die Konzentration von Schwefelwasserstoff in den Ozeanen nahm wieder ab und die Fe(II)-Konzentration stieg erneut an. Vor 760 Millionen Jahren traten zum ersten Mal schwammähnliche Organismen auf *(Otavia antica)*. In der wärmeren Phase zwischen der sturtischen und der marinoischen Eiszeit lösten wahrscheinlich eukaryotische Algen wie beispielsweise die Acritarchen die Bakterien – überwiegend **Cyanobakterien** – als dominierende **Primärproduzenten** ab (Brocks et al. 2017). Stigma**steroide** in ihren Zellmembranen könnten diesen Algen geholfen haben, mit den starken Temperaturschwankungen besser klarzukommen als andere Organismen (Hoshino et al. 2017). Wahrscheinlich sind als Folge der Vereisung damals viele Organismengruppen ausgestorben, während sich für die Überlebenden am Ende dieser Periode die Möglichkeit einer **adaptiven Radiation** bot: In kurzer Zeit entstehen dabei zahlreiche neue Arten.

Begünstigt wurde diese Entfaltung des Lebens in der Zwischeneiszeitphase und nach der zweiten Eiszeit vielleicht auch durch die Verwitterung von zerriebenem Gletscherschutt, denn dabei wurden größere Mengen an Phosphat freigesetzt. Dies wiederum förderte eine gigantische Algenblüte, die den Sauerstoffgehalt im Meer und in der Atmosphäre stark ansteigen ließ. Dokumentiert sind zum Beispiel 636 Millionen Jahre alte Fossilien von am Meeresgrund lebenden Makroalgen aus der Natuo-Formation in Südchina (Ye et al. 2015). Sowohl die höhere Sauerstoffkonzentration als auch die größere Menge an Nahrung könnten die Entwicklung von Vielzellern begünstigt haben (Planavsky et al. 2010; Brocks et al. 2017).

3.2.3 Die Gärten von Ediacara

Auf das Cryogenium folgt das Ediacarum (vor 635 bis 541 Millionen Jahren). Jetzt durchdrang der Sauerstoff zunehmend auch die tiefen Wasserschichten der Ozeane (Camacho et al. 2017). Wahrscheinlich lief dieser Prozess nicht kontinuierlich ab, sondern wurde immer wieder von kühleren Klimaphasen unterbrochen, in denen die Ozeane wieder anoxischer wurden. Es ist denkbar, dass dieser schnelle Wechsel in Verbindung mit dem allgemeinen Trend zu mehr Sauerstoffreichtum immer wieder Entwicklungsschübe ausgelöst hat, die zur Bildung neuer Organismenarten führten und letztlich im kambrischen Faunensprung gipfelten (s. Abschn. 4.1), bei dem plötzlich zahlreiche neue Formen auftraten (Wood et al. 2019).

In den flachen Randzonen der damaligen (präkambrischen) Meere entwickelte sich im Ediacarum eine Tierwelt aus stark aufgeblasenen, einzelligen und/oder vielzelligen Lebewesen, die fossil zum Beispiel in dem rund 580 Millionen Jahre alten und namengebenden Gestein der südaustralischen Ediacara-Berge überliefert ist. Zahlreiche weitere Fundorte weltweit decken eine Zeitspanne von vor (maximal) 670 bis vor 540 Millionen Jahre ab. Erste Großfossilien dieser Fauna traten vor 580 Millionen Jahren nach der kurzen Gaskiers-Eiszeit auf.

Typisch für die Ediacara-Ökosysteme sind aus heutiger Sicht ungewöhnlich aussehende Organismen, die sich nur schwer in das System der rezenten Tiere einordnen lassen. Viele der erhaltenen Fossilien ähneln Nesseltieren (Cnidarier), Schwämmen (Porifera) oder Ringelwürmern (Anneliden). Wahrscheinlich handelt es sich in vielen Fällen aber eher um Seitenlinien der Evolution. Möglicherweise repräsentieren sie einen eigenen, heute ausgestorbenen Tierstamm, die sogenannten Petalonamae.

Es wird sogar infrage gestellt, ob es sich bei den Ediacara-Organismen überhaupt um Tiere im heutigen Sinn handelt: Vielleicht repräsentieren diese Organismen – zumindest diejenigen, die einen gekammerten, aufgeblasenen Körperbau besaßen – ja auch ein eigenständiges Reich mit dem Namen Vendobionta? In diesem Fall könnte es sich um überdimensionierte Riesenzellen mit zahlreichen Zellkernen gehandelt haben. Selbst die Möglichkeit, dass es sich zumindest bei einigen Vertretern um Flechten, flechtenähnliche Organismen, Pilze und Algen gehandelt haben könnte, wird in Betracht gezogen, gilt aber als unwahrscheinlich. Es liegt nahe anzunehmen, dass nicht alle Ediacara-Organismen zu einer einzigen Verwandtschaftsgruppe gehörten. Manche von ihnen haben vielleicht sogar auch heute noch Nachfahren oder Verwandte, ohne dass diese Verwandtschaft direkt erkennbar wäre.

Viele Vertreter der Ediacara-Fauna krochen über den Meeresboden, andere konnten womöglich auch schwimmen oder ließen sich als Plankton im Wasser treiben. In den oberen Sedimentschichten grabende Tiere waren indes noch sehr selten. Als früher Vertreter der **rezenten** vielzelligen Tiere (Metazoa) in der Ediacara-Fauna gilt *Kimberella quadrata*. Bedeckt von einer länglich-ovalen, bis zu 15 cm langen, flachen Schale krochen diese, den Mollusken (heute zum Beispiel Schnecken, Muscheln, Tintenfische etc.) ähnlichen Tiere wahrscheinlich auf einem wellenförmig kontrahierenden Fuß über den Meeresboden.

Den Metazoa werden auch die Triradialomorpha zugerechnet, die durch drei spiralige angeordnete „Arme" auf ihren scheibenförmigen Körpern gekennzeichnet sind. Die wedelartig auf dem Boden festgewachsenen Erniettomorphen (zum Beispiel *Phyllozoon, Ernietta, Pteridinium*) wiederum erinnerten an heute lebende Seefedern

(Nesseltiere), waren aber wahrscheinlich ebenso wenig mit diesen verwandt, wie die sehr häufigen Medusoide mit den heute lebenden Quallen.

Ein ähnliches äußeres Erscheinungsbild hatten auch die „farnblattartigen", bis zu zwei Meter langen Rangeomorpha (zum Beispiel *Avalofractus*). Typisch für sie waren von einer zentralen Mittelachse ausgehende, selbstähnliche Verzweigungen, die ihnen ein fraktalähnliches Aussehen verliehen (Cuthill und Morris 2017).

Die als flache Scheiben über den Ozeanboden kriechenden Dickinsoniomorpha hingegen wirkten eher wie eine Kreuzung aus Platt- und Regenwürmern: *Dickinsonia* war zwar nur wenige Millimeter dick, konnte dafür aber bis zu anderthalb Meter lang werden (Abb. 3.2). Durch einen glücklichen Zufall haben sich bei einem 558 Millionen Jahre alten *Dickinsonia*-Fossil Abbauprodukte von Cholesterinen erhalten. Dies belegt eindeutig, dass zumindest auch diese Gattung zu den Tieren (Metazoa) gehörte (Bobrovskiy et al. 2018).

Bemerkenswert sind die Fossilien der chinesischen Doushantuo-Formation, denn sie enthalten neben den mutmaßlichen Überresten von ein- und vielzelligen Algen (möglicherweise Acritrachen und Rotalgen), **Cyanobakterien,** mutmaßlichen Schwämmen und Nesseltieren auch gut erhaltene Einzeller *(Megasphaera)* oder Zellklumpen *(Parapandorina),* die als – wenn auch nicht unumstritten – Einzeller und Embryonen von ersten bilateralsymmetrischen Tieren gedeutet wurden. Diese Fossilien könnten daher vielleicht Einblicke in die Stammesgeschichte sowie die frühe Individualentwicklung der modernen Tierstämme liefern, ihre genaue Zuordnung ist aber immer noch ungewiss (Cunningham et al. 2017). Neuere Forschungen sprechen eher dafür, dass es sich nicht um die Embryonen höherer Tiere handelt.

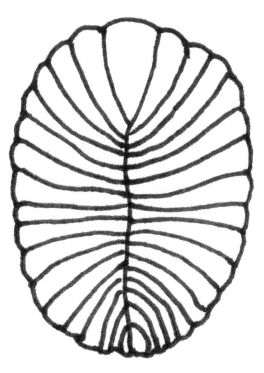

Abb. 3.2 *Dickinsonia* von oben betrachtet. Die Tiere krochen als flache Scheiben über den Meeresgrund

Die Organismen der Ediacara-Fauna ernährten sich wahrscheinlich als Weidegänger auf der Oberfläche von **Mikrobenmatten,** die den Ozeanboden bedeckten, von Mikroorganismen oder organischen Substanzen, die sie aus dem Wasser filterten. Hartteile wie Schalen oder Skelettelemente fehlen weitgehend, ebenso Organe, die sich zum Fangen und zum Verzehr von Beutetieren eignen. Das und auch die gute Erhaltung der Weichteile deuten darauf hin, dass diese frühen Ökosysteme möglicherweise fundamental anders funktionierten als heutige Ökosysteme: Räuber und Aasfresser gab es wahrscheinlich noch nicht. Die ökologische Spezialisierung der einzelnen Arten dürfte zudem noch gering gewesen sein. Auch in dieser Hinsicht wären uns die „Gärten von Ediacara" wahrscheinlich noch sehr fremd.

Gegen Ende des Ediacarums vor etwa 550 Millionen Jahren zeichneten sich in der Fauna erste Veränderungen ab: Einige Tierarten verschwanden, zum Beispiel *Dickinsonia*. Dafür nahmen wurmförmige Tiere zu *(Cloudina, Namaclathus)*. Man spricht daher auch von einer „Würmerwelt" (Darroch et al. 2018).

4

Das Erdaltertum

Mit dem Erdaltertum endet die Erdurzeit und es beginnt das **Phanerozoikum,** die bis zur Gegenwart reichende Zeitspanne, die durch das gehäufte Auftreten von Fossilien gekennzeichnet ist. Der größere Fossilienreichtum bedeutet aber nicht, dass sich jetzt lückenlos alle Entwicklungslinien erfassen lassen. So haben die Knochen von Wirbeltieren eine wesentlich größere Chance, konserviert zu werden, als beispielsweise Moose. Darüber hinaus bietet auch nicht jeder Ort und jedes Erdzeitalter gleich gute Bedingungen für die Bildung von Fossilien. Sie liefern also immer ein verzerrtes Bild von der Lebenswelt der Vergangenheit.

Das Erdaltertum umfasst die Zeit von Beginn des Kambriums vor 541 Millionen Jahren bis zum Ende des Perms vor 250 Millionen Jahren. Je nachdem, ob Tier oder Pflanze, spricht man auch vom Paläozoikum oder dem Paläophytikum. Gebräuchlicher ist der Begriff des Paläozoikums. Wesentliche **Leitfossilien** sind die Conodonten

© Springer-Verlag GmbH Deutschland,
ein Teil von Springer Nature 2020
J. Sander, *Ursprung und Entwicklung des Lebens,*
https://doi.org/10.1007/978-3-662-60570-7_4

(Euconodonten und ihre Vorfahren die Paraconodonten), eine Gruppe von kieferlosen Chordatieren (= Schädellose sowie Mantel- und Wirbeltiere). Leitfossilien sind Fossilien, die innerhalb einer bestimmten Zeitperiode sehr charakteristische Formen aufweisen. Sie eignen sich daher für eine relative Zeitbestimmung des Gesteins in dem sie sich befinden. Die Conodonten etwa lassen sich systematisch bisher nicht sicher einordnen, da sie zum weit überwiegenden Teil bisher nur als zahnartige Mikrofossilien überliefert sind. Diese „Kegelzähne" aus Calciumphosphat haben den Conodonten auch ihre Namen verliehen. Wahrscheinlich handelt es sich dabei um eine Parallelentwicklung zu den Zähnen der heutigen Wirbeltiere. Da sich das Calciumphosphat beim Erhitzen des Gesteins, in dem sich Fossilien befinden, unumkehrbar verfärbt, eignen sich die Conodonten auch als Thermometer.

Das Paläophytikum beginnt etwas später als das Paläozoikum mit dem Auftreten der ersten Bärlappartigen und Farne. Daher wird es auch als das Farnzeitalter bezeichnet. Beide Perioden enden in etwa zeitgleich.

4.1 Der kambrische Faunensprung

Vor 541 Millionen Jahren ist es erneut soweit: Wieder beginnt ein neues Zeitalter – das Kambrium, markiert durch das Auftreten von *Treptichnus pedum*. Wie dieser Organismus aussah, weiß man gar nicht so genau. Denn man kennt nur die Fraßspur eines unbekannten Tieres im Meeressediment. In solchen Fällen wird auch von einem Spurenfossil gesprochen beziehungsweise von einem Ichnotaxon. Wahrscheinlich jedenfalls handelte es sich bei *Treptichnus pedum* um ein wurmförmiges Tier. Zusammen mit ihm finden sich zwar anfänglich noch Fossilien der Ediacara-Fauna, jedoch dürfte dieser „Wurm" sehr viel weiter entwickelt gewesen sein als die meisten Ediacara-Tiere, da er sich zum Beispiel durch das Sediment graben konnte.

Die ersten im Boden wühlenden, größeren Tiere, die nun vermehrt auftraten, hatten wahrscheinlich einen negativen Einfluss auf die in der Erdurzeit verbreiteten **Mikrobenmatten,** die jetzt an vielen Orten zerstört wurden. Auf die Konzentration von Sauerstoff in der Atmosphäre wiederum hatten diese Tiere einen stabilisierenden Effekt (Boyle et al. 2014): Durch die grabenden Tiere gelangte Sauerstoff in die tieferen Sedimente, was wiederum zur Folge hatte, dass dort durch vermehrtes Bakterienwachstum Phosphat gebunden wurde. Dieses Phosphat fehlte dann dem Phytoplankton, wodurch dessen Sauerstoffproduktion begrenzt wurde. Den Sauerstoff wiederum benötigten die grabenden, atmenden Tiere. Auf diese Weise etablierte sich ein neuer Regelkreis.

Letztlich dürfte dies zu dem als kambrischer Faunensprung bekannten Phänomen beigetragen haben: Innerhalb nur weniger Millionen Jahre traten Vertreter fast aller heute lebender Tierstämme auf. Außerdem wurden die Tiere größer und besaßen jetzt meist einen bilateralsymmetrischen Körperbau. Als weitere Ursachen für den auch als kambrische Explosion bezeichneten Faunensprung werden neben der Stabilisierung der Sauerstoffkonzentration sowohl geologische Prozesse als auch ökologische Veränderungen diskutiert, die durchaus gemeinsam gewirkt haben können. Als Auslöser infrage kommen zum Beispiel

- eine Anreicherung des Meerwassers mit Calcium infolge von starken Meeresspiegelschwankungen,
- eine katastrophale Auslöschung der meisten Ediacara-Lebewesen, was eine **adaptive Radiation** ermöglichte,
- die Entwicklung von Raubtieren,

- der Übergang von einer überwiegend am Meeresboden lebenden Fauna zu einer sowohl am Meeresboden als auch im freien Wasser lebenden Tierwelt,
- eine größere Transparenz der Ozeane und damit verbunden die Entwicklung von Augen („Lichtschalter-Theorie"),
- sowie ein verändertes Evolutionspotenzial der **Genome,** zum Beispiel durch eine Zunahme an kleinen regulatorischen **DNA**-Molekülen, die als miRNA („mikroRNA") bezeichnet werden (Peterson et al. 2009).

Die jetzt dauerhaft hohen Sauerstoffkonzentrationen hatten wahrscheinlich auch eine Wirkung auf die **Mitochondrien,** die ja, da sie von einst selbständigen Bakterien abstammen, über eine eigene Erbsubstanz verfügen. Fast zeitgleich zum kambrischen Faunensprung erwarben die DNA-Moleküle der Mitochondrien bei vielen Tieren – besonders stoffwechselaktiven Tieren – mehrfach unabhängig Varianten des sonst fast universellen genetischen Codes. Das führte dazu, dass vermehrt die Aminosäure Methionin in die **Proteine** der Mitochondrien eingebaut wurde: Mitochondrien veratmen Sauerstoff und sind damit in besonderem Maße der Gefahr einer oxidativen Schädigung ausgesetzt. Wahrscheinlich fungieren die Methionine als „Opferanoden", das heißt, sie können leicht oxidiert, aber auch leicht wieder repariert werden. Auf diese Weise fangen sie die Oxidantien ab und verhindern so, dass größerer Schaden entsteht.

Mithilfe der molekularen Uhr, bei der aus Sequenzunterschieden in der Erbsubstanz verschiedener Organismen auf den Zeitpunkt geschlossen wird, an dem sich deren Entwicklungslinien getrennt haben, ließ sich zeigen, dass sich viele der Tierstämme, die nach dem kambrischen Faunensprung erstmals fossil belegt sind, wahrscheinlich bereits zu einem sehr viel früheren Zeitpunkt entwickelt haben. Jedoch scheinen sie förmlich auf eine Art Initialzündung gewartet zu haben, um sich massiv zu entfalten. Es gibt viele weitere Beispiele in der Stammesgeschichte für eine erst lange nach ihrer Entstehung durch Fossilien belegte Entfaltung von Organismengruppen. Man spricht daher auch von der *rock-versus-clock*-Problematik: Fossilienführende Gesteine *(rocks)* und molekulare Uhren *(clocks)* liefern unterschiedliche Datierungen. Das Phänomen ist vergleichbar mit einer Lunte eines Sprengsatzes: Lange brennt die Flamme eher unscheinbar. Kaum hat sie diesen aber erreicht, kommt es zur Explosion. Man spricht daher in Analogie auch von einer phylogenetischen Lunte.

Bekannte Fossillagerstätten des Kambriums sind die etwa 525 bis 520 Millionen Jahre alte chinesische Chengjiang-Fauna (Maotianshan-Schiefer), die 518 Millionen Jahre alte Qingjiang-Fauna in China (Fu et al. 2019) und der etwa 505 Millionen Jahre alte kanadische Burgess-Schiefer. Vor und 513 Millionen Jahren, also zwischen der Chengjiang- beziehungsweise der Qingjiang- und der Burgess-Fauna, könnte in den Ozeanen der Sauerstoff vorübergehend knapp geworden sein, was möglicherweise einen weiteren Entwicklungsschub auslöste.

Zu der Faunengemeinschaft von Chengjiang gehörten *Haikouichthys,* ein Tier das wahrscheinlich zur **Stammgruppe** der Wirbeltiere gehörte, und der Federpolyp *Xianguangia sinica,* der wahrscheinlich ein Stammgruppenvertreter der Nesseltiere (Polypen, Quallen) ist. *Haikouichthys* erinnert an die heute lebenden Lanzettfischen (*Branchiostoma:* Schädellose). *Xianguangia sinica* besaß bereits Tentakeln wie die heute lebenden Polypen, diese sahen aber aus wie Vogelfedern. Außerdem besaß er noch keine Nesselzellen. Solche Nesselzellen kennt jeder, der im Meer schon mal mit einer Qualle in Berührung gekommen ist: spezialisierte Zellen, die der Verteidigung und dem Beutefang dienen und bei Berührung explodieren. *Xianguangia sinica* war daher noch kein Räuber, der andere Tiere aktiv erbeutete, sondern eher ein Suspensionsfresser, der Nahrung aus dem Wasser filterte und mithilfe feiner Wimpern auf seinen Tentakeln zum Mund führte. Bei den als *Galeaplumosus abilus* und *Chengjiangopenna wangii* bekannten Fossilien handelt es sich wahrscheinlich um Fragmente von *Xianguangia sinica*.

Bei *Stromatoveris psygmoglena,* einem seefederähnlichen, radiärsymmetrischen Tier, das am Untergrund festgewachsen war, könnte es sich dagegen um einen der letzten Vertreter der Ediacara-Fauna (mutmaßlicher Tierstamm der Petalonamae) gehandelt haben (Cuthill und Hun 2018).

Der Burgess-Schiefer spezielle wird vielfach als Experimentierfeld der Evolution angesehen. So weist er viele aus heutiger Sicht merkwürdig erscheinende Tierformen auf, die später wieder ausgestorben sind. Beispiele hierfür sind der etwa 60 Zentimeter lange, wahrscheinlich räuberische *Anomalocaris* (Lobopodia; Anomalocaridida), das 30 Zentimeter lange Tullymonster *(Tullimonstrum gregarium)* oder der mutmaßliche Urtintenfisch *Nectocaris pteryx,* der gerade einmal knapp fünf Zentimeter erreichte.

Beim Tullymonster handelt es sich wahrscheinlich um ein frühes Wirbeltier, eventuell aus der **Stammlinie** der Neunaugen, einer Gruppe von aalähnlichen, primitiven Wirbeltieren, die noch heute in Küsten- und Süßgewässern leben. Dafür spricht jedenfalls die wirbeltiertypische Anordnung der Melanosomen (Pigmentkörperchen) in der Netzhaut seiner Augen. Das Tier ähnelte einem Fisch mit auf Stielen sitzenden Linsenaugen und einem langem Rüssel, an dessen Spitze sich eine zahnbewehrte, zangenförmige Mundöffnung befand.

Der Name *Anomalocaris* bedeutet auf Deutsch eigentlich „ungewöhnliche Garnele", doch eine Garnele war

Abb. 4.1 Mit seinen beiden Greifarmen und seinen Stielaugen wirkte *Anomalocaris* sehr merkwürdig. Die Lappen an den Seiten dienten der Fortbewegung

dieses Tier sicher nicht (Abb. 4.1). Am Kopf dieser merkwürdigen Spezies saßen zwei Facettenaugen auf Stielen, sowie zwei Greifarme, die möglicherweise Beutetiere zu ihrem Saugmund führten. Wahrscheinlich bewegte sie sich rudernd fort, vermutlich über lappenförmige Anhängsel an der Körperseite. *Anomalocaris* wird mittlerweile der heute ausgestorbenen Tiergruppe der Lobopodia („Lappenfüßler") und damit der **Stammgruppe** der **Arthropoden** zugerechnet (Daley et al. 2018). Wie der im etwa 100 Millionen Jahre jüngeren Hunsrücker Schiefer (Devon; s. Abschn. 4.4.) gefundene Lobopodier *Schinderhannes bartelsi* (Anomalocaridida) belegt, haben aber zumindest einige ungewöhnliche Formen auch länger überlebt.

Auch für andere Organismen der Burgess-Fauna ist ein Überleben zumindest bis ins Ordovizium (s. Abschn. 4.2) dokumentiert (Fezouata-Fauna). Weitere Organismen der Burgess-Fauna gehören zu den Gattungen *Marrella, Opabinia* und *Aysheaia. Marrella splendens* ist eines der häufigsten Fossilien im Burgess-Schiefer und wird zu den Arthropoden (Marellomorpha) gestellt. Eine nähere Einordnung ist noch nicht möglich. Möglicherweise besteht eine Verwandtschaft zu den Trilobiten, von denen später noch genauer die Rede sein wird. Von seinem Vorderende reichten vier lange gebogene Dornen nach hinten. Wahrscheinlich handelte es sich um einen Aasfresser. *Opabinia regalis* hingegen besaß einen langen Rüssel und fünf Facettenaugen. Verwandtschaftlich dürfte er den „Kiemenlappen-tragenden" Lobopodiern nahestehen. Den Gattungen *Opabinia* und *Aysheaia* ähnelte der berüsselte „Tausendfüßler" – eigentlich waren es nur 18 Füße – *Diania cactiformis,* der im chinesischen Maotianshan-Schiefer (→ Chengjiang Fauna) gefunden wurde.

In starkem Kontrast zur Ediacara-Fauna steht der im Kambrium nunmehr vergleichsweise große Anteil an räuberisch lebenden Tieren wie *Anomalocaris* oder dem Tullymonster. Dies passt aber wiederum gut zu dem vermehrten Auftreten von hartschaligen Tieren, die damit vor Räubern besser geschützt waren.

Die häufigsten Wirbellosen des Kambriums waren die zu den Gliedertieren (**Kronengruppe** der Arthropoden) gehörenden gehörenden „Dreilapperkrebse" (Trilobiten: zum Beispiel *Holmia*). Sie treten vor 521 Millionen Jahren zum ersten Mal auf und sind so typisch für diese Epoche, dass man eigentlich auch von einem „Zeitalter der Trilobiten" sprechen könnte. Wie alle **Arthropoden** besaßen diese Tiere meist ein hartes, gegliedertes Außenskelett. Insbesondere der Rückenpanzer dieser Tiere war stark verhärtet und damit sehr widerstandsfähig. Die Tiere bestanden aus einem kompakten Kopf, dem Cephalon, und einem „dreilappigen", für ihren Namen verantwortlichen Brustabschnitt (Thorax), der sich fast nahtlos in das ebenfalls dreilappige Hinterende fortsetzte, das Pygidium. Der Thorax bestand aus gelenkig miteinander verbundenen Rückenplatten (Tergiten), die beim Pygidium auch noch zu erkennen, dort aber miteinander verschmolzen sind. Die Unterseite und die zahlreichen, noch recht ursprünglich gebauten Spaltbeine der Trilobiten hingegen waren nur schwach gepanzert.

Der Kopf trug oft sehr spezialisierte calcithaltige Facettenaugen (Schoenemann et al. 2017). Bei Bedarf konnten sich zumindest einige Arten wahrscheinlich wie eine
Kugel einrollen.

Die Trilobiten besaßen eine so große Formenvielfalt,
dass man sie bisweilen auch als „Käfer des Erdaltertums"
nennt. Einige trugen Dornen oder Stielaugen. Tiefsee-
arten hingegen waren blind. Trilobiten, die zu der Familie Olenidae gehörten, lebten wahrscheinlich in **Symbiose**
mit Bakterien, die Schwefelwasserstoff und andere
Schwefelverbindungen oxidieren und so Energie gewin-
nen konnten (Fortey 2000). Da viele Trilobitenarten nur
innerhalb eines sehr engen Zeitfensters vorkamen, eignen
sie sich hervorragend als **Leitfossilien,** um das Alter einer
fossilienführenden Schicht zu bestimmen. Innerhalb der
Arthropoden bilden die Trilobiten neben den Spinnentieren (Kieferklauenträgern), Krebsen und Insekten eine
eigenständige Gruppe. Sie sind also keine Krebse – anders,
als ihr deutscher Name suggeriert.

Zu letzteren zählen zum Beispiel die ebenfalls seit
dem Kambrium bekannten, aber bis heute existierenden
Muschelkrebse (Ostracoda), die ebenfalls wichtige Leitfossilien stellen. Ihren Namen verdanken diese 0,5 bis zwei
Millimeter großen Tierchen einer bei vielen Krebstieren
(Crustacea) vorhandenen Ausfaltung des Hinterkopf-
randes, dem Carapax. Dieser ist bei ihnen zu zwei, den
ganzen Körper umhüllenden Schalen ausgeweitet, durch
die sie wie kleine Muscheln aussehen.

Zu den Krebstieren des späteren Karbons
(s. Abschn. 4.5) gehörte außerdem *Klausmuelleria salopensis,*
der vor 511 Millionen Jahren lebte. Verwandt sind die
Arthropoden sowie die ihnen nahestehenden, auch heute
noch lebenden Bärtierchen (Tardigrada) und Stummel-
füßer (Onychophora) wahrscheinlich mit den Lobopodia
(vgl. *Anomalocaris, Schinderhannes* etc.).

Eine weitere für das Kambrium typische und sehr artenreiche Tiergruppe sind die Muschel-ähnlichen Armfüßler (Brachiopoda), von denen noch einige wenige lebende Vertreter existieren. Wie die Muscheln werden diese Tiere von zwei Schalen geschützt, allerdings handelt es sich um eine Bauch- und eine Rückenschale und nicht wie bei Muscheln um Seitenschalen. Typisch sind außerdem die beiden tentakelbesetzten Arme (lat. „*bracchium*"), die den Tieren ihren Namen gegeben haben.

Die stammesgeschichtliche Herkunft der Brachiopoden ist umstritten. Die Arten, denen ein Schalenschloss fehlt (Inarticulata), sind ursprünglicher als die Arten, die über ein Schalenschloss verfügen (Articulata).

Auch viele andere Stämme der Wirbellosen existierten bereits im Kambrium – zum Beispiel die „moosähnlich" in Kolonien auf Oberflächen wachsenden Moostierchen (Bryozoa), die damals noch recht kleinen Weichtiere (Mollusca; heute Schnecken, Muscheln, Tintenfische etc.), zu denen etwa die im Erdaltertum zahlreichen Tentakuliten gerechnet werden, die Plattwürmer (Plathelminthes), die Priapswürmer (Priapulida), die Korsetttierchen (Loricifera), die Rundwürmer (Nemathelminthes), die Ringelwürmer (Annelida), zu denen heute die Regenwürmer zählen, die Stachelhäuter (Echinodermata), die Nesseltiere (Cnidaria; Quallen, Polypen), die ersten eindeutig den Schwämmen (Porifera) zugehörigen Organismen und die schwammähnlich aufgebauten, mit einem Stiel am Substrat festgewachsenen Bechertiere (Archaeocyathida).

Letzter waren im frühen Kambrium zusammen mit Stromatolithen für die Bildung der ersten, damals noch recht kleinen und flachen Kalkriffe verantwortlich. Sie schufen damit auch Lebensräume für zahlreiche andere Arten von Meerestieren. Nach ihrem Aussterben im Verlauf des Kambriums übernahmen dann die Schwämme und Nesseltiere ihre Rolle. Die Stachelhäuter, die wie die Wirbeltiere zu den Neumundtieren (Deuterostomia) gehören, erlebten während des Kambriums eine rasche Entfaltung. Heute gehören zu dieser Tiergruppe zum Beispiel Seeigel, Schlangensterne und Seesterne.

Im Erdaltertum gab es noch zahlreiche weitere Gruppen wie die die seelilienähnlichen Beutel- und Knospenstrahler (Cystoidea und Blastoidea). Einige der neu entstandenen Gruppen, etwa die sogenannten Helicoplacoidea, starben aber auch rasch wieder aus. Andere überlebten zumindest bis zum Ende des Erdaltertums, etwa die Beutelstrahler.

4.2 Schriftsteine und erste Landpflanzen

Das Auftreten des Conodonten *Iapetognathus fluctivagus* vor 485 Millionen Jahren definiert den Beginn eines neuen Zeitalters: Auch im Ordovizium stieg die Artenzahl nochmals stark an (GOBE: *great ordovician biodiversification event*), allerdings treten jetzt keine neuen Stämme mehr auf. Vielmehr vollzieht sich die Aufspaltung auf niedrigerem **taxonomischem** Niveau, also auf der Ebene von Ordnungen, Familien, Gattungen und Arten. Umso größer aber waren weltweit die Folgen für die Ökosysteme, die jetzt eine deutliche Umstrukturierung erfuhren (Muscente et al. 2018). Beispielsweise treten bei den Trilobiten und den Mollusken zahlreiche neue Formen auf. Größe und Wehrhaftigkeit in Form von Stacheln nehmen bei den Trilobiten zu. Stromlinienförmige Körper weisen darauf hin, dass die Tiere frei schwimmen konnten.

Beispiel Nautiloidea. Diese Gruppe urtümlicher Tintenfische mit zum damaligen Zeitpunkt kegelförmigen, gekammerte Gehäuse, die im späten Kambrium zum ersten Mal auftraten und bis heute überlebt haben, durchliefen jetzt eine Aufspaltung in viele neue Arten.

Das Gehäuse von *Cameroceras* etwa erreichte eine Länge von rund neun Metern. Andere Vertreter der Nautiloidea wie *Endoceras* oder *Actinoceras* wurden wahrscheinlich nicht ganz so groß. Durch gezieltes Befüllen der Kammern mit Gas konnten die Tiere ihren Auftrieb regulieren.

Die Meeresschnecken wurden durch die Bellerophonten zahlreich vertreten. Erste Muscheln mit modernem Klappenschloss gruben sich in den Meeresboden und auch die muschelähnlichen Brachiopoden waren noch weit verbreitet. Deren Gattung *Lingula* hat sich sogar bis heute erhalten und gehört somit zu den ältesten **„lebenden Fossilien".**

Leitfossilien des Ordoviziums sind aber vielmehr die „Schriftsteine" (Graptolithen). Sie sind auf am Boden festsitzende oder frei im Plankton treibende, marine Strudler mit röhrenförmigem Außenskelett zurückzuführen. Sie bildeten große Kolonien aus zahlreichen Tieren und gehörten wahrscheinlich wie die Stachelhäuter (zum Beispiel Seelilien) zu den Hemichordata. Damit waren sie mit den Chordatieren eng verwandt, zu denen auch die Wirbeltiere zählen. Den Namen Graptolith verdanken die Tiere den schriftförmigen Strukturen, die sie auf Schiefergesteinen hinterlassen haben.

Riffbildner im Ordovizium waren dagegen die Stromatoporen, die Bryozoen (Moostierchen) und die zu den Nesseltieren gehörenden Korallen. Die systematische Zugehörigkeit der Stromatoporen ist umstritten, wahrscheinlich gehörten sie zu den Schwämmen und waren wie diese Filtrierer. Bei den Nesseltieren wird zwischen den Runzelkorallen (Rugosa) mit einem „runzeligen" Außenskelett und den Bödenkorallen (Tabulata; zum Beispiel *Sarculina, Favosites* oder *Halysites*) unterschieden, deren Kalkskelett eingebaute „Querböden" aufwies.

Bis zum Beginn des Ordoviziums lebten an Land wahrscheinlich Bakterien, **Archaeen,** Pilze, Algen, erste echte

Landpflanzen (Taylor et al. 2005) und Flechten. Bei Letzteren handelt sich eigentlich um eine **Symbiose** aus Pilzen mit Algen, die sich so sehr von einzeln lebenden Pilzen und Algen unterscheiden, dass sie wie eigenständige Organismen behandelt werden können. Alle diese Landorganismen trugen wahrscheinlich zur Verwitterung des Bodengesteins bei und damit auch zur Bildung erster Böden. Etwa 475 Millionen Jahre alte Sporen (Cryptosporen), die häufig zu Zweier- (Dyaden) und Viererpacks (Tetraden) zusammengeklebt sind und die an die Sporen von Lebermoosen erinnern, liefern die ersten Hinweise auf Landpflanzen im engeren Sinn – oder zumindest auf deren unmittelbare Vorläufer (Rubinstein et al. 2010; Edwards et al. 2014).

Der Schritt an Land war für diese Pflanzen keineswegs leicht. Sie mussten zunächst Fähigkeiten entwickeln, um mit der nur zeitweiligen Verfügbarkeit von Wasser und der starken UV-Strahlung zurechtzukommen. Dabei halfen ihnen anfangs wahrscheinlich eine hohe Austrocknungstoleranz und UV-Schutzpigmente.

Die Landpflanzen, zu denen die Moose, Farne und Samenpflanzen gehören, unterscheiden sich von ihren nächsten Verwandten, den Zier-, Joch- und Armleuchteralgen, in einem wesentlichen Punkt: Sie machen einen Generationswechsel durch, das heißt, bei ihnen wechselt sich eine geschlechtliche Generation **(Gametophyt),** die Ei- und Samenzellen bildet, mit einer ungeschlechtlichen Generation ab, die sich über Sporen vermehrt **(Sporophyt).** Dieser Generationswechsel lässt sich heute gut bei den Moosen beobachten: Die Moospflänzchen sind die geschlechtliche Generation, sie haben nur einen haploiden, das heißt einen einfachen Chromosomensatz und bilden die Geschlechtszellen aus. Aus der Vereinigung einer Ei- mit einer Samenzelle entstehen dann die Mooskapseln, die die Sporen bilden. Die Mooskapseln und die Stiele, auf denen sie stehen, bilden wiederum die ungeschlechtliche Generation, den Sporophyten. Sie haben einen diploiden, also einen doppelten Chromosomensatz und werden von den Moospflänzchen ernährt.

Bei den Samenpflanzen läuft dieser Generationswechsel im Inneren der Blüte verborgen ab: Die sichtbaren Pflanzen entsprechen der ungeschlechtlichen Generation und damit den Mooskapseln. Sie ernähren in diesem Fall die geschlechtliche Generation.

Die Zier-, Joch- und Armleuchteralgen sind alle haploid. Bei ihnen durchläuft die befruchtete Eizelle direkt nach der Befruchtung wieder eine Reduktionsteilung (Meiose), bei der der Chromosomensatz halbiert wird.

Als Erklärungsmodell, wie der Generationswechsel entstanden sein könnte, wird häufig die **rezente,** mit den Zier- und Armleuchterlagen eng verwandte Algengattung *Coleochaete* herangezogen. Bei einigen der Arten wird die befruchtete Eizelle von einem Geflecht aus Zellfäden umhüllt, so geschützt und mit Nährstoffen versorgt. Nimmt man an, dass bei einem ähnlich gebauten Organismus im Ordovizium – oder sogar bereits im Kambrium (Morris et al. 2018) – zwischen der Bildung der Eizelle und der Reduktionsteilung noch einige normale Zellteilungen (Mitosen) eingefügt wurden, könnte dies die Entstehung eines moosähnlichen Organismus erklären, bei dem die Sporophytengeneration von der Gametophytengeneration abhängig war.

Möglicherweise brachte dieser Generationswechsel den ersten Landpflanzen einen Evolutionsvorteil bei der Besiedelung des Landes. Immerhin konnten nun aus einer Eizelle, geschützt durch die Mutterpflanze, zahlreiche Sporen entstehen. Geschützt durch ihre Sporopollenine konnten die Sporen womöglich die unwirtlichen Bedingungen an Land gut überstehen, etwa Trockenheit oder die hohe UV-Strahlung.

Vieles an der frühen Evolution der Landpflanzen ist aufgrund mangelnder Fossilfunde und der andauernden Unsicherheit bezüglich der genauen Verwandtschaftsverhältnisse innerhalb der Landpflanzen noch ungeklärt. Auch wenn es wahrscheinlich erscheint, dass am Anfang eine haploide, selbstständige Gametophytengeneration stand, von der die diploide Sporophytengeneration abhing, können auch andere Szenarien nicht ausgeschlossen werden, zum Beispiel zwei gleichberechtigte, voneinander unabhängige Generationen oder eine dominierende Sporophytengeneration (Niklas und Kutschera 2009).

Wahrscheinlich jedenfalls haben die Landpflanzen vom Süßwasser und nicht wie früher vielfach angenommen vom Meer aus das Land besiedelt. Da die fossilen Überreste dieser ersten Pflanzen stark deformiert sind, lässt sich über ihr Aussehen und ihre Lebensweise nur begrenzt etwas sagen. Wahrscheinlich ähnelten sie heutigen Lebermoosen oder sie lebten als flechtenähnliche Organismen in einer **Symbiose** mit Pilzen. Dafür sprechen zum Beispiel die Funde von Sporenkapseln aus dem späten Ordovizium vor 450 Millionen Jahren und die Ultrastruktur von Sporen, deren Wände den Sporen von heutigen Lebermoosen ähneln (Lang et al. 2008; Wellman et al. 2003). Die mutmaßliche Symbiose mit Pilzen könnte sich später zu der bei vielen Pflanzen vorkommenden **Mykorrhiza** weiterentwickelt haben (Sander 2016a). Die Sporophyten der ersten Landpflanzen besaßen wahrscheinlich wie die heutigen Moose eine unverzweigte Achse, an deren Spitze sich eine einzige Sporenkapsel befand.

Dass die Pflanzen überhaupt an Land gingen, hat möglicherweise eine drastische Abnahme von Kohlendioxid – bis zu 90 Prozent! – in der Atmosphäre verursacht (Field et al. 2015). Verantwortlich hierfür waren neben der Kohlendioxidfixierung durch die **Photosynthese** vor allem kohlendioxidbindende Verwitterungsprozesse. Die Folge davon war eine Vereisungsperiode gegen Ende des Ordoviziums (Anden-Sahara-Eiszeit), zu der auch das Zerbrechen eines **Asteroiden** beigetragen haben könnte: Durch die dabei freigesetzten großen Staubmengen wurden große Teile des Sonnenlicht reflektiert und gelangten somit nicht mehr zur Erdoberfläche (Schmitz et al. 2019). Wahrscheinlich war die Vereisung zusammen mit anderen Faktoren, etwa einem verstärkten Vulkanismus, Ursache für das erste große Massenaussterbens der Erdgeschichte seit Beginn des **Phanerozoikums** (Lenton et al. 2012). Ihm könnten bis zu 85 Prozent aller Meerestiere zum Opfer gefallen sein. Wahrscheinlich verlief dieses Ereignis in zwei Stufen, zwischen denen etwa eine Million Jahre lagen.

Langfristig lieferten die Pflanzen aber auch Nahrung und Sauerstoff und ebneten so den Weg für den Landgang der Tiere. Auffallend ist, dass ab dem späten Ordovizium auch die Schlammablagerungen in Flusssedimenten deutlich zunahmen. Wahrscheinlich zeigt sich hier der Einfluss, den die ersten Landpflanzen auf Erosionsprozesse ausübten (McMahon und Davies 2018).

4.3 Ein kurzes Intermezzo: Das Silur

Nach dem Ende des Ordoviziums begann vor 443,5 Millionen Jahren das Silur, das mit gut 20 Millionen Jahren nur von kurzer Dauer war. Die Eismassen tauten ab, der Meeresspiegel stieg, sodass jetzt über den Kontinentalschelfen ausgedehnte Flachmeere entstanden, die vielen Tieren Lebensraum boten. Auch nach dem Massenaussterben am Ende des vorhergehenden Zeitalters besiedelten die aus dem Ordovizium bekannten Tiergruppen weiterhin die Ozeane und durchlebten eine neue Entfaltung: Trilobiten, Mollusken, Bryozoen (Moostierchen), Graptolithen

(Schriftsteine) und Brachiopoden (Armfüßler) waren reichlich vertreten und entwickelten neue Arten. Als Riffbilder traten weiterhin Korallen (Rugosa und Tabulata) sowie schwammähnliche Stromatoporen auf. Weit verbreitet – nicht nur im Meer, sondern auch im Süßwasser – waren die gewaltigen, bis zu mehreren Meter langen, im flachen Küstenwasser lebenden Seeskorpione (Eurypterida). Sie gehörten zwar wie die Spinnen und Skorpione zu den Kieferklauenträgern (Chelicerata), aber mit den eigentlichen Skorpionen waren sie nicht näher verwandt. Eng mit ihnen verwandt waren hingegen wahrscheinlich die vom Kambrium bis zum Devon bekannten Chasmataspidida, sowie die heute noch an den Küsten tropischer Meere lebenden Pfeilschwanzkrebse. Mithilfe ihrer Scheren oder eines Giftstachels an ihrer Schwanzspitze machten die Seeskorpione Jagd auf Beutetiere. Zu keiner Zeit haben die Kieferklauenträger größere Tiere hervorgebracht als im Silur!

Auch die kieferlosen Wirbeltiere (Agnatha), zu denen heute die Schleimaale und die Neunaugen gehören, erlebten im Silur eine weitere Entfaltung. Diese an Fische erinnernde Tiere lebten nicht nur im und am Meeresboden, sondern besiedelt auch das freie Wasser. Erstmals seit dem Silur belegt sind beispielsweise die Anaspida. Ein Vertreter dieser Gruppe war der etwa 26 Zentimeter lange *Rhyncholepis* aus dem späten Silur, dessen Überreste in Norwegen gefunden wurden. *Hanyangaspis* wiederum gehörte zu den Galeaspida, die durch helmartige, manchmal mit langen hornartigen Auswüchsen versehene Kopfschilde gekennzeichnet waren.

Gegen Ende des Silurs traten auch zum ersten Mal Wirbeltiere mit echten Kiefern auf: Die ersten Vertreter der „Kiefermäuler" (Gnathostomata) werden zusammenfassend als Placodermi („Panzerfische") bezeichnet. Fossil sind die Placodermi aus dem Silur allerdings bestenfalls als Fragmente bekannt. Wesentlich besser ist die fossile Überlieferung der bereits höher entwickelten Acanthodii („Stachelhaie"), die den modernen Fischen bereits sehr ähnlich sahen. Ihren Namen tragen sie nach den paarigen Dornen an ihre Körperseite, die sehr viel häufiger als Fossilien überliefert sind als der Rest der Tiere.

Im Silur gab es zwei große Landmassen. Am Südpol befand sich der Gondwana-Kontinent und am Äquator lag der Old-Red-Kontinent oder auch Laurussia, dessen Überreste noch heute an dem überwiegend aus dem Devon stammenden roten Sandstein zu erkennen sind. Auch dieses Land war bereits stärker besiedelt. Die Pflanzen entwickelten Wasserleit- und Stützstrukturen sowie Spaltöffnungen zum Gasaustausch, die ihnen das Leben auf dem Trockenen erleichterten. Auf diese Weise konnten sie größer werden und damit andere Pflanzen überwachsen. Neben **Sporophyten** mit unverzweigten Achsen (vgl. Moose) traten jetzt auch Sporophyten mit verzweigten Achsen auf, sodass pro Sporophyt mehrere Sporenkapseln und damit auch mehr Sporen gebildet werden konnten. Bei einigen Pflanzenarten schafften es die Sporophyten, sich aus der Abhängigkeit von den **Gametophyten** zu emanzipieren und als eigenständige Pflanzen weiterzuwachsen (Ligrone et al. 2012). Genau aus diesen Pflanzen haben sich dann die Gefäßpflanzen entwickelt (Farne und Samenpflanzen).

Die aus dem Silur bekannten Sporophyten werden unter dem Namen *Cooksonia* zusammengefasst (Abb. 4.2). Dabei handelt es sich um eine Sammelgattung zu der sowohl bereits echte Gefäßpflanzen (Tracheophyten) als auch deren Vorläufer (Protracheophyten) gerechnet werden. Die Heimat der Cooksonien war der Old-Red-Kontinent. Sie besaßen aufrecht wachsende, gabelig verzweigte Stängel, an deren Spitzen jeweils diskusförmige Sporenkapseln gebildet wurden. Sie erreichten eine Höhe

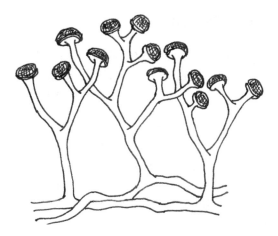

Abb. 4.2 *Cooksonia* besaß verzweigte, blattlose Sprosse mit diskusförmigen Sporenkapseln an den Enden

von wenigen Millimetern bis zu zehn Zentimetern und könnten – zumindest teilweise – von ihren Gametophyten unabhängig gelebt haben (Libertin et al. 2018; Ligrone et al. 2012).

Auf dem Gondwana-Kontinent hingegen wuchs im Silur die Gattung *Baragwanathia,* die an ihren gabelig verzweigten Sprossen zahlreiche kleine Blättchen trug und bereits Wurzeln besaß (Rickards 2000). *Baragwanathia* ähnelte den heutigen Bärlappen und ist mit diesen wahrscheinlich eng verwandt. Seit dem Silur sind außerdem die Flechten durch Fossilien belegt.

Fast zeitgleich mit der Ausbreitung der Landpflanzen sind auch die ersten Tausendfüßler (Myriapoda) und Kieferklauenträger (Spinnentiere im weiteren Sinn) als an Land lebende Gliederfüßler (Arthropoden) fossil belegt. Fußspuren, die den Euthycarcinoidea zugerechnet werden, einer Gruppe von asselähnlichen Tieren, gelten ebenfalls als Belege für erste an Land oder zumindest im Übergangsbereich vom Meer zu Land lebende Gliederfüßler.

4.4   Das Devon

Das Devon, das vor 419,2 Millionen Jahren begann, wird auch als das „Zeitalter der Fische" bezeichnet, denn jetzt traten vermehrt im Wasser lebende Wirbeltiere mit echten Kiefern auf. Neben den bereits aus dem Silur bekannten Stachelhaien (Acanthodii) sind jetzt auch die Panzerfische (Placoderma) fossil gut überliefert und erlebten eine Blütezeit. Entstanden sind die Placodermen wahrscheinlich im Süßwasser, von wo aus sie sich in das Meer ausgebreitet haben. Ihren Namen verdanken diese Tiere ihren gut gepanzerten Vorderkörpern. *Dunkleosteus* soll eine Größe bis zu sechs oder sogar zehn Metern groß geworden sein. Der Beißdruck seiner Zähne lag aber bei „nur" etwa 147 Megapascal und damit entgegen früheren Annahmen an der unteren Grenze dessen, was zum Beispiel moderne Krokodile erreichen (Erickson 2018). Zumindest einige Placodermen waren lebendgebärend und besaßen entsprechend eine innere Befruchtung. Daran waren spezielle, als Klasper bezeichnete und auch von **rezenten** Haien bekannte Fortpflanzungsorgane beteiligt.

Die heute noch lebenden Gruppe der Knorpelfische (Chondrichthyes: Haie, Rochen und Chimären) sind dadurch gekennzeichnet sind, dass ihr Skelett nur aus besonders harten Knorpeln und nicht aus Knochen besteht. Ein früher Vertreter war der Urhai *Cladoselache*. Er erreichte eine Länge von ein bis zwei Metern, besaß im Gegensatz zu den Placodermen keine Klasper und ernährte sich von anderen Fischen, was gut erhaltene Fossilien verraten.

Die Knochenfische (Osteichthyes), zu denen heute die meisten „Fische" gehören, lassen sich noch in zwei weitere Gruppe unterteilen: die Strahlenflosser (Actinopterygii), bei denen die Flossen nur aus Haut und Knochen bestehen, und die Muskelflosser (Sarcoptergyii), bei denen

zusätzlich auch noch Muskeln in den Flossen vorkommen. Beide Gruppen sind aus dem Devon bekannt.
Unter den heute lebenden Fischen überwiegen zwar
bei Weitem die Strahlenflosser, aber auch die Muskelflosser kommen noch vor. Zu ihnen gehört zum Beispiel der als lebendes Fossil bekannte Quastenflosser. Bei
den Strahlenflossern dominierten vom Devon bis zum
Ende der Trias *Rhyncholepis* – anders als die Bezeichnung
„Knochenfische" vermuten lässt – noch Tiere mit überwiegend knorpeligem Skelett. Einer ihrer ersten Vertreter
war *Cheirolepis trailli*, der einen großen verknöcherten
Schädel besaß. Wahrscheinlich handelte es sich um einen
Raubfisch, der dank seiner spitzen Zähne und seines großen, weit aufreißbaren Mauls, Beutetiere gut einfangen
konnte. Oft wird *Cheirolepis trailli* aufgrund seines hohen
Knorpelanteils am Skelett als Knorpelganoid bezeichnet
beziehungsweise als erster Vertreter der Chondrostei. Dies
kann leicht zur Verwirrungen führen, denn die Chondrostei, zu denen heute zum Beispiel die Störe gehören, sind
eigentlich „moderner" als die Flösselhechte und Flösselaale
(Polypteriformes), die unter den heute lebenden Fischen
als die ursprünglichste Gruppe der Knochenfische gelten.
Cheirolepis trailli und andere frühe Vertreter der Strahlenflosser hingegen waren noch ursprünglicher als die Flösselhechte und Flösselaale. Oft lassen sich die frühesten
Vertreter der Strahlenflosser aber nur schwer einordnen.
Manchmal werden sie daher auch zu der informellen
Gruppe der „Palaeoniscoiden" zusammengefasst.

Die Weichtiere (Mollusken) waren im Devon durch
zahlreiche Arten von Schnecken, Muscheln und Kopffüßlern verbreitet. Damals entstanden beispielsweise die
ersten Ammoniten, eine Gruppe von Kopffüßlern (Cepha-
lopoden), die in der Regel über ein schneckenförmiges
Gehäuse für ihren Eingeweidesack verfügten. Da diese
Gehäuse an das Horn eines Widders erinnern und Widder

wiederum dem ägyptischen Gott Amun geweiht waren, werden sie auch als Amunshörner bezeichnet. Als Nahrung dienten den Ammoniten kleinere Tiere. Wahrscheinlich waren die weiblichen Tiere deutlich größer, als die männlichen. Dank ihrer zahlreichen Arten, die oft typisch für bestimmte Zeitepochen sind, eignen sie sich hervorragen als **Leitfossilien.**

Auch die ebenfalls zu den Tintenfischen gehörenden Nautiloidea entwickelten jetzt schneckenförmige Gehäuse. Im Gegensatz zu den Riesenformen im Ordovizium waren ihre Vertreter jetzt aber viel kleiner.

Aus dem Devon sind auch viele Vertreter der Stachelhäuter (Echinodermen: Seelilien, Seesterne und Schlangensterne), Korallen und Gliederfüßler (Arthropoden: Krebse, Trilobiten etc.) überliefert. Die schwammähnlichen Stromatoporen erreichten im Devon ihren Höhepunkt. Zusammen mit den Rugosa- und Tabulata-Korallen waren sie zum Beispiel maßgeblich an der Bildung der Riffe im Rheinischen Schiefergebirge beteiligt.

Besonders bizarre aus dem Hunsrückschiefer bekannte Tiere sind der Scheinstern *(Mimetaster hexagonalis)* und der bereits erwähnte *Schinderhannes bartelsi* (s. Abschn. 4.1). Der Scheinstern gehörte zu den Marrellomorpha einer Gruppe von Arthropoden, die wahrscheinlich mit den Trilobiten verwandt ist (siehe vorher: *Marrella splendens*). Auf seinem Rücken trug er einen sternförmigen Rückenpanzer mit sechs Stacheln, auf denen er – wohl zur Tarnung – Kieselschwämme mit sich herumtrug. Die Schwämme wiederum waren so vor der Überdeckung mit Sedimenten geschützt. Außerdem wurden sie durch den Transport an immer neue Orte und durch den Schlamm, den die Scheinsterne bei ihrer Nahrungssuche aufwirbelten, ständig mit neuer Nahrung versorgt. *Schinderhannes bartelsi* gehörte zu den bereits aus dem Kambrium bekannten Anomalocarida und damit zu den Lobopodiern, die den Arthropoden nahestehen. Das Tier besaß gestielte, große Komplexaugen, eine runde Mundöffnung und zwei Greifarme. Diese und das wahrscheinlich gute Sehvermögen sprechen für eine räuberische Lebensweise. Flossenartige Anhänge direkt hinter dem Kopf und die Gliedmaßen der hinteren Körpersegmente ermöglichten es dem Tier wahrscheinlich, schwimmen zu können.

4.4.1 Ein Lehrstück der Evolution

Unser Wissen über die Evolution der Lebewesen speist sich zu einem großen Teil aus Fossilien. Doch der modernen Biologie stehen noch andere Methoden zur Verfügung, wie sich am Beispiel von Corticoidrezeptoren demonstrieren lässt (Blount 2018; Harms und Thornton 2014; Ortlund et al. 2007): Corticoidrezeptoren sind **Proteine,** die in die Zellmembran eingelagert sind. Ihre Aufgabe besteht darin auf der Zellaußenseite Corticoidhormone zu binden und deren Anwesenheit in das Zellinnere zu melden. Die meisten Wirbeltiere nutzen sowohl Glucocorticoidrezeptoren, die sehr spezifisch das Stresshormon Kortisol binden können, als auch Mineralocorticoidrezeptoren, die eher unspezifisch verschiedene Corticoide binden. Mithilfe der Bioinformatik konnten die Aminosäuresequenzen früherer Versionen der Corticoidrezeptoren rekonstruiert werden. Anschließend wurden diese Vorläuferproteine dann synthetisch hergestellt und auf ihre biochemischen Eigenschaften hin untersucht. Dabei zeigte sich, dass vor etwa 450 Millionen Jahren wahrscheinlich noch ein recht unspezifischer Corticoidrezeptor existierte. Er erhielt den Namen AncCR und war der Vorläufer der modernen Glucocorticoid- (GR) und Mineralocorticoidrezeptoren (MR). Vor 440 Millionen Jahren hatten sich diese beiden Rezeptortypen dann bereits getrennt. Erst vor 420 Millionen Jahren, also etwa zur Zeit, als der letzte gemeinsame Vorfahre der Knochenfische und der Landwirbeltiere lebte (Irisarri et al. 2017), trat dann die moderne, hochspezifisch Varianten der Glucocorticoidrezeptoren auf. Ein Vergleich der Aminosäuresequenzen der einzelnen Rezeptortypen zeigte dabei: Damit sich überhaupt diese moderne Rezeptorvariante herausbilden konnte, mussten sich erst drei neutrale **Mutationen** ereignen, die selber keinen Einfluss auf die Bindefähigkeit der Rezeptoren hatten und daher wahrscheinlich auch nicht der Selektion unterlagen.

Was lehrt und dies über den Evolutionsprozess? Die Evolution wird von Zufall und Selektion bestimmt. Erbgutvarianten, die durch Veränderungen im Erbgut (Mutationen) ständig neu entstehen, können sowohl durch die natürliche Selektion als auch durch den Zufall aussortiert oder gefördert werden. Eine wichtige Rolle spielen dabei äußere Zwänge, aber auch die Historie. Dass Fische, Ichthyosaurier und Wale alle einen stromlinienförmigen Körper haben, ist den physikalischen Eigenschaften des Wassers geschuldet. Man spricht in diesem Zusammenhang auch von Konvergenz. Die Evolution kann aber immer nur mit dem arbeiten, was bereits vorhanden ist. Ereignisse in der Vergangenheit beeinflussen so die Evolution der Gegenwart.

4.4.2 Das Land wird grün …

Die ersten Landpflanzen waren zu Beginn des Devons nach wie vor recht klein (10 bis 40 Zentimeter) und besaßen meist keine Blätter und Wurzeln. Die bereits aus dem Silur bekannte, den Bärlappen nahe stehende Gattung *Baragwanathia,* die auch im frühen Devon noch vorkam und Blättchen und Wurzeln besaß, stellt hier jedoch eine Ausnahme dar (Rickards 2000). Die systematische Zugehörigkeit der Fossilien ist oft nur schwer zu bestimmen und viele pflanzliche Überreste lassen sich kaum einordnen (zum Beispiel *Orestovia devonica, Parka decipiens, Protosalvinia* spp. etc.). Relativ gut lassen sich im frühen Devon aber bereits vier Gruppen unterschieden, die Rhyniophyten, zu denen Pflanzen wie *Aglaophyton major* und *Rhynia gwynne-vaughanii* gerechnet werden, die Zosterophyllophyten, die aufgrund ihrer bandartigen „Blätter" auch „Riemenblattgewächse" genannt werden, die Bärlappartigen **(Lykophyten)** und die Trimerophyten (Abb. 4.3). Möglicherweise leiten sich die Lykophyten von den Zosterophyllophyten ab. Noch ursprünglichere Vertreter der **Stammgruppe** der Lykophyten könnten verschiedener der Gattung *Renalia* zugeordnete Pflanzen sein. Eindeutig der Stammgruppe der Lykophyten zugerechnet werden können die Gattungen *Drepanophycus* und *Asteroxylon*. Oberflächlich ähnelten sie bereits heutigen Bärlappen, unterschieden sich aber in vielen Details, wie etwa der genauen Anordnung ihrer Blätter, von ihnen. Bei den Trimerophyten könnte es sich um die Vorfahren der **rezenten** Farne und Samenpflanzen handeln, die man auch als Euphyllophyten zusammenfasst, da sie echte Großblätter (= Megaphylle) besitzen. Wurzeln und flächige Blätter fehlten den Trimerophyten allerdings noch. Rätselhaft waren die vor allem in Küstennähe häufigen *Prototaxites*-Gewächse, die eine Höhe von acht Metern erreichten und säulenförmig emporwuchsen. Für die damaligen Verhältnisse waren sie damit riesig. Unklar ist bis heute, ob es sich dabei um Algen, Pilze oder eine Kombination aus beiden handelte, also eine Flechte. Funde von Sporenlagern bei *Prototaxites taiti* sprechen dafür, dass Pilze zumindest an der Bildung dieser Gewächse beteiligt waren.

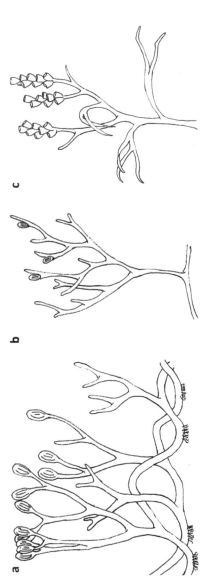

Abb. 4.3 Drei typische Pflanzen aus dem Devon. **a** *Aglaophyton major*, **b** *Rhynia gwynne-vaughanii* und **c** *Zosterophyllum rhenanum*

In dem wahrscheinlich warmen Klima im Devon konnten die Landpflanzen gut gedeihen. Die wohl bekannteste aus dem frühen Devon fossil überlieferte Pflanze ist *Rhynia gwynne-vaughanii*. Sie wurde 1912 im schottischen Rhynie Chert (*chert* = „Hornstein") als Teil eines komplexen, vollständig konservierten Ökosystems entdeckt. Dabei handelte es sich um ein an einem Abhang gelegenes Feuchtgebiet der damals tropischen Tiefländer des Old-Red-Kontinents (Wellman 2004). Dieses von Tümpeln durchsetzte Sumpfgebiet war in eine sonst eher trockene bis allenfalls mäßig feuchte, bergige Landschaft eingebettet. Regelmäßig wurde es von den Sedimenten eines nahen Flusses und von den Sinterablagerungen des silikatreichen Wassers vulkanischer Thermalquellen überdeckt und so durch Verkieselung konserviert. Die Bedingungen in diesem Lebensraum waren wohl sehr instabil: Nach jeder Überdeckung mit Ablagerungen und Sedimenten musste ein Teil des Lebensraums neu besiedelt werden.

Rhynia gwynne-vaughanii besaß einen waagerechten, in oder auf dem Boden kriechenden Hauptspross (Rhizom) und immer noch blattlose, gabelig verzweigte, aufrechte Luftsprosse, allerdings übergipfelte bei den Luftsprossen meist eine der beiden Achsen die andere. Sie konnte sich sowohl asexuell über Brutkörper als auch sexuell vermehren. Die von *Rhynia gwynne-vaughanii* gebildeten Brutkörper bieten einen Einblick in die Entwicklungsbiologie der frühen Pflanzen, da sie sich ähnlich wie Embryonen entwickelten. Der Pflanze boten sie wahrscheinlich die Möglichkeit, rasch neue Lebensräume so besiedeln. Die Rhynie-Chert-Flora umfasst photosynthesebetreibende **Cyanobakterien** (*Archaeothrix, Rhyniella, Rhyniococcus*), Algen (zum Beispiel *Palaeonitella, Mackiella, Rhynchertia*), von abgestorbenem und lebendem Pflanzenmaterial lebende Pilze (zum Beispiel *Sorodiscus,* der als Parasit auf *Palaeonitella*-Algen lebte; *Allomyces, Palaeomyces*), Flechten (zum Beispiel *Winfrenatia reticulata*), Sporen, Rhyniophyten (neben *Rhynia* auch *Aglaophyton, Horneophyton*), die zu den Lykophyten gehörende Gattung *Asteroxylon* sowie Gliederfüßler. Die Erhaltung aller Fossilien dieser Lagerstätte ist so gut, dass auch der Generationswechsel einiger Pflanzen untersucht werden kann. Die Schwierigkeit besteht darin, die **Sporophyten** und die **Gametophyten** einer Pflanzenart einander zuzuordnen, weil sie getrennt voneinander lebten. Dazu werden Ähnlichkeiten im Gewebeaufbau sowie der äußeren und inneren Gestalt herangezogen. *Lyonophyton rhyniensis* ist wahrscheinlich der Gametophyt von *Aglaophyton major.* Die Sporophyten dieser Pflanzenart bestanden aus nackten, aufrechten, sich gleichmäßig gabelig verzweigenden Achsen mit Sporenkapseln an der Spitze. Die aus den Sporen keimenden Gametophyten waren getrenntgeschlechtlichen und sehr viel kleiner, als die bis zu 18 Zentimeter hohen Sporophyten. Sie bestanden aus einer auf dem Boden festgewachsenen Gewebemasse und speziellen Trägern auf ihrer Oberseite, auf denen sich die Geschlechtsorgane (Gametangien) mit den Eizellen und Samenzellen befanden. Aus den befruchteten Eizellen entstanden wieder neue Sporophyten. Trotz aller Unterschiede ähnelten sich die Sporophyten und die Gametophyten bei den damals lebenden Pflanzen noch viel stärker, als bei heute lebenden Pflanzen. Keimende Sporen von *Aglaophyton major* wurden häufig auf **Mikrobenmatten** gefunden. Wahrscheinlich bot ihnen das in der Matrix der Mikrobenmatten gespeicherte Wasser gute Keimungsbedingungen. Überliefert sind im Rhynie Chert außerdem Zellkernreste, Strukturen, die auf eine **Mykorrhiza**-Symbiose zwischen Pflanzen und Pilzen hindeuten (Remy et al. 1994; Rimington et al. 2014) und

Fraßspuren, sodass auch der Gewebeaufbau und die ökologischen Wechselbeziehungen zwischen den Organismen erforscht werden können.

Es könnte natürlich sein, dass der Rhynie Chert aufgrund der damals dort herrschenden, sehr speziellen Bedingungen möglicherweise nicht die typische Flora des frühen Devons widerspiegelt. Eine Untersuchung der Häufigkeit und Verteilung von Sporentypen deutet allerdings darauf hin, dass die dortigen Pflanzen durchaus nicht ungewöhnlich für die damalige Vegetation waren, wenngleich die Gemeinschaft – möglicherweise aufgrund der extremeren Bedingungen – auch artenärmer war als an anderen Standorten (Wellman 2004, 2018). Ein dem Rhynie Chert vergleichbares, später entdecktes Ökosystem ist das Windyfield Chert. Beide Fossillagerstätten sind nur 700 Meter voneinander entfernt.

Ab dem mittleren Devon reichte die Trimerophyten-gattung *Pertica* bereits eine Höhe von bis zu drei Metern. Etwa aus dieser Zeit stammt auch das erste fossil überlieferte echte Lebermoos *Riccardiothallus devonicus* (Guo et al. 2018).

Blätter sind im Verlauf des Devons wahrscheinlich durch die Abflachung und Verwachsung von Sprossen entstanden. Großflächige Blätter (Megaphylle) entwickelten sich mehrfach unabhängig erstmals gegen Ende des Devons, das heißt vor etwa 360 Millionen Jahren (Beerling et al. 2001). Die älteste bekannte Pflanze mit Megaphyllen war die zu den **Euphyllophyten** gehörende Art *Eophyllophyton bellum*. Bei dieser Pflanze handelt es sich bereits um eine Progymnosperme, also um ein Übergangsstadium von durch Sporen verbreiteten Pflanzen (Moose, „Farne“), hin zu Samenpflanzen. Wahrscheinlich stand die Entwicklung von großen Blättern im Zusammenhang mit einem Absinken des CO_2-Gehalts in der Atmosphäre, der eine größere Zahl von zunehmend kleineren Spaltöffnungen zum Gasaustausch erforderlich machte. Dadurch erhöhte sich aber auch die Transpirationskühlung, sodass für große Blätter keine Überhitzungsgefahr mehr bestand. Vielleicht spielte auch eine bessere Wasserversorgung durch ein immer effizienter werdendes Wurzelsystem eine Rolle.

Gegen Mitte und Ende des Devons traten dann erstmals durch weitere Diversifizierung der bereits vorhandenen Pflanzengruppen kleine Bäume und damit waldbildende Pflanzen auf. Damit überhaupt Bäume entstehen können, ist sind leistungsfähige Stütz- und Leitgewebe erforderlich. Um diese zu bilden, entwickelten einige Pflanzen in ihren Sprossen einen Ring aus Stammzellen, der ihnen ein sekundäres Dickenwachstum ermöglichte. Durch das Einlagern von Lignin in die Zellwände (Verholzung) wurde dieses Gewebe zudem verstärkt. Holz ist bereits aus dem frühen Devon bekannt und wurde ursprünglich wahrscheinlich für eine bessere Wasserleitung und weniger aus mechanischen Gründen entwickelt (Gerrienne et al. 2011), erwies sich dann jedoch als geeignete Voranpassung (Präadaption) für die Bildung von hochwachsenden Bäumen. Man spricht in diesem Zusammenhang auch von einer Funktionserweiterung (Exaptation): Die ursprüngliche Funktion des Holzes als Wasserleiter, wurde durch die Funktion der mechanischen Stabilisierung erweitert.

Der älteste bekannte Baum ist der zu den Cladoxylopsiden gehörende *Eospermatopteris,* dessen verzweigte, auf der Spitze eines langen Stammes stehende Krone auch unter dem Namen *Wattieza* bekannt ist: Nicht selten tragen unterschiedliche Teile von fossilen Pflanzen verschiedenen Namen, da sie ursprünglich getrennt gefunden wurden. *Eospermatopteris* besaß noch keine Blätter, sondern nur sich immer weiter verzweigende dreidimensionale Anhängsel (Stein et al. 2007).

Das Wasserleitsystem der Cladoxylopsiden war einzigartig, wie sich am Beispiel *Xinicaulis lignescens* zeigt: Die im Zentrum hohlen Stämme durchzog ein Netz aus Wasserleitgefäßen. Beim Dickenwachstum der Bäume wurden die Leitbündel auseinandergezogen, sodass durch Teilung neue Leitbündel entstehen konnten. Da jedes einzelne Leitbündel von Bildungsgewebe umgebene war, konnte es selbst auch in die Breite wachsen. Neu gebildetes Grundgewebe füllte die entstehenden Lücken zwischen den einzelnen Leitbündeln. An der Basis des Stammes entwickelte sich mit der Zeit ein breiter „Elefantenfuß".

Weitere Beispiele für die Entwicklung von Bäumen bieten die *Lepidodendropsis*-Wälder des Mitteldevons auf Spitzbergen (Berry und Marshall 2015) und die weltweit verbreiteten *Archaeopteris*-Wälder des Oberdevons, die damals die Waldökosysteme dominierten. Während *Lepidodendropsis* zu den Protolepidodendrales („Vorschuppenbäumen") und damit zu den Bärlappartigen (Lykophyten; heute: Bärlappe, Moosfarne und Brachsenkräuter) gehörte, war *Archaeopteris* eine Progymnosperme, die zwar noch Sporen bildete, deren Holz – auch bekannt unter dem Namen *Callixylon* – aber bereits sehr „modern" aufgebaut war: Ein Ring aus Bildungsgewebe (Kambium) erzeugte nach innen Leitgewebe für Wasser und nach außen Leitgewebe für Zucker und andere Substrate. Wahrscheinlich hat die Entwicklung von Bäumen durch die Notwendigkeit großer, tief reichender Wurzelsysteme, die Verwitterung von Mineralien, die Bodenbildung, den Kohlenstoffzyklus und den Wasserhaushalt der Erde stark beeinflusst. Während die Silhouette von *Archaeopteris* eher an moderne Kiefern erinnerte, ähnelten die Blätter Farnblättern.

Gegen Ende des Devons entwickelten sich sowohl in den Abstammungslinien, die zu den heutigen Bärlappartigen und Farnen (Schachtelhalmen und Farnen im engeren Sinne) führen, als auch bei den Vorfahren der heutigen „Samenpflanzen" Pflanzen mit der Fähigkeit zur Samenbildung: Ursprünglich bildeten alle Pflanzen nur einen einheitlichen Sporentyp (Isosporie). In der zunehmend dichteren Vegetation des Devons war es zunächst wahrscheinlich vorteilhaft, immer größere Sporen zu bilden, da diese aufgrund ihres hohen Nährstoffgehalts den jungen Pflanzen bessere Startbedingungen boten als kleine Sporen (Petersen und Burd 2018). Große Sporen haben aber auch Nachteile: Ihre Produktion ist sehr aufwendig. Zudem passen nur wenige große Sporen in eine Sporenkapsel und ihre Verbreitung durch den Wind ist schwieriger, als bei kleinen Sporen. Später entwickelten sich daher wahrscheinlich Pflanzen, die neben großen Sporen auch kleine bildeten. Solche Pflanzen – zum Beispiel *Archaeopteris* – werden auch als „heterospor" bezeichnet, das heißt als „verschiedensporig". Aus den großen Sporen entwickelten sich ausschließlich weibliche **Gametophyten,** aus den kleinen Sporen nur männliche. Letztendlich verblieben die großen Sporen dann ganz auf der mütterlichen Pflanze und entwickelten sich dort, von mütterlichem Gewebe umhüllt, zu Samen. Die kleinen Sporen wurden zu Pollen. Im Schutz der Samen konnten sich die Gametophyten und die jungen **Sporophyten** der nächsten Generation bereits zum Embryo entwickeln und hatten so einen Entwicklungsvorteil. Mit Ausnahme der Moose sind also fast alle Pflanzen, die wir heute in der Natur zu Gesicht bekommen Sporophyten – auch dann, wenn sie Samen bilden. die Gametophyten bleiben meist verborgen.

Samenpflanzen tragen ihre zur geschlechtlichen Fortpflanzung dienenden Blätter häufig an gestauchten Sprossen mit begrenztem Wachstum. Diese Sprossabschnitte sind die Blüten. In diesem Sinne besitzen alle heute lebenden Samenpflanzen Blüten. Eine Ausnahme bilden lediglich die weiblichen „Blüten" des Nacktsamers *Cycas* (auch bekannt als „Palmfarn"), die weiterwachsen können. Auf fossile Samenpflanzen muss dies allerdings nicht unbedingt zutreffen, zumal nicht immer bekannt, ist, wie die Sporenblätter dieser Pflanzen angeordnet waren. Manchmal wird der Begriff „Blüte" aber auch für die Blüten der erst später auftretenden Bedecktsamer, also der „Blütenpflanzen" im engeren Sinne reserviert. Die Blüten der Nacktsamer waren ursprünglich wahrscheinlich getrenntgeschlechtlich, das heißt, es gab männliche und weibliche Blüten. Ihre Bestäubung erfolgte wie die Verbreitung von Sporen durch den Wind.

Während also die Progymnospermen noch iso- und heterospore „Farne" auf dem Weg zur Samenbildung waren, waren die wegen ihrer äußerlich noch immer an Farne erinnernden Gestalt als „Farnsamer" oder „Pteridospermen" bezeichneten Pflanzen bereits echte Samenpflanzen. Da sie allerdings noch nicht über alle Merkmale der heute lebenden Samenpflanzen verfügten, werden sie zu deren Stamm- und nicht zu deren **Kronengruppe** gerechnet.

4.4.3 ... und die Fische gehen an Land

Vor etwa 400 Millionen Jahren entwickelten einige Fische aus der Gruppe der „Muskelflosser" (Sarcopterygii) innerhalb weniger Millionen Jahre größere Augen. Diese standen zudem jetzt nicht mehr seitlich am Schädel, sondern saßen obendrauf. Die Tiere ähnelten damit rein äußerlich den Schlammspringern, einer Gruppe teilweise an Land lebender Fische, die heute in Mangrovenwäldern zu finden sind. Wahrscheinlich hielten diese Fische oberhalb der Wasseroberfläche Ausschau nach Beutetieren, die dank der sich rasch entwickelnden Flora an Land immer zahlreicher wurden.

Die ältesten Fußspuren von an Land lebenden Wirbeltieren aus meeresnahen Ökosystemen sind etwa 395 Millionen Jahre alt. Die ersten echten Vierfüßler (Tetrapoden) entstanden schließlich im Oberdevon. Die meisten fossilen Überreste dieser Tiere stammen aus dem heutigen Europa und Nordamerika, die damals in den Tropen lagen. Heimat dieser Tiere waren daher wahrscheinlich überwiegend tropische Sümpfe und Sumpfwälder. Funde aus der heutigen Antarktis belegen aber, dass diese Tiergruppe auch in kühleren Regionen der Südhalbkugel und damit wahrscheinlich weltweit vorkam.

Der älteste bekannte „Fisch" aus der **Stammgruppe** der Tetrapoden (Tetrapodomorpha), *Tungsenia paradoxa,* lebte vor 409 Millionen Jahren in flachen Küstengewässern vor China (Lu et al. 2012). Ebenfalls noch als Fisch, aber mit verlängerten Brustflossen mit Armknochen sowie einem flachen verlängerten Kopf kann *Eustenopteron* angesehen werden, der wahrscheinlich in Süß- und Brackwasser lebte. „Übergangsformen" sind die Prototetrapoden (Elpistostegiden) *Panderichthys, Ventastega* und *Tiktaalik roseae.* Der etwa 385 Millionen Jahre alte *Panderichthys rhombolepsis* besaß bereits tetrapodenähnliche Oberarmknochen, die es ihm erleichtert haben könnten, sich an Land fortzubewegen. Der etwa ein Meter lange, räuberisch lebende *Tiktaalik roseae* lebte vor rund 380 Millionen Jahren. Er konnte wahrscheinlich im Süßwasser paddeln, aber auch ansatzweise an Land robben beziehungsweise sich auf seinen Vorderflossen hochstemmen, um nach Beute zu schnappen. Wie bei *Panderichthys* waren seine Beckenflossen aber noch schwach entwickelt. Die Atmung erfolgte über einfach gebaute Lungen und gut entwickelte Kiemen. Anders als Fische, die mit dem Atemwasser auch ihre Beute einsaugen, war *Tiktaalik* bereits zum echten Schnappen befähigt. Dabei half ihm wahrscheinlich auch sein

beweglicher Nacken: Anders als bei Fischen, die durch
Schwimmbewegungen ihren Kopf samt Körper leicht in
jede Richtung bewegen können, ist bei Langwirbeltieren
der Kopf vom Schultergürtel entkoppelt, sodass zum ersten Mal ein beweglicher Hals entsteht.

Durch Knochenfunde gut dokumentiert für das Oberdevon sind *Ichthyostega* („Fischschädel") und der eng verwandte *Acanthostega* („Stachelschädel"). Beide lebten vor
etwa 365 Millionen Jahren und gelten als frühe Tetrapoden mit stämmigen Vorder- und Hinterextremitäten.
Wahrscheinlich schleppten sich aber auch diese Tiere noch
mehr über Land, als dass sie wirklich laufen konnten. Die
Atmung erfolgte ebenfalls über Lungen und Kiemen. Ein
Fisch-ähnlicher Schwanz erleichterte zudem das Schwimmen. Beide Arten dürften somit noch sehr viel Zeit im
Wasser verbracht haben. Die Jungtiere von *Acanthostega*
bevorzugten wahrscheinlich andere Lebensräume, als die
erwachsenen Tiere (Sanchez et al. 2016).

Ichthyostega war wahrscheinlich bereits etwas weiter
entwickelt als *Acanthostega:* Während *Acanthostega* an seinen Hinterbeinen noch acht „Zehen" besaß, trugen die
Vorderbeine von *Ichthyostega* nur sieben „Finger". Dies
kann als erster Schritt zu der bei rezenten Tetrapoden
üblichen Zahl von fünf Fingern oder Zehen gedeutet werden. Da in dem einen Fall aber die Vorder- und in dem
anderen Fall nur die Hintergliedmaßen bekannt sind, ist
es kein sicherer Beweis. Bei *Tulerpeton curtum* schließlich,
der vor 372 bis 359 Millionen Jahren lebte, treten Vorder-
und Hintergliedmaßen mit je sechs Fingern beziehungsweise Zehen auf.

Eine Kombination aus ursprünglichen und fortschritt-
lichen Skelettmerkmalen **(Mosaikevolution)** zeigt, dass
die Evolution zum Landleben keineswegs linear ver-
laufen ist, sondern manchmal auch Irr- und Umwege
beschritten hat. Für etwas Verwirrung, gerade aufgrund

der ungewöhnlichen Kombination, sorgt die Art *Hongyu chowi,* die im späten Devon lebte (Zhu et al. 2017).

Pederpes, der erste echte Tetrapode, der fossil überliefert ist, lebte vor 359 bis 348 Millionen Jahren und gehörte damit schon in das nächstfolgende Erdzeitsystem: in das frühe Karbon. Bei diesem Tier handelte es sich bereits um ein Amphibium, das heißt um ein Landwirbeltier, dessen Larven sich noch im Wasser entwickeln.

Auch die Evolution der Bakterien blieb keineswegs stehen. Parallel zu dem Landgang der Vertebraten haben sich beispielsweise wahrscheinlich auch die Enterokokken entwickelt, die heute als Krankenhauskeime eine wichtige Rolle spielen.

Mit zunehmender Besiedelung des Landes entwickelten sich darüber hinaus die ersten Hexapoden, eine Gruppe von **Arthropoden,** zu denen sowohl die Insekten als auch die Sackkiefer (Entognatha: zum Beispiel Springschwänze) gehören. Waren die ältesten Insekten noch ungeflügelt, so traten irgendwann im Verlauf des Devons zum ersten Mal auch geflügelte Arten auf. Heute tragen etwa 95 Prozent aller Insekten Flügel!

Das erste fossil nachgewiesene, mutmaßliche Insekt, *Rhyniognatha hirsti,* lebte vor 407 Millionen Jahren und ernährte sich wahrscheinlich von Pflanzen. Überliefert ist von diesem Tier allerdings nur der Kopf, sodass umstritten ist, ob es sich wirklich um ein Insekt handelt. Möglicherweise gehört dieses Tier eigentlich zu den Tausendfüßlern (Haug und Haug 2017).

Ein weiteres mutmaßliches Insektenfossil *(Strudiella devonica)* stammt aus dem Oberdevon (vor 370 Millionen Jahren) (Garrouste et al. 2012). Der Fund würde damit in die Arthropodenlücke fallen, das heißt in den Zeitraum, aus dem nur wenige den Arthropoden zugerechnete Funde bekannt sind. *Strudiella devonica* besaß zwar keine Flügel, könnte aber das Larvenstadium eines geflügelten Insekts sein. Alternativ wurde es als Krebs interpretiert (Hörnschemeyer et al. 2013).

Vor etwa 325 Millionen Jahren nahm dann die Zahl der Insekten deutlich zu. Spätestens jetzt existierten auch die ersten geflügelten Formen. Das über 300 Millionen Jahre alte Insektenfossil *Carbotriplura kukalovae* deutet daraufhin, dass sich der aktive Flug der Insekten möglicherweise aus dem Gleitflug entwickelt hat. Die ersten echten Fluginsekten haben ihre Flügel wahrscheinlich ähnlich wie heute die Eintagsfliegen und Libellen einfach nach oben und zur Seite abgespreizt. Später entwickelten sich dann auch Arten, die ihre Flügel auf dem Rücken zusammenlegen und so besser in dichter Vegetation laufen konnten, ohne von ihren sperrigen Flügeln behindert zu werden.

4.4.4 Zum Schluss eine Katastrophe

Gegen Ende des Devons fand das zweite große Massenaussterben der Erdgeschichte statt – das sogenannte Kellwasser-Ereignis. Betroffen waren nur die Meeresorganismen. Ursache war ein massiver Meeresspiegelanstieg, verbunden mit einem Abfall der Sauerstoffkonzentration. Wieso der Meeresspiegel anstieg, ist umstritten. Verantwortlich war vermutlich eine erhöhte vulkanische Aktivität oder die Entwicklung der Landpflanzen, die sich jetzt zu dominierenden Landorganismen entwickelt hatten und der Atmosphäre weiter Kohlendioxid entzogen.

Diesen Massenaussterben fielen zum Beispiel viele riffbildende Korallen zum Opfer: Die Tabulata- und Rugosa-Korallen wurden massiv dezimiert und sollten sich bis zu ihrem endgültigen Aussterben am Ende des Perms nie wieder völlig erholen. Aber auch andere Gruppen wurden hart getroffen: etwa die Acanthodii (Stachelhaie) und die zu den Algen gehörenden Acritarchen getroffen. Die Placodermen (Panzerfische) starben sogar völlig aus.

4.5   Es gibt Kohle

Das Karbon begann vor etwa 359 Millionen Jahren. Die Kontinente, insbesondere der Südkontinent Gondwana, hatten sich mittlerweile weiter nach Norden in Richtung Äquator verschoben. Die Landmassen, die später Europa, Asien und Nordamerika bilden sollten, inklusive des Old-Red-Kontinents, befanden sich ebenfalls im der Nähe des Äquators. Die Konsequenz war, dass Gondwana und Old-Red (= Laurussia, Euramerika) vor etwa 310 Millionen Jahren verschmolzen, sodass es zur sogenannten variszischen Gebirgsbildung kam und sich der Superkontinent Pangäa (griechisch: „die gesamte Erde") bildete. Überreste dieser Gebirgsbildung sind heute zum Beispiel die deutschen Mittelgebirge oder das Massif Central in Frankreich. Die Vereinigung aller Landmassen in einem Kontinent ermöglichte einen weltweit nur durch Gebirge und unterschiedliche Klimazonen eingeschränkten Floren- und Faunenaustausch. Der ebenfalls eine große Einheit bildende Urozean wird als Panthalassa bezeichnet (griechisch: „das allumfasssende Meer").

Das Klima im Karbon war überwiegend warm, jedoch kam es im Süden des Gondwana-Kontinents zur Bildung sich periodisch ausdehnender und zurückziehender Eismassen (permokarbonische Eiszeit).

In den tropisch-feuchten Tiefländern auf dem Festland – vor allem auf der Nordhalbkugel – entwickelten sich ausgedehnte Sumpfwälder (Steinkohlewälder). Diese wurden durch Meeresspiegelschwankungen und Senkungen des Bodens infolge der permokarbonischen Eiszeit beziehungsweise der variszischen Gebirgsbildung gelegentlich überflutet. Überspülungen durch das Meer, durch Süßwasserbecken oder durch über das Ufer tretende Flüsse führten dazu, dass sich sauerstoffarmen oder sogar sauerstofffreie Sedimente ablagerten und es zu Schlammlawinen kam. In solchen Schichten konnten sich Fossilien gut erhalten. Während der nicht überfluteten Phasen kam es hingegen zu einer ausgeprägten Torfbildung. Torfschichten überlagerten Sedimente und umgekehrt. Durch den biochemischen Prozess der Huminbildung, Wasserentzug und den massiven Druck beziehungsweise die hohen Temperaturen im Erdinneren wurde aus dem Torf im Laufe der Zeit zunächst Braun- und später Steinkohle. Die jetzt üppige Vegetation und der Entzug von Biomasse durch Torfbildung, die nun nicht mehr durch sauerstoffzehrende Prozesse abgebaut werden musste, ließen die O_2-Konzentration in der Atmosphäre vorübergehend auf bis zu 32 bis 33 Prozent und damit deutlich über den heutigen Wert (21 Prozent) ansteigen. Gut erhaltene Überreste überfluteter Karbonwälder wurden zum Beispiel in Steinkohlevorkommen im Ruhrgebiet und in Pennsylvanien gefunden (DeMichelle et al. 2007).

In den Kohlewäldern wuchsen viele Pflanzenarten: In Verlandungszonen dominierten die zu den Schachtelhalmen gehörenden baumförmigen Kalamiten (*Archaeocalamites* und *Calamites*). Weiter landeinwärts standen zu den **Lykophyten** gehörende „Bärlappbäume" (*Lepidodendron*, *Sigillaria*, „Lepidospermae") und Pteridospermen (Farnsamer: farnähnlich aussehende Samenpflanzen) mit einem reichen Unterwuchs aus Baumfarnen und Keilblattgewächsen (Sphenophyllales). Letztere repräsentieren ebenfalls eine ausgestorbene Ordnung der Schachtelhalmgewächse (Equisetophytina). Sie konnten als Lianen oder Spreizklimmer wachsen und besaßen, wie der deutsche Name verrät, keilförmige Blätter, die ähnlich wie bei den modernen Labkräutern sternförmig in Wirteln angeordnet waren. Die sporentragenden Zapfen einiger Vertreter der Sphenophyllales sind auch unter dem Namen *Bowmanites* bekannt. An trockeneren, aber auch an mangrovenähnlichen Standorten lebten mit den etwa 30 Meter hohen Cordaiten und den Voltziales die ersten mit den Koniferen nahe verwandten **Nacktsamer.** Dabei handelt es sich um Samenpflanzen, die bereits Samen, aber noch keine Früchte bilden konnten. Das heißt, anders als bei den erst später auftretenden **Bedecktsamern** waren ihre Samen noch nicht von einem Fruchtblatt umhüllt. Trotz ihrer engen Verwandtschaft mit den Koniferen, zu denen heute die Nadelbäume gehören, besaßen die Cordaiten meist spatelförmige Blätter. Nadeln traten höchsten an Knospen auf. Bei den Voltziales hingegen kamen bereits schuppen- und nadelförmige Blätter vor.

Die Lepidodendren und Sigillarien, mit den Bärlappen, Brachsenkräutern und Moosefarnen verwandte Pflanzen, die sich aus den kraut- und baumförmigen Protolepidodendrales des Devons entwickelt hatten, konnten bei einer Stammbasis von zwei Metern eine Höhe von 40 beziehungsweise 20 bis 30 Metern erreichen. Der Holzkörper war sehr klein und frei von Jahresringen, die Stabilität wurde vielmehr durch die photosynthetisch aktive Rinde erzeugt. Die Krone bestand aus mehrfach verzweigten Ästen. Die Blätter waren lang und schmal und warfen wohl nur sehr wenig Schatten. So fiel recht viel Licht auf den Boden, sodass sich in diesen Wäldern ein reicher Unterwuchs ausbilden konnte. *Lepidodendron*-Zapfen, in denen die Sporen heranreiften, konnten bis zu 75 Zentimeter lang werden. Den größten Teil ihres möglicherweise nur zehn bis 15 Jahre dauernden Lebens verbrachten diese Pflanzen vielleicht gar nicht als Bäume, sondern als eher kleine Pflanzen mit allenfalls einem kurzen Stamm. Kurz vor ihrer Sporenreife könnten sie dann emporgeschossen sein (Thomas und Cleal 2017). Die Stämme wuchsen dabei vor allem durch die Bildung von Grundgewebe in die Breite. Wasserleitgewebe dagegen wurde kaum gebildet. Diskutiert wird aber auch deutlich langsameres Wachstum, das besser zu dem mutmaßlichen Nährstoffmangel in den Sümpfen passen würde (Boyce und DiMichele 2018). Ihren deutschen Namen Siegel-(Sigillarien) und Schuppenbäume (Lepidodendren) haben diese Pflanzen übrigens von den schuppenförmigen Blattpolstern und den siegelförmigen Blattnarben die ihre fossilisierten Stämme bedecken.

Ein spezielles, als Ligula bezeichnetes Organ an der Blattansatzstelle erlaubte diesen Bäumen, Wasser aus der Luft aufzunehmen. Auf diese Weise konnten sie trotz ihres nur mangelhaften Wasserleitsystems und dank der damals in den Sumpfwäldern herrschenden hohen Luftfeuchtigkeit dennoch überleben. Durch ihren möglichweise kurzen Lebenszyklus waren sie zudem gut an die wechselhaften Bedingungen ihres Lebensraums angepasst: Häufige Stürme und Überflutungen sorgten immer wieder für massive Störungen ihres Habitats.

Die flach unter der Oberfläche wachsenden Wurzelträger (Rhizomorphe) der „Bärlappbäume" heißen Stigmarien, da von ihnen zahlreiche, spiralig angeordneten, wurzelhaubenfreie, aber wurzelhaaretragende und dichotom verzweigte „Wurzeln" abzweigten, die nach ihrem Abfall ebenfalls charakteristische Narben hinterließen, die Stigmen.

In den Steinkohlewäldern des Karbons tummelten sich bereits zahlreiche **Arthropoden**. Einige Arten entwickelten dabei regelrechte Riesenformen – etwa die libellenähnliche *Meganeura* (Protodonata; Stammlinie der Libellen), die eine Flügelspannweite von bis zu 70 Zentimetern erreichte, oder der tausendfüßlerähnliche *Arthropleura*, der fast 2,5 Meter lang werden konnte. Wie aber kam es zu solchem Riesenwuchs? Möglich machte es der hohe Sauerstoffgehalt in der Atmosphäre, der im Karbon bei 32 bis 33 Prozent lag, deutlich mehr als die heutigen 21 Prozent: Für die nächsten 150 Millionen Jahre zeigte sich eine klare Korrelation zwischen der maximalen Körpergröße von Fluginsekten und dem Sauerstoffgehalt der Atemluft.

Weitere aus dem Karbon bekannte Insekten sind frühe Vorläufer der Schaben, Heuschrecken und Eintagsfliegen. Darüber hinaus lebten damals auch viele Insektenordnungen, die heute ausgestorben sind.

Aus dem späten Karbon vor etwa 315 Millionen Jahren ist auch die erste Larve eines Insekts mit vollständiger Metamorphose (Holometabolie) bekannt (Nel et al. 2013): Während bei manchen Insekten, zum Beispiel Heuschrecken, die Larvenstadien bereits den erwachsenen Insekten ähneln, unterscheiden sich beispielsweise die Raupen der Schmetterlinge oder die Maden der Fliegen deutlich von den erwachsenen Tieren. Erst in einem Zwischenstudium, der Puppe, vollziehen sie die Gestaltumwandlung (Metamorphose). Wie erfolgreich die Holometabolie in der Evolution war, zeigt sich daran, dass heute 80 Prozent aller Insekten diesen Entwicklungstyp besitzen!

Ein früher Vertreter der Spinnen**stammlinie** des Karbons ist *Idmonarachne brasieri,* der allerdings noch die Spinndrüsen auf der Unterseite des Hinterleibs fehlten (Garwood et al. 2016). Ihre unversponnene Spinnseide nutzten sie vielleicht dazu, ihre Nester auszupolstern. Weitere Vertreter der Spinnenstammlinie im Karbon waren die bereits aus dem Devon bekannten „Urspinnen" (Uraraneida). Anders als die modernen Webspinnen besaßen diese Tiere noch einen langen dünnen Schwanz. Aus dem späten Karbon sind dann auch die ersten Webspinnen bekannt.

Die ebenfalls zu den Arthropoden gehörenden Pfeilschwanzkrebse *(Euproops danae)* tarnten sich im Karbon
als *Lepidodendron*-Blätter.

Auch Amphibien wie etwa der gut einen Meter lange
Crassigyrinus scoticus besiedelten jetzt in großem Umfang
das Land und entwickelten dabei zahlreiche Formen, da
sie kaum Konkurrenten zu fürchten hatten. Bei ihrer Fortpflanzung waren sie aber anders als die gegen Ende des
Karbons auftretenden ersten Reptilien noch auf das Wasser angewiesen.

Die heute lebenden Reptilien gehören zusammen
mit den Säugetieren und Vögeln mit denen sie einen
gemeinsamen Vorfahren teilen, zu den **Amnioten,** das
heißt, sie besitzen eine relativ lange Embryonalentwicklung,
bei der der Keim von einer selbst gebildeten Hülle
umgeben ist. So entsteht ein flüssigkeitsgefüllter Hohlraum,
der den Teich ersetzt, in dem die Larven der Amphibien
heranwachsen. Dank dieser und weiterer Anpassungen –
etwa eine trockene, derbe, als Verdunstungsschutz wirkende
Haut, eine bessere Lauftechnik, bei der der Körper stärker
vom Boden abgehoben wird, und ein optimiertes Herz-
Kreislauf-System – konnten die Reptilien entfernt vom
Wasser leben und so neue Lebensräume erobern.

Übergangsformen zwischen Reptilien und Amphibien
waren die 335 beziehungsweise 340 Millionen Jahre alten
Arten *Westlothiana lizziae* und *Casineria kiddi.* Beide besaßen wahrscheinlich bereits Hautschuppen wie die Reptilien. Erste echte Reptilien waren der etwa 312 Millionen
Jahre alte *Hylonomus lyelli* und der etwa jüngere *Paleothyris acadiana,* die beide sogar schon der **Stammlinie** der
Eureptilia angehörten: Beide ähnelten heutigen Eidechsen.

Gegen Ende des Karbons und damit überlappend mit
den Steinkohlewäldern entwickelten sich auf der Südhalbkugel, also dem Großteil des alten Gondwana-Landes,
die an kühlgemäßigtere Bedingungen angepasste permo-

karbonische Gondwana-Flora. Leitformen dieser Flora sind Vertreter der zu den Pteridospermen (Farnsamern) gehörenden Glossopteridales (etwa die Blattgattungen *Glossopteris, Belemnopteris* und *Gangamopteris*), die sich in zwei Gruppen einteilen lassen: die „Megafructi" mit massigen, zahlreiche Samen enthaltenden „Scheinfrüchten", die an unmodifizierten Blättern entstehen und zu ihrem Schutz von einem weiteren Hüllblatt umgeben sind, und die „Mikrofructi" mit kleineren, weniger Samen enthaltenden „Scheinfrüchten", die auf mehr oder weniger stark modifizierten Blättern stehen. *Glossopteris* besaß zungen-, spalten- oder eiförmige Laubblätter, die regelmäßig im Herbst abgeworfen wurden. Das Holz dieser Bäume wies deutliche Jahresringe auf, was auf Jahreszeiten hindeutet. Die Samenanlagen von *Glossopteris* waren – wie bei vielen anderen fossilen Pflanzen auch – von einer schützenden Hülle umgeben, der Cupula.

Die Meeresfauna des Karbons ähnelte derjenigen des Devons, jedoch nahm die Zahl der Arten deutlich ab. Der Muskelflosser *Rhizodus hibberti* war offensichtlich ein Experiment der Natur, denn er besaß neben dem Schien- und Wadenbein in den „Unterschenkeln" seiner Hinterflossen noch einen dritten kräftigen Knochen (Jeffery et al. 2018). Bei den zu den Strahlenflossern gehörenden Fischen entwickelten die ursprünglichen Palaeoniscoiden (Knorpelganoiden) zahlreiche neue Entwicklungslinien. Zudem begannen jetzt auch die Vorfahren der „modernen" Strahlenflosser damit sich in verschiedene Linien aufzuspalten.

Neu traten außerdem die als „Donnerkeile" oder „Teufelsfinger" bekannten Belemniten auf. Dabei handelte es sich um an Kalmare erinnernde Tintenfische, bei denen die Saugnäpfe an den zehn Armen zumindest teilweise durch Haken ersetzt waren, sogenannte Onychiten.

Die bei den Ammoniten und Nautiloiden noch vorhandene Außenschale war bei den meisten Belemniten ganz in das Körperinnere verlagert. Dieses „innere Gewicht" sorgt für eine waagerechte Schwimmhaltung. Wahrscheinlich lebten diese Tiere in Schwärmen in Küstennähe. Fossil erhalten sind vor allem die Torpedo-förmigen (Innen-) Schalen, die zu dem Namen „Donnerkeile" geführt haben.

Zahlreiche Formen bildeten auch die zu den **Foraminiferen** (Kammerlingen) gehörenden Fusulinen, die im Karbon zum ersten Mal nachgewiesen werden können. Foraminiferen sind zwar eigentlich Einzeller, dennoch können sie bis zu mehrere Zentimeter große und daher auch mit bloßem Auge gut sichtbare Formen bilden, deren Gehäuse sich als **Leitfossilien** eignen.

4.6 Trockenheit und Salz: Das Perm

Das Ende des Karbons markiert eine große Eiszeit auf der Südhalbkugel, bei der etliche Tierarten ausstarben. Die permokarbonische Eiszeit, auch bekannt als Karoo-Eiszeit, erreichte jetzt ihren Höhepunkt. Im Verlauf des Perms, das vor 299 Millionen Jahren begann, stiegen die Temperaturen wieder an, aber es wurde auch trockener. In Äquatornähe etwa, im Inneren des großen Pangäa-Kontinents, herrschte ein tropisches Wüstenklima. Es bildeten sich große Salzlagerstätten. Eingeschlossen in den Salzkristallen könnten sogar salzliebende **Archaeen** (Mikroorganismen ohne Zellkern) aus der damaligen Zeit dank ihrer zahlreichen **Genom**kopien pro Zelle bis heute überlebt haben. Diese vielen Genomkopien ermöglichen eine sehr effiziente Reparatur von **DNA**-Schäden. Die Berichte von wieder belebten Mikroorganismen aus dieser Zeit sind aber nicht unumstritten.

In der Nähe von Binnengewässern und in den küsten-nahen, von einem ozeanischen Klima geprägten Regionen hingegen herrschte ein feuchteres Klima. Dort konnten sich Wälder aus **Lykophyten** (Siegel- und Schuppen-bäumen) zwar halten, wurden aber zunehmend frag-mentiert und verloren an Bedeutung. Im südlichen, kühlgemäßigten Teil Pangäas gedieh außerdem immer noch die von **Euphyllophyten** geprägte *Glossopteris*-Flora. In beiden Waldtypen konnte weiterhin Kohle entstehen, wenn auch in geringerem Umfang als im Karbon.

Im Perm lassen sich somit vier pflanzengeographische Regionen unterscheiden: Gondwana (heutiges Afrika, Südamerika und Australien: mittlere bis höhere südliche Breitengrade; Dominanz von *Glossopteris*), Angara (heu-tiges Sibirien: mittlere bis höhere nördliche Breitengrade; zum Beispiel Lykophyten, Cordaiten, Farnsamer), Eura-merika (heutiges Europa und Nordamerika; tropisch und trocken; *Glossopteris anatolica,* **Lykophyten,** Cordaiten, Farnsamer) und Cathaysia (heutiges China und Ostasien; tropisch und feucht; Lykophyten, Cordaiten, Farnsa-mer). Die Florenregion Cathaysia bestand vor allem aus größeren und kleineren Inseln in Äquatornähe, was ihr feuchtwarmes Klima erklärt. In ihr wuchsen vor allem evolutionär alte Pflanzenlinien, während in dem trocke-neren Euramerika, wo die Bedingungen für die Bildung von Fossilien schlechter waren, sowie in den gemäßigten Regionen bereits modernere Linien auftraten. Neben dem jeweiligen Klima trug noch etwas dazu bei, dass sich diese Florenregionen auf der großen Landmasse des Pangäa-Kontinents aufrechterhalten konnten: Gebirgszüge – als natürliche Grenzen für die Vegetation.

Bereits vor rund 660 Millionen Jahren hatten sich die **Ständerpilze** mit Sporen auf Sporenständern und die **Schlauchpilze** mit schlauchförmigen Sporenbehältern (zum Beispiel Trüffel) voneinander getrennt (Hibbett et al. 2016). Das zurzeit älteste bekannte Fossil eines Landpilzes ist der 440 Millionen alte *Tortotubus protuberans* (Smith 2016). Vor etwa 300 Millionen Jahren traten dann wahrscheinlich die ersten Weißfäulepilze in der Gruppe der Agaricomycetes auf. Zu dieser Pilzgruppe, einer Untergruppe der Ständerpilze, gehören heute unter anderem die typischen Pilze mit Hut und Stiel, von denen viele als Speisepilze beliebt sind, etwa der Champignon. Damals hatten diese Pilze aber noch nicht dieses Erscheinungsbild. Im Gegensatz zu den Braunfäulepilzen bauen die Weißfäulepilze, das chemisch schwer angreifbare Lignin ab und nicht die Cellulose. Durch diese neue Fähigkeit wurde möglicherweise die nicht-abbaubare Biomasse stark reduziert. Das dürfte die Kohleproduktion deutlich gebremst haben (Floudas et al. 2012). Dieser Hypothese wurde allerdings auch widersprochen, da sich keine Unterschiede fanden zwischen Kohleschichten, die überwiegend aus ligninarmen Schuppen- und Siegelbäumen entstanden sind, und Kohleschichten, die von Lignin-reichen Samenpflanzen (**Euphyllophyten**) stammen (Nelsen et al. 2016).

Einen guten Einblick in die Vegetation des frühen und mittleren Perms (früher auch bekannt als „Rotliegendes") geben der „versteinerte Wald" von Chemnitz und das „Wuda-Kohlefeld" in der inneren Mongolei. Im Wuda-Kohlefeld konnte ein vor rund 298 Millionen Jahren von Vulkanasche begrabener, auf Torfboden gewachsener, tropischer Sumpfwald untersucht werden, der die Rekonstruktion eines kompletten Ökosystems der Cathaysia-Flora erlaubt (Wang et al. 2012a) (Abb. 4.4): Am häufigsten waren etwa zehn bis 15 Meter hohe Baumfarne, die zu den Marattiophytina gehörten, einer Gruppe robuster, großer Farne, die auch heute noch in den Tropen vorkommen. Weitere Pflanzengruppen waren krautige Farne, zum Beispiel *Nemejcopteris feminaeformis*, etwa 25 Meter hohe Sigillarien (aber keine Vertreter der Gattung *Lepidodendron*), Schachtelhalmgewächse *(Sphenophyllum, Calamites)* und Vertreter der Noeggerathiales

Abb. 4.4 Der Wuda-Kohlewald bestand hauptsächlich aus Baum- und Palmfarnen. Aus dieser niedrigen Baumschicht ragten einzelnen Siegelbäume (Mitte) und Cordaiten (links) heraus. Rekonstruiert nach Wang et al. 2012a

(zum Beispiel *Tingia*), bei denen es sich um eine Gruppe heterosporenbildender kleiner Bäume und Büsche handelt, deren Verwandtschaft zu den übrigen Pflanzen noch unerforscht ist. An Nacktsamern **(Gymnospermen)** fanden sich neben den bereits erwähnten, mit den Koniferen verwandten Cordaiten auch frühe Vertreter der auch heute noch existierenden und in ihrem Aussehen kaum veränderten „Palmfarne" (Cycadopsida: *Taeniopteris, Pterophyllum*). Als Zimmerpflanzen beliebt ist zum Beispiel der Japanische Palmfarn *Cycas revoluta*. Insgesamt waren Gymnospermen aber eher selten. Der Gesamteindruck des Ökosystems war wahrscheinlich der eines niedrigen Waldes aus Baumfarnen mit vereinzelten höheren Bäumen. Die Krautschicht war nicht durchgängig ausgebildet. Kletterpflanzen *(Sphenopteris)* traten nur selten auf.

Bei dem „versteinerten Wald" von Chemnitz (vor 291 ± 3 Millionen Jahren) handelt sich um Reste von

Farnsamern, Cordaiten, Ginkgogewächsen und Koniferen, die im frühen Perm in Waldmooren Euramerikas auf Tuffgestein vorkamen und bei einem Vulkanausbruch verschüttet wurden. Die Mehrzahl der Pflanzen gehörte zur Cordaitengattung *Dadoxylon,* es finden sich aber auch noch zahlreiche Farne, die zum Teil die Fähigkeit zur Wasserspeicherung (Sukkulenz: vgl. Kakteen oder Hauswurzgewächse) aufwiesen. Beispiele hierfür sind der Riesenschachtelhalm *Calamites gigas* und der zu den Marattiophytina gehörende Baumfarn *Psaronius,* der wahrscheinlich von Aufsitzerpflanzen wie *Tubicaulis* besiedelt wurde. Das vermehrte Auftreten von Gymnospermen und sukkulenten Pflanzen in dem versteinerten Wald von Chemnitz deutet auf einen trockeneren Standort hin. Ungewöhnlich war der sich mehrfach verzweigende Riesenschachtelhalm *Arthropitys bistriata* (Calamitaceae).

Mit dem Beginn der früher als Zechstein bezeichneten letzten Phase des Perms, das heißt vor rund 260 Millionen Jahren, begannen die Gymnospermen überall die Vegetation zu dominieren. Damals wuchsen beispielsweise im Gebiet des heutigen Jordaniens, wo seinerzeit mehrere Florenregionen überlappten, die ersten Steineibengewächse (Podocarpaceae), eine heute vor allem in den Tropen und Subtropen auf der Südhalbkugel verbreitete Gruppe von Koniferen, die meist Laubblätter und keine Nadeln tragen, sowie die ersten Bennettitopsiden, eine bis vor Kurzem nur aus dem Erdmittelalter bekannte Gruppe von Nacktsamern (Blomenkemper et al. 2018).

4.6.1 Die „Lebacher Eier"

In der Umgebung von Lebach im Saarland finden sich merkwürdige, eiförmige Gebilde, im Volksmund als „Lebacher Eier" bezeichnet. Entstanden sind diese Geoden durch die Ausfällung von Eisenkarbonat am Grund eines gewaltigen Süßwassersees, des Rümmelberg-Humbergsees. Als Kristallisationskeime für die Lebacher Eier dienten wahrscheinlich Sedimentpartikel, gelegentlich sind in ihnen aber auch Fossilien eingeschlossen. Der Rümmelberg-Humbergsee bedeckte vor 290 Millionen Jahren etwa die drei- bis vierfache Fläche des Bodensees. Bewohnt wurde er von zahlreichen Krebsen, Quallen, Fisch-, Amphibien-, Reptilien- und Pflanzenarten. So fanden sich hier beispielsweise auch die Überreste von Haien und Stachelhaien *(Acanthodes bronni)*, die seit dem Karbon auch das Süßwasser besiedelten. Auch die heute auf die Südhalbkugel beschränkten Lungenfische (Sarcopterygii, Muskelflosser) lebten in dem See. Der bis zu 1,8 Meter lange „Riesensalamander" *Sclerocephalus* wuchs als Larve im Wasser heran und ernährte sich als erwachsenes Tier von Fischen wie *Paramblypterus.*

Die Nähe des Sees bot vielen feuchtigkeitsliebenden Pflanzen ein Refugium in der sonst eher trockenen Landschaft. An den Ufern des Rümmelberg-Humbergsees wuchsen Gymnospermen, wie die zu den Voltziales gehörenden Gattungen *Walchia* oder *Lebachia,* deren verzweigte, nadelähnliche Blätter tragende Äste an Farnwedel erinnern, dazu Schuppen- und Siegelbäume, diverse Farne sowie Kalamiten (Riesenschachtelhalme).

4.6.2 Die Reptilien entfalten sich

Bei den Wirbeltieren gewannen die **Amnioten** jetzt immer mehr die Dominanz über die Amphibien. Infolge dessen entstanden zahlreiche Arten von „Reptilien". Die Anführungszeichen rühren daher, dass diese Tiere nicht einfach mit den heute lebenden Reptilien gleichzusetzen sind. Vielmehr handelt es sich um eine sehr gemischte Gruppe aus den Vorfahren der heutigen Reptilien, Vögel, Säugetiere und ausgestorbenen Linien. Wahrscheinlich schon im späten Karbon, möglicherweise aber auch erst im frühen Perm hatten sich innerhalb der Amnioten die Linie der Echsenvorfahren (Sauropsida: Vorfahren der heutigen Reptilien und Vögel) von der Linie der Säugetiervorfahren getrennt. Innerhalb der Sauropsida kam es bald darauf zu einer weiteren Aufspaltung in die heute ausgestorbenen Parareptilia und die Eureptilia.

Diese beiden Gruppen unterscheiden sich vor allem in ihrer Schädelanatomie: Während die Parareptilia und die ursprünglichsten Eureptilia (zum Beispiel *Labidosaurus, Captorhinus* oder der bereits erwähnte *Paleothyris acadiana* aus dem späten Karbon) außer den Öffnungen für die Augen keine weiteren Schädelöffnungen besaßen und dahcr als anapsid bezeichnet werden, besaßen die moderneren Vertreter der Eureptilia außer den Augenöffnungen noch zwei Schädelöffnungen und waren somit diapsid. Bei den Vorfahren der Säugetiere wiederum sind zwei Schädelöffnungen miteinander verschmolzen, sodass sie als synapsid bezeichnet werden.

Da die Schildkröten als einzige Vertreter der **rezenten** Reptilien anapside Schädel besitzen, wurde lange diskutiert, ob sie mit den Parareptilia oder den ursprünglichen Eureptilia eng verwandt sein könnten. Fossilfunde belegen jedoch mittlerweile eindeutig, dass die Schildkröten zu den Diapsida gehören. Ein Vorfahre der heutigen Schildkröten ist der aus dem Mittel- bis Oberperm stammende *Eunotosaurus africanus,* dessen fossile Überreste in Südafrika entdeckt wurden. Moderne Schildkröten besitzen einen Bauch- und einen Rückenpanzer, die jeweils aus nach außen getretenen, verbreiterten und miteinander verwachsenen Rippen beziehungsweise Wirbelkörpern entstanden sind. Da bei diesem Prozess zwangsläufig die für die Atmung wichtige Zwischenrippenmuskulatur wegfallen musste, übernimmt bei den Schildkröten heute eine Muskelschlinge die Funktion der

Atemmuskulatur (Lambertz 2016). *Eunotosaurus africanus* besaß bereits schildkrötentypische Rippen und eine schildkrötentypische Atmungsmuskulatur, aber noch keine durchgehende Panzerung. Möglicherweise diente die typische Verbreiterung der Rippen bei *Eunotosaurus* einer stabileren Verankerung der als Grabwerkzeuge genutzten Vorderbeine. Die Rippen könnten auch eine Stützfunktion gegen Verdrehungen bei der Fortbewegung übernommen haben. Die Atmung geschah mithilfe der Rumpfmuskulatur auf der Bauchseite beziehungsweise erfolgte passiv durch die Schwerkraft der Eingeweide, durch die die Lungen bauchseitig nach unten gezogen wurden.

Ein früher Vertreter der Parareptilia im Perm war wahrscheinlich *Mesosaurus,* ein schlankes, fast schlangenähnliches Tier mit kurzen Beinen. Obwohl Reptilien sich eigentlich gut für das Landleben eignen, hat sich *Mesosaurus* wieder sekundär an ein Leben im Wasser angepasst. Wahrscheinlich jagte dieses Tier im freien Wasser von Seen nach Krebsen und kleinen Fischen.

Auch andere Vertreter der Parareptilia, wie der aus dem späten Perm bekannte *Chalcosaurus lukjanovae* lebten im Wasser. Es gab aber auch typische Landbewohner wie den bis zu drei Meter langen *Scutosaurus* (Pareiasauridae), der ebenfalls im späten Perm auftrat. Eine gute Panzerung schützte diese kräftig gebauten, gedrungenen Pflanzenfresser vor Raubtieren, etwa dem *Inostrancevia,* der zu den Synapsida gehörte.

Der erste Vertreter der Eureptilien mit diapsidem Schädel war der aus dem späten Karbon bekannte, eidechsenähnliche *Petrolacosaurus. Araeoscelus,* ein enger Verwandter des *Petrolacosaurus* aus dem frühen Perm, besaß wiederum einen synapsiden Schädel. Dabei handelte es sich jedoch um eine Parallelentwicklung zu den Synapsida. Im Operm treten dann als weitere Diapsida die Younginiformes auf, zu denen beispielsweise die namensgebende Gattung *Youngina* oder auch die wahrscheinlich im Meer lebenden Gattungen *Acerosodontosaurus* und *Hovasaurus* gehörten. Der langbeinige und langhalsige *Protorosaurus* gehörte zur **Stammlinie** der Archosauria, aus der später die Krokodile und Dinosaurier hervorgehen sollten. *Coelurosauravus* (früher *Weigeltisaurus*), eine kleine Echse, die vor 258 bis 251 Millionen Jahren lebte, besaß Flughäute und betätigte sich als Gleitflieger.

Im späten Karbon und frühen Perm begannen auch die Synapsida sich in zahlreiche verschiedene Entwicklungslinien zu differenzieren. Ein besonders früher Vertreter dieser Gruppe ist zum Beispiel der bis zu einen Meter lange *Eothyris parkeri,* der vor 295 bis 290 Millionen Jahre lebte. *Varanops brevirostris* wiederum erinnerte an heute lebende Warane. Er gehörte innerhalb der Synapsida zu den Pelycosauriern, zu denen auch die Sphecodontiden und die Therapsiden gerechnet werden. Dank ihres hohen, durch die Dornfortsätze der Wirbelkörper gestützten Rückenkamms besonders auffällige Sphecodontiden waren die zahlreichen Arten der Gattung *Dimetrodon* („Texasdrachen"). Anders als der ebenfalls mit einem hohen Rückenkamm ausgestattete, pflanzenfressende *Edaphosaurus,* waren die *Dimetrodon*-Vertreter wahrscheinlich Räuber und standen an der Spitze der Nahrungskette. Ebenso wie die modernen Säugetiere besaßen die Sphecodontiden bereits eine Wirbelsäule, die in mehrere Regionen mit morphologisch verschiedenen Wirbeln unterteilt war. Bei den Sphecodontiden lassen sich allerdings nur drei solcher Wirbelregionen unterscheiden und nicht wie bei den Säugern fünf (Jones et al. 2018). Der Rückenkamm könnte durch gezieltes Ausrichten nach dem Sonnenstand eine Rolle bei der Regulierung der Körpertemperatur gespielt haben.

Innerhalb der Therapsiden sollten sich später die Säugetiere entwickeln. Dementsprechend besaßen sie bereits zahlreiche Merkmale, die typisch für diese Tiergruppe sind. So befanden sich ihre Beine meist nicht mehr seitlich am Körper wie bei den „Kriechtieren", sondern unter dem Körper, was ein effizienteres Laufen ermöglichte. Deutliche Veränderungen gab es auch am Kiefer und es entwickelten sich unterschiedliche Zahntypen. Die Tiere konnten die Nahrung besser zerkleinern und damit auch effizienter verdauen: Kauen im weiteren Sinn findet sich bei vielen Landwirbeltieren, jedoch wird dabei die Nahrung durch Reiben mit der Zunge gegen das Gaumendach und nicht durch Reibung der Zähne gegeneinander zerkleinert.

Tapinocephalus atherstonei, ein zwei Tonnen schwerer Pflanzenfresser mit stark verdicktem Schädel, der vor gut 260 Millionen Jahren lebte, besaß noch seitlich vom Körper abgespreizte Beine, war also noch ein echtes „Kriechtier". Bei dem 255 Millionen Jahre alte Therapsiden *Kawingasaurus fossilis* ließ sich mit einem Neutronen-Computer-Tomographen, der mithilfe von Neutronenstrahlen virtuelle Schnittbilder einer Probe im Computer erzeugt, bereits ein stark vergrößertes Gehirn mit einer säugetierähnlichen Großhirnrinde nachweisen (Laaß und Kaestner 2017). Wahrscheinlich benötigte das Tier sein Gehirn, um die Reize seiner extrem empfindlichen Sinne zu verarbeiten: Aufgrund seiner unterirdischen Lebensweise konnte es nicht nur beim schwachem Dämmerlicht hervorragend sehen, sondern auch ausgezeichnet hören und tasten.

Die Cynodontia („Hundszähner": zum Beispiel *Diarthrognathus*), eine seit dem späten Perm bekannte Untergruppe der Therapsiden, zu der Pflanzen- und Fleischfresser gehörten, besaßen als weitere Innovation ein „doppeltes Kiefergelenk", ein Übergangsstadium zwischen dem reptilientypischen primären und dem säugertypischen sekundären Kiefergelenk (Ziegler 2018c):

Bei Reptilien und Amphibien bilden ein Oberkiefer-knochen, das Quadratum, und ein Unterkieferknochen, das Articulare, das Kieferngelenk. Der Unterkiefer wiederum besteht aus drei Knochen, dem Articulare, dem Angulare und dem Dentale. Bei Säugetieren hingegen bildet der Unterkieferknochen Dentale zusammen mit dem Schuppenbein (Squamosum) des Schädeldaches das Kiefergelenk. Die Knochen Quadratum und Articulare, die jetzt nicht mehr für das Kiefergelenk benötigt wurden, konnten daher zusammen mit einem weiteren kleinen Knochen, der Columella, eine neue Funktion übernehmen: als Gehörknöchelchen (Hammer, Amboss und Steigbügel). Der Angulare-Knochen bildet bei den heutigen Säugetieren den Boden für Mittelohr und Gehörgang.

Das erwähnte Raubtier *Inostrancevia* gehörte bereits zu den Therapsiden, aber noch nicht zu den Cynodontiern. Gleiches gilt für den zahnlosen, mit einem schildkröten-ähnlichen Hornschnabel ausgestatteten Pflanzenfresser *Bulbasaurus phylloxyron*.

Die **Schwestergruppe** der Cynodontier waren die räuberischen Therocephalia. Sie erreichten ihre größte Formenfülle im späten Perm (zum Beispiel *Pristerognathus*). Ein früher Vertreter der Cynodontier im späten Perm (vor 270 bis 251 Millionen Jahren) war *Procynosuchus*. Das Tier erreichte eine Länge von 60 Zentimetern und lebte wahrscheinlich wie heutige Krokodile teilweise im Wasser. Darauf deutet beispielsweise sein seitlich abgeplatteter Schwanz hin.

4.6.3 Arthropoden

Selbstverständlich lebten im Perm auch weiterhin **Arthropoden.** So wurde der bereits aus dem Karbon bekannte „Riesentausendfüßler" *Arthropleura* auch im versteinerten

Wald von Chemnitz gefunden. Auch die Insekten erlebten jetzt eine zunehmende Entfaltung. Zu Beginn des Perms gab es neben zahlreichen kleinen Insekten nach wie vor Riesenformen, wie die mit der aus dem Karbon bekannten, libellenähnlichen Gattung *Meganeura* eng verwandten Arten *Meganeuropsis permiana* und *Meganeuropsis americana*. Parallel zu den stark abfallenden Sauerstoffkonzentrationen im Verlauf des Perms nahm die maximale Größe der Insekten jedoch ab.

Das ebenfalls über 300 Millionen Jahre alte Insektenfossil *Carbotriplura kukalovae* deutet daraufhin, dass sich der aktive Flug der Insekten wahrscheinlich aus dem Gleitflug entwickelt hat.

Permotettigonia gallica ist mit 270 Millionen Jahren das älteste bekannte Fossil einer Heuschrecke (Garrouste et al. 2016). Dieses Tier ahmte Blätter nach, um sich vor Fressfeinden zu tarnen. Als Vorbilder haben dieser Heuschrecke wahrscheinlich die Blätter des Farnsamers *Taeniopteris* gedient.

Die Käfer hingegen führten im Perm noch ein Schattendasein. Ursprüngliche Käfer lebten unter der Rinde von **Gymnospermen.** Bei den modernen Käfern sind die als Elytren bezeichneten Vorderflügel stark sklerotisiert und legen sich als schützende Decken über die zum Fliegen verwendeten Hinterflügel. Bei den **Stammgruppe**nvertretern der Käfer waren die Elytren noch nicht vollständig verhärtet und die Körperoberfläche dieser Tiere war mit kleinen Höckern besetzt. Der erste moderne Käfer ist *Ponomarenkia belmonthensis,* er lebte zu Beginn des Perms vor rund 300 Millionen Jahren und lässt sich keiner der vier heute lebenden Großgruppen der Käfer zuordnen. *Ponomarenkia belmonthensis* hielt sich vermutlich auf Pflanzen auf.

Die Schaben waren im Perm durch die Gattungen *Phylloblatta* und *Blattinopsis* vertreten. Die Hautflügler, zu denen heute Bienen, Wespen und Ameisen gehören, begannen wahrscheinlich vor 281 Millionen Jahren, sich in zahlreiche Arten aufzuspalten. Heute ausgestorben sind zum Beispiel die den Libellen und Eintagsfliegen nahestehenden, scheinbar sechsflügeligen Palaeodictyoptera, zu denen *Eugereon boeckingi* gehörte, ein Insekt mit einer Flügelspannweite von 20 Zentimetern.

4.6.4 Das größte Massenaussterben

Am Ende des Perms, vor 252 Millionen Jahren, kam es zu dem größten Massenaussterben der Erdgeschichte, zumindest seit Beginn des Kambriums. Über die Ursachen wird viel diskutiert und es ist durchaus möglich, dass eine Kombination von mehreren Ursachen hierfür verantwortlich war. Bereits im späten Perm schwankten das Klima und der Meeresspiegel stark. Verursacht wurden diese Klimawechsel wahrscheinlich durch eine Serie massiver Vulkanausbrüche im Gebiet des heutigen Sibiriens. Noch heute ist diese Flutlava-Episode als treppenförmige Flutbasaltformationen in Sibirien zu erkennen. Ausgelöst wurden die Vulkaneruptionen wahrscheinlich, weil sich die gesamte Landmasse in dem zerfallenden Superkontinent Pangäa konzentrierte und es unter der Kontinentalkruste zu einem Hitzestau kam oder weil ein Meteorit auf der gegenüberliegenden Erdseite einschlug. Durch den Vulkanismus erzeugte Schwebeteilchen in der Luft dämpften die Sonneneinstrahlung und damit die Photosynthese. Es begann sozusagen eine Kettenreaktion: Zunächst kühlte das Klima ab, freigesetztes Schwefeldioxid (SO_2) und Kohlendioxid verursachten dann aber nach Absinken der Schwebteilchen einen Treibhauseffekt, das Schwefeldioxid ging als saurer Regen nieder, Kohlendioxid löste sich im Meer, dessen Säuregehalt daraufhin stieg und

in Kohleflöze eindringendes Magma führte zu Schwel-
bränden und damit zu weiterer Kohlenstofffreisetzung.
Aus dem Magma austretende Halogengase könnten die
Ozonschicht der Atmosphäre teilweise oder vollständig
zerstört haben (Broadley et al. 2018). Die Verwitterung
des in großen Mengen gebildeten frischen Basaltgesteins
führte außerdem womöglich zu einer Anreicherung
der Meere mit Nährstoffen (Sun et al. 2018). Darüber hinaus könnten auch Mikroorganismen zu den
Klimaschwankungen beigetragen haben: Ein neuer Stoffwechselweg zur Erzeugung von Methan aus Essigsäure,
der zudem möglicherweise durch die großen Mengen an
Nickel gefördert wurde, die bei den Vulkanausbrüchen
freigesetzt wurden, könnte zu einer vermehrten Bildung
von Methan geführt haben, was den Treibhauseffekts weiter verstärkte (Rothman et al. 2014).

Bedingt durch die klimatischen Veränderungen und
durch die Nährstoffanreicherung kam es wahrscheinlich zu
einer Abnahme des Sauerstoffgehaltes und schließlich zu
einer Anaerobisierung der Meere. Man spricht in diesem
Zusammenhang auch von einem „ozeanisch anoxisches
Ereignis" (OAE). Mit einer verstärkten Sulfatreduktion
stieg der Gehalt an giftigem Sulfid in den Ozeanen und
schließlich auch in der Atmosphäre (Schobben et al.
2015). Grüne Schwefelbakterien und Purpurbakterien,
die imstande sind, Sulfid als Elektronenquelle für ihre
Photosynthese zu nutzen, erlebten eine Blütezeit (Grice
et al. 2005).

Das Massenaussterben betraf dieses Mal sowohl Pflanzen als auch Tiere. Die Pflanzen wurden allerdings weniger stark dezimiert als die Tiere, ihr Aussterben verlief über
einen längeren Zeitraum und manche Wissenschaftler
hegen sogar Zweifel, ob man bei den Pflanzen überhaupt
von einem Massenaussterben sprechen sollte (Nowak
et al. 2019). Zwischen der letzten Phase des Perm und der

frühen Trias verschwanden jedoch die Glossopteridales und die Siegel- und Schuppenbäume (Lepidodendrales).

Bereits 370.000 Jahre vor Beginn des Massenaussterbens in den Meeren erlebte die *Glossopteris*-Flora auf der Südhalbkugel einen durch Veränderungen in den jahreszeitlichen Temperaturen ausgelösten Kollaps (Fielding et al. 2019). Die Kalamiten (Riesenschachtelhalme) waren wahrscheinlich sogar bereits seit dem früheren Perm ausgestorben. Das trockene Klima begünstigte jetzt Pflanzen mit speziellen Anpassungen an die Trockenheit, wie zum Beispiel einen guten Verdunstungsschutz. Dies führte zur Dominanz von **Gymnospermen,** die mit nadelartigen Blättern gut davor geschützt waren, Wasser zu verlieren.

Die Algengruppe der Acritarchen starb zwar noch nicht aus, wurde aber soweit dezimiert, dass sie sich nie wieder vollständig erholte. An ihrer Stelle entwickelten sich die Dinoflagellaten. Ein Teil dieser aufgrund ihrer Zellwand aus Celluloseplatten auch als Panzergeißler bezeichneten Einzeller hatte eukaryotische Algen in ihre Zellen aufgenommen und zu Chloroplasten „versklavt", so wie es einst die frühen Eukaryoten (Organismen mit Zellkern) mit **Cyanobakterien** gemacht hatten.

Bei den Tieren fielen dem Massenaussterben die letzten Graptolithen (Schriftsteine), die Trilobiten (Dreilapperkrebse), die Stachelhaie (Acanthodii) und die Panzerfische (Placodermi) zum Opfer. Bryozoen (Moostierchen) und Brachiopoden (Armfüßler) wurden, nach einer letzten Blütezeit im Perm stark dezimiert und verloren ihre dominante Stellung. Meeresorganismen – vor allem filtrierende Bodenbewohner wie Korallen oder Seelilien – waren von diesem Sterben stärker betroffen als Landorganismen. Die Tabulata-Korallen starben vollständig, die Rugosa-Korallen fast vollständig aus. Infolge dessen gab es am Ende des Perms eine von insgesamt fünf Rifflücken in der

Erdgeschichte: Über mehrere Millionen Jahre hinweg sind keine Korallenriffe nachweisbar.

An Land starben viele große Amphibien- und Reptilien-arten sowie die Insektengruppe der Palaeodictyoptera und weitere ursprüngliche Insektenordnungen aus. Bei den Synapsida, also den Vorfahren und Verwandten der Säugetiere, überlebten vor allem kleine Formen das Ende des Erdaltertums.

5

Das Erdmittelalter

Jedes Massenaussterben schuf Raum für Neues: für neue Entwicklungen bei Pflanzen und Tieren. Und so begann jetzt wieder eine ganz neue Epoche, das Erdmittelalter, dessen bekannteste Kreaturen die Dinosaurier („Schreckensechsen") sind. Das Erdmittelalter oder Mesozoikum, wie es auch genannt wird, umfasst die Erdzeitalter Trias, Jura und Kreide und damit einen Zeitraum von etwa 190 Millionen Jahren. In dieser Zeit zerbrach der Superkontinent Pangäa. Dabei entstand zunächst der alte Südkontinent Gondwana von neuem, der dann später in die heutigen Landmassen Afrika, Südamerika, Indien, Australien, Neuseeland, Madagaskar und Antarktis zerfiel. Dieser Prozess spiegelt sich bis heute mehr in den Verbreitungsregionen von Tieren wider als in den Arealen von Pflanzen, die sich vielleicht leichter über Samen transozeanisch verbreiten können. Die Dokumentation durch

© Springer-Verlag GmbH Deutschland,
ein Teil von Springer Nature 2020
J. Sander, *Ursprung und Entwicklung des Lebens,*
https://doi.org/10.1007/978-3-662-60570-7_5

Fossilien ist im Mesophytikum allerdings oft schlechter als im späten Paläophytikum, da die Bedingungen für den Erhalt von Fossilien ungünstiger waren.

5.1   Drei Schichten

Die Trias begann vor 252 Millionen Jahren. Benannt ist da Zeitalter nach der für mitteleuropäische Ablagerungen aus dieser Zeit typischen Folge aus drei Schichten: Buntsandstein, Muschelkalk und Keuper. Insbesondere der aus Meeressedimenten entstandene Muschelkalk, der zum Beispiel beim Bau des Naumburger Doms verwendet wurde, ist reich an Fossilien. Fossilienärmer sind die an Land entstandenen Ablagerungen Buntsandstein und Keuper.

Nachdem sich die Vegetation nach Abschluss des Perms zunächst erholt hatte, erfuhr sie zu Beginn der Trias weitere Störungen (Hochuli et al. 2016): Die am Anfang dominierenden **Gymnospermen**pollen wurden bereits 500.000 Jahre nach Beginn der Trias von **Lykophyten**sporen abgelöst. Etwa eine Million Jahre später folgte dann nochmals eine Krise. Sporen- und Samenpflanzen kämpften also mit wechselndem Erfolg um die Vorherrschaft. Verantwortlich für diese Krisen waren wahrscheinlich die immer noch anhaltenden sibirischen Flutlava-Episoden.

Die Flora der Trias war weltweit wohl recht einheitlich, wenngleich es auch in der Trias ausgeprägte Klimagradienten gab, die die Ausbildung verschiedener Florenprovinzen (Laurasia und Gondwana) und die Bildung neuer Arten begünstigt hat. In der frühen Trias, dem Buntsandstein, herrschte vielerorts ein warmes Wüstenklima, das Pflanzen mit der Fähigkeit, in ihren Stämmen und Blättern Wasser zu speichern (Sukkulenten), begünstigt hat. Die Vegetation war entsprechend arm und locker. Besonders stark betroffen von der Wüstenbildung waren die damals überhitzten Tropen. Lediglich im südlichen China, auf dem Gebiet der ehemaligen Florenprovinz Cathaysia, könnte es in der frühen Trias ein warm-feuchtes Klima und damit eine Art tropischen Regenwald gegeben haben.

Eine besonders charakteristische Pflanze der frühen Trias war *Pleuromeia sternbergii*, ein etwa zwei Meter hohes Bärlappgewächs mit unverzweigtem Stamm, ovalen Blättern, die an der Spitze einen Schopf bildeten, und terminalen Zapfen. Die Pleuromeien traten als Pionierpflanze auf und wuchsen in ausgedehnten Monokulturen. Entlang der Gewässer bildeten Schachtelhalme *(Schizoneura, Equisetites)* zusammen mit Farnen röhrichtartige Bestände. Innerhalb der Gymnospermen, die vor 247 bis 242 Millionen Jahren die Pleuromeien zunehmend zurückdrängten, dominierten Ginkgogewächse, Koniferen, Palmfarne (Cycadopsida) und die Bennettitopsiden (zum Beispiel *Williamsonia*). Darüber hinaus gab es auch noch viele Farne und einige Farnsamer. *Williamsonia* besaß teilweise verzweigte Stämme an deren Spitze sich Blattwedel befanden (Abb. 5.1). Typisch für viele Bennetitopsida waren zwittrige Blüten, das heißt Blüten, die sowohl Staub- als auch Fruchtblätter trugen. Bestäubt wurden diese Blüten wahrscheinlich von Insekten. Ginkgogewächse wuchsen in einiger Entfernung von den Gewässerufern, denn sie sind in der Uferflora nur durch Keimlinge vertreten.

An Koniferen fanden sich zum Beispiel *Voltzia* (*Voltzia heterophylla* im Germanischen Becken westlich des Rheins: etwa Pfalz und Elsass), *Albertia, Yuccites* und die einzige bisher bekannte Konifere *Aetophyllum,* die nicht als Baum wuchs, sondern als Kraut. Möglicherweise hat sich diese Art aus Bäumen entwickelt, die in einem unverholzten Jugendstadium steckengeblieben sind. In der saisonal abwechselnd feuchten und trockenen Grès-à-Voltzia-Formation (Gall und Stamm 2005) im oberen Buntsandstein

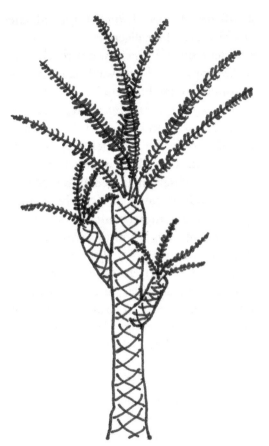

Abb. 5.1 Mit ihren Blattwedeln an den verzweigten Stämmen erinnert *Williamsonia* an heutige Palmen

(vor rund 245 Millionen Jahren) der Vogesen war *Voltzia* mit den Farnen *Anomopteris* und *Neuropteris,* sowie mit *Pleuromeia* vergesellschaftet. Gemeinsam säumten sie dort die Ufer der periodisch austrocknenden Gewässer.

Auf der Südhalbkugel wird die *Glossopteris*-Flora zunächst von der nadelntragenden Koniferengattung *Voltziopsis* und später von der an Trockenheit angepassten

Dicroidium-Flora (*Dicroidium odontopteroides,* Farne, Ginkgogewächse, zu den Bärlappen gehörende *Cyclomeia*-Arten) abgelöst. Der Farnsamer *Dicroidium* besaß, soweit sich dies rekonstruieren lässt, gegabelte Wedel und war etwa zehn bis 20 Meter hoch.

In von Gymnospermen dominierten Floren kommt es weltweit ab der mittleren Trias zu einer Ausbreitung pflanzenfressender Insekten (Wappler et al. 2015). Pollen aus dem frühen Mitteltrias der nördlichen Schweiz (vor 247,2 bis 242 Millionen Jahren), die den Pollen heute lebender bedecktsamiger Blütenpflanzen ähneln, deuten auf erste insektenbestäubte Vorläufer der Bedecktsamer hin (Hochuli und Feist-Burkhardt 2013). Dazu passen Schätzungen auf der Basis von Nukleinsäuresequenzen, die die Abspaltung der Angiospermen auf eben diese Zeit festlegen (Zeng et al. 2014; Li et al. 2019). Interessanterweise sind fast zeitgleich auch die pflanzenfressenden Käferfamilien der Rüsselkäfer (Curculionidae) und der Blattkäfer (Chryosmelidae: heute zum Beispiel der Kartoffelkäfer) entstanden (Zeng et al. 2014).

Überhaupt haben sich in der mittleren bis späten Trias die Insekten stark entfaltet (Zheng et al. 2018). Es fanden sich Fossilien von Schnabelkerfen (Hemiptera), Skorpionsfliegen (Mecoptera) und Köcherfliegen (Trichoptera).

Aus der frühen oberen Trias (vor 230 bis 220 Millionen Jahren) stammen auch die ersten Fossilien von Hautflüglern (Hymenoptera). Dabei handelte es sich um pflanzenfressende Blattwespen (Xyelidae).

Etwas jünger (200 Millionen Jahre) sind die ersten fossilen Schmetterlinge (Lepidoptera) (van Eldijk et al. 2018). Sie besaßen bereits die für die meisten **rezenten** Schmetterlinge typischen Rüssel, mit deren Hilfe die Tiere Nektar aus Blüten saugen. Hautflügler, Schmetterlinge aber auch einige Käfer sind heute wichtige Pflanzenbestäuber. Das zeitgleiche fossile Auftreten dieser

Insektengruppen mit ersten insektenbestäubten Pflanzen legt einen Zusammenhang nahe: Möglicherweise haben die Tiere die Pflanzen ursprünglich nur als Nahrung genutzt. So könnten sich die Käfer zunächst von den Blättern und den Pollen männlicher Blüten ernährt haben, während sich die ersten Schmetterlinge vielleicht an den zuckerhaltigen Befruchtungstropfen bedient haben könnten, die die weiblichen Blüten mancher Nacktsamer ausscheiden. Durch die Entwicklung zwittriger Blüten könnten die Pflanzen dies zu ihrem Vorteil genutzt haben. Möglicherweise sind zwittrige Blüten aber auch entstanden, um Selbstbefruchtung zu ermöglichen und damit die Samenbildung auch bei fehlender Fremdbefruchtung. Erst im Nachhinein hätte sich daraus dann durch die Insektenbestäubung ein weiterer Vorteil ergeben.

5.1.1 Amphibien, Reptilien und Säugetiere

Bereits aus dem Perm bekannt sind die Therapsiden, die Tiergruppe, aus der später die Säugetiere hervorgehen sollten. Die zu den Therapsiden – genauer den Anomodontiern – gehörende, an Schweine erinnernde Lystrosaurier durchzogen wahrscheinlich in großen Herden das Land auf der Suche nach fressbaren Pflanzen. Ein anderer Anomodontier war *Lisowicia bojani,* ein elefantenschwerer, nashornähnlicher Pflanzenfresser mit einem „Schildkrötenschnabel" als Maul, aus dem seitlich zwei kleine „Stoßzähne" herausragten (Sulej und Niedzwiedsky 2019).

Die Cynodontier („Hundszähner") – eine weitere Gruppe der Therapsiden – entwickelten in der Trias zahlreiche neue Formen, deren genaue Beziehung zueinander und zu der **Kronengruppe** der Säugetiere oft unklar ist. Beispiele für im Verlauf der Trias auftretende Cynodontiergruppen sind die pflanzenfressenden Diademodontoidea,

die fleisch-, insekten- und pflanzenfressenden Probainog-
nathia und die pflanzenfressenden Tritylodontidae.

Vor 210 bis 205 Millionen Jahren lebten zwei Arten
der Gattung *Morganucodon*. Diese spitzmausähnlichen,
von Funden auf der Nordhalbkugel der Erde bekannten
Tiere gehörten zu den Mammaliformes und damit zur
Stammgruppe der Säugetiere im engeren Sinn. Sie waren
spezialisiert auf Beutetiere mit hartem Außenskelett, wie
zum Beispiel Käfer. Zwar besaß *Morganucodon* neben seinem sekundären, säugertypischen Kiefergelenk immer
noch ein primäres, reptilientypisches Kiefergelenk, doch
seine Zähne waren bereits wie für Säugetiere typisch in
vier Typen untergliedert: Schneidezähne, Eckzähne, Vor-
backen- und Backenzähne. Zudem ging dem Gebiss der
erwachsenen Tiere ein Milchgebiss voraus, was darauf hindeutet, dass die Jungtiere bereits gesäugt wurden.

Die Gruppe der Haramiyiden ernährte sich von Pflanzen. Typisch für diese meist ebenfalls mausähnlichen Tiere
waren der Besitz eines Fells und eines Milch- und eines
Dauergebisses, eine höhere Intelligenz – dafür spricht
ein größeres Gehirnvolumen als bei *Morganucodon* – und
bessere Sinne (vor allem Riechen und Hören) sowie die
Fähigkeit zu kauen.

Ab der späten Trias traten zudem die Kuehneotheriiden
auf, die sich auf weichere Kost, wie Würmer spezialisiert
hatten.

In der unteren Trias traten mit *Czatkobatrachus* und
Triadobatrachus erste froschähnliche Amphibien auf.
Entstanden sind diese frühen Vorläufer der Frösche
wahrscheinlich aus der Gruppe der Temnospondylier
(Gerobatrachus), die aus dem unteren Perm bekannt ist.
Ein salamanderähnlicher Temnospondylier aus der mitt-
leren bis oberen Trias war der bis zu fünf Meter lange
Mastodonsaurus. Wahrscheinlich war dies einer der größ-
ten Amphibien, die je gelebt haben. Allein der Kopf

erreichte eine Länge von einem Meter. An Größe über-
troffen hatte das Tier nur der bis zu neun Meter langen
Prionosuchus plummeri aus dem späten Perm.

Auch bei den Reptilien bildeten sich jetzt zahlreiche
neue Formen. Ein Bindeglied zwischen den Schildkröten
und den übrigen Reptilien ist *Pappochelys rosinae* – der
„Großvater der Schildkröten" – mit bereits teilweise verschmolzenen Bauchrippen. Er lebte in der mittleren Trias
vor 242 bis 235 Millionen Jahren und besiedelte wahrscheinlich Süßgewässer. *Eorhynchochelys sinensis* hingegen ist 228 Millionen Jahre alt und besaß schon den
für Schildkröten typischen zahnlosen Schnabel, aber noch
keinen Panzer (Li et al. 2018). Das Tier könnte sich in
küstennahen Gewässern und an Land aufgehalten haben.
Odontochelys semitestacea, ein Meeresbewohner aus der
oberen Trias vor 220 Millionen Jahren, besaß bereits einen
Bauchpanzer, sein Rückenpanzer war allerdings noch nicht
vollständig ausgebildet und ein Schnabel fehlte ebenfalls.
Auch hier liegt wieder ein schönes Beispiel für **Mosaikevolution** vor!

Von der etwa zehn Millionen Jahre alten Art *Chinle-
chelys tenertesta* sind nur Fragmente bekannt. Das Tier
besaß zwar schon einen Rückenpanzer, jedoch war dieser noch sehr dünn. *Proganochelys quenstedti,* eine etwa
zeitgleich lebende Art wiederum besaß einen vollständig
ausgebildeten Bauch- und Rückenpanzer, verfügte aber
zudem auch noch über eine Schwanzkeule, die wahrscheinlich dazu diente, Fressfeinde abzuwehren. Offensichtlich verließ sich dieses Tier nicht allein auf den
Schutz, den ihm sein Panzer bot. *Proganochelys* lebte wahrscheinlich an Land. Sein Gehirn war – verglichen mit
heutigen Schildkröten – noch sehr primitiv. Möglicherweise konnte *Proganochelys* weder sehr gut sehen, noch
gut hören. Sein Geruchssinn war allerdings hervorragend
entwickelt.

Die dominierenden Reptilien des Mesozoikums waren die Archosaurier. Bei ihnen hatte sich der diapside zu einem triapsiden Schädel weiterentwickelt, das heißt in einem Schädel mit drei Schädelfenstern. Die Zähne waren wie bei den Säugetieren im Kiefer verankert (thekodonte Bezahnung) und erlaubten so, fest zubeißen zu können. Darüber hinaus haben die Archosaurier – möglicherweise bedingt durch die relativ niedrige Sauerstoffkonzentration in der Atmosphäre an der Perm-Trias-Grenze beziehungsweise im Verlauf der Trias – wahrscheinlich ein besonders effizientes Atemsystem entwickelt, das später den Pterosauriern und Vögeln das Fliegen und den Dinosauriern die Entwicklung besonders große Körper und das schnelle Laufen (zum Beispiel *Velociraptor*) erleichtert hat (Brusatte 2017; Brocklehurst et al. 2018): Spezielle Luftsäcke dienen als Blasebälge und leiten die Luft durch die starren Lungen. Die einströmende Luft nutzt einen anderen Weg als die ausströmende Luft. Auf diese Weise wird vermieden, dass sauerstoffarme Restluft in der Lunge verbleibt und sich beim nächsten Atemzug mit der frischen Luft mischt.

Stammgruppenvertreter der Archosaurier (auch bekannt als Archosauromorpha) waren die Rhynchosaurier, denen ein zahnartiger Schnabel ein biberähnliches Aussehen verlieh. Wahrscheinlich konnte dieser Schnabel wie eine Gartenschere Pflanzenmaterial zerschneiden. Ebenfalls noch zur Stammgruppe der Archosaurier gehört der mit einem halben Meter Länge noch recht unscheinbare, schlangenähnliche *Euparkeria capensis*, der sich wahrscheinlich von kleineren Amphibien und Echsen ernährte. Im Verlauf der Trias entwickelten sich dann die Crocodilomorpha, die bereits echte Archosaurier waren und zugleich zur Stammgruppe der Krokodile gehörten, sowie die Rauisuchier. Anders als die eher trägen, im Wasser auf Beute lauernden Krokodile waren die ersten Vertreter der Crocodilomorpha noch kleine, flinke Landtiere.

Dies deutet auch der lateinische Name eines ihrer ersten Vertreter an: *Hesperosuchus agilis*. Die Rauisuchier waren vierfüßige Landraubtiere, die auf zwei kräftigen Hinter- und zwei schwächer ausgebildeten Vorderbeinen liefen, die sich jeweils wie bei den Säugetieren und ihren Vorfahren unterhalb des Körpers befanden.

Parallel zu den Crocodilomorpha und Rauisuchiern entwickelten sich die Ornithodira, zu denen die Flugsaurier (Pterosauria) und die Dinosauromorpha gehören.

Der Luftraum war von der späteren Trias an das Reich der Flugsaurier (Pterosauria; zum Beispiel *Eudimorphodon*). Sie konnten aktiv fliegen und besaßen große Augen, lange Schwänze sowie eine fellartige und vermutlich bunt gefärbte Körperbedeckung – sogenannte Pyknofasern –, bei der es sich möglicherweise um Vorläufer von Federn (Protofedern) oder sogar um echte Federn handelte (Yang et al. 2019). Die Flügel der Pterosaurier wurden anders als bei den Vögeln und den Fledermäusen von dem vierten Finger aufgespannt, das heißt dem Finger, der beim Menschen dem Ringfinger entspricht. Während der fünfte Finger fehlt, bilden die anderen drei Finger eine kleine Kralle. Wie die Pterosaurier ihre Flugfähigkeit entwickelt haben, ist bisher rätselhaft, denn Übergangsformen sind nicht bekannt. Wahrscheinlich waren viele Flugsaurier Küstenbewohner und ernährten sich von den Fischen und dem Plankton des Meeres. Einige Arten dürften auch in der Nähe von Binnengewässern gelebt haben. *Caelestiventus hanseni* war allerdings ein Wüstenbewohner (Britt et al. 2018).

Selbstverständlich gab es in der Trias auch Reptilien, die nicht zu den Archosauriern gehörten: Zur Kronengruppe der Lepidosaurier beziehungsweise zur Stammgruppe der Schuppenkriechtiere gehörte *Megachirella wachtleri*, die „Mutter aller Echsen", die vor 240 Millionen Jahren lebte. Abgesehen von den Krokodilen und Schildkröten gehören

alle heute lebenden Reptilien zu den Lepidosauriern, die
weiter in die Brückenechsen und die Schuppenkriechtiere
(Squamata: Echsen inklusive der Schlangen) unterteilt
werden.

5.1.1.1 Die ersten Dinosaurier

Auch die Dinosauromorpha entwickelten sich weiter. So
entstand im Verlauf der Trias die Gruppe der Lagerpetidae,
die äußerlich bereits sehr stark an Dinosaurier erinnerten.
Sie liefen auf zwei Beinen und ernährten sich wahrscheinlich von Fleisch. Noch näher mit den eigentlichen
Dinosauriern verwandt war der ebenfalls fleischfressende
und zweibeinige *Marasuchus lilloensis*. Die ersten echten Dinosaurier lebten in der frühen Mitteltrias. Ebenso
wie ihre nächsten Verwandten liefen die ersten Vertreter
der Dinosaurier auf zwei Füßen, später traten dann aber
auch wieder vierfüßige Formen auf. Ihre Überreste wurden in Südamerika gefunden, wo diese Tiergruppe wahrscheinlich auch entstanden ist. In der mittleren Trias
waren Dinosaurier aber noch recht selten. Erst in der
späten Trias (vor 235 bis 201 Millionen Jahren) erlebte
diese Tiergruppe dann aber eine regelrechte Explosion,
besonders ihre auf Pflanzennahrung spezialisierten Vertreter (Bernardi et al. 2018). Möglicherweise war dieser
Siegeszug die Folge eines Meteoriteneinschlags, der zu
Klimaschwankungen und damit zum Aussterben vieler
großer Pflanzenfresser geführt hatte. Sollte diese Hypothese zutreffen, so wäre es eine Ironie der Erdgeschichte,
das ein Meteoriteneinschlag den Dinosauriern zum Sieg
verholfen hat, aber auch ein Meteoriteneinschlag später
entscheidend zu ihrem Aussterben beitrug!
Bei den Dinosauriern werden zwei große Linien unterschieden: die pflanzen- und allesfressenden Ornithischia

mit vögelähnlichem Becken („**Vogelbeckensaurier**"), bei dem das Schambein (Pubis) und das Sitzbein (Ischium) parallel zueinander angeordnet sind, und die pflanzen- und fleischfressenden Saurischia („**Echsenbeckensaurier**") mit reptilienähnlichem Becken, bei dem das Darm-, Scham- und Sitzbein (Ilium) jeweils in drei unterschiedliche Raumrichtungen weisen.

Ebenso wie bei den Säugetieren und den Rauisuchiern befanden sich bei den Dinosauriern die Beine unter dem Körper und somit nicht an den Körperseiten. Dies erlaubte nicht nur eine effizientere Fortbewegung, sondern trug wahrscheinlich auch dazu bei, das zunehmend große Körpergewicht zu tragen. Säugetiere, Rauisuchier und Dinosaurier haben dieses vorteilhafte anatomische Merkmal jeweils unabhängig voneinander entwickelt.

Die ursprünglichsten Echsenbeckensaurier waren die zweibeinigen, fleischfressenden Herrerasaurier. Weiter entwickelt waren die Theropoda und die Sauropoda. Als Theropoda werden die fleischfressenden Echsenbeckensaurier zusammengefasst, die auf kräftigen Hinterbeinen liefen. Die Theropoda besaßen außerdem zu einem Gabelbein verschmolzene Schlüsselbeine. Diese Gabelbeine stabilisierten den Schultergürtel und ermöglichten so ein besseres Auffangen der Schockkräfte beim Packen der Beute. Die pflanzenfressenden Formen der Echsenbeckensaurier waren dagegen meist vierfüßig und werden als Sauropoda bezeichnet.

Einer neueren Hypothese zur Folge könnten die Theropoda jedoch auch eine **Schwestergruppe** der Vogelbeckensaurier sein. Gemeinsam würden sie dann die Gruppe der Ornithoscelida („Vogelschenkler") bilden (Moser 2017a). Folgt man dieser in der Fachwelt durchaus umstrittenen Hypothese, so dürften sich die Dinosaurier auch nicht wie bisher angenommen im Süden, sondern im Norden des Pangäa-Kontinents entwickelt haben.

Dinosaurier waren wahrscheinlich homoiotherme (= gleichwarme) oder zumindest mesotherme (= halbwechselwarme) Tiere (Brusatte 2017). Dafür sprechen der anatomische Bau des Saurierherzes (es ist allerdings umstritten, ob es sich bei dem betreffenden Fund wirklich um ein versteinertes Herz handelt), das starke Wachstum in der Jugend, gefolgt von einem Wachstumsstopp nach Erreichen des Erwachsenenalters, die Verwandtschaft mit den ebenfalls gleichwarmen Vögeln und der hohe Energieverbrauch der zweifüßigen Formen, der bei wechselwarmen Tieren einen zu hohen Saucrstoffverbrauch nach sich ziehen würde. Alternativ könnte bei den Dinosauriern aber auch Gigantothermie vorgelegen haben. In diesem Fall würden sie ihre gleichmäßig hohe Körpertemperatur keinem inneren Regelkreis, sondern allein ihrer großen Körpermasse verdanken, die ein Auskühlen verhindert. Die Stoffwechsel- und Wachstumsrate der Dinosaurier lag wahrscheinlich höher als bei anderen Reptilien, erreichte aber noch nicht die extrem hohen Werte der Vögel.

Viele zu den Theropoda gehörende – und vielleicht sogar alle Dinosaurier – besaßen zudem Federn, die ursprünglich wahrscheinlich der Wärmeisolierung dienten, möglicherweise aber auch weitere Funktionen hatten, zum Beispiel beim Balzverhalten (zum Beispiel Konturfedern bei den Maniraptora (Brusatte 2017)). Borstige Filamente, die Protofedern ähneln, finden sich auch bei Vertretern der Vogelbeckensaurier *(Psittacosaurus, Tianyulong)*. In einigen fossilen Federn (etwa von *Sinosauropteryx, Sinornithosaurus* und *Anchiornis*) wurden melaninhaltige Körperchen (Melanosomen) gefunden, die Aufschluss über die Färbung der Tiere geben können (Vinther 2018). Bei der Gattung *Similicaudipteryx* etwa unterschied sich die Befiederung der Jungtiere deutlich von derjenigen erwachsener Tiere. Der 155 Millionen Jahre alte *Anchiornis huxleyi* besaß wahrscheinlich graue Körperfedern, weiße, schwarzgesprenkelte Schwungfedern mit schwarzer Spitze an den Gliedmaßen und eine rote Federkrone auf dem Kopf. Sein prachtvolles Aussehen nutzte er vielleicht bei der Balz.

Ursprüngliche Vertreter der Echsenbeckensaurier in der Trias waren beispielsweise der nicht näher einordbare *Eoraptor lunensis,* dessen Überreste in Südamerika gefunden wurden, oder die Herrerasaurier *Herrerasaurus ischigualastensis* und *Stauricosaurus pricei.* Bereits zu den Theropoda gehörten *Coelophysis bauri* und *Sarcosaurus woodi.* Die Prosauropoden (= Sauropodomorpha), das heißt die Vorläufer der Sauropoda, waren in der Trias noch durch zahlreiche obligatorisch oder überwiegend zweifüßige Arten vertreten, etwa *Thecodontosaurus antiquus, Pantydraco caducus, Plateosaurus* spp. oder *Effraasia minor.* Die ersten Prosauropoden waren zudem recht klein. Als typisches Merkmal der Prosauropoden und Sauropoden besaßen sie allerdings bereits einen verlängerten Hals, der es ihnen ermöglichte, hohe Bäume abzuweiden. Der Schädel hingegen war im Vergleich zur Körpergröße klein und ließ nur wenig Raum für das Gehirn. Außerdem nahm die Körpermasse der Tiere immer weiter zu.

Die noch obligat zweifüßigen Plateosaurier ernährten sich von Pflanzen und zogen in Herden durch das Land. Blieben die Tiere im Schlamm stecken, so konnten sie gemeinsam verenden. Oft finden sich daher umfangreicher „Massengräber" dieser Tiere. Bei dem bereits bis zu drei Tonnen schweren *Riojasaurus incertus* wird diskutiert, ob er auf zwei kräftigen Hinter- und zwei schwächeren Vorderbeinen lief oder – wie neue Erkenntnisse nahelegen – noch ein Zweifüßer war. Wahrscheinlich konnten Übergangsformen wie der mit *Riojasaurus incertus* vielleicht eng verwandte *Melanorosaurus* spp. zwischen einem zwei- und einem vierfüßigen Gang wechseln. *Antetonitrus ingenipes* und *Isanosaurus attavipachi,* die in der späten

Trias lebten, waren aber mit Sicherheit schon Vierfüßer. Sie waren damit bereits echte Sauropoden.

Ein früher Vertreter der Vogelbeckensaurier (Ornithischia) war der etwa 230 Millionen Jahre alte *Pisanosaurus mertii*. Nur wenig später traten auch die ersten Heterodontosaurier auf, die, wie der Name bereits andeutet, wie die Säugetiere ein heterodontes Gebiss besaßen, das heißt ein Gebiss mit verschiedenen Zahntypen. Neben breitkronigen Mahlzähnen, mit dem sie ihre pflanzliche Nahrung gut zermahlen konnten, besaßen sie Hauerzähne, deren Funktion umstritten ist: Möglicherweise wurden sie bei Kämpfen um Geschlechtspartner eingesetzt oder die Tiere betätigten sich doch gelegentlich als Fleischfresser.

5.1.2 Innovationen auch im Meer

Nach dem großen Massenaussterben am Ende des Perms fiel es auch dem Leben im Meer –wahrscheinlich infolge wiederkehrender Phasen, in denen Sauerstoffmangel herrschte, zunächst schwer, sich zu erholen. Die vielleicht entschiedenste Innovation in den Meeren der Trias wirkt auf den ersten Blick eher unscheinbar: Möglicherweise als Konsequenz einer besseren Nährstoffversorgung treten jetzt neue Gruppen einzelliger Algen auf, die bis heute eine dominierende Rolle in die Ozeanen spielen: Als Fossilien sind aus dieser Epoche zum ersten Mal Dinoflagellaten und die mit Schalen bewehrten Coccolithophoriden bekannt. Wahrscheinlich sind aber auch die Kieselalgen (Diatomeen), deren älteste Fossilien aus der Kreidezeit stammen (Finkel et al. 2005), bereits in der Trias entstanden. Zusammen mit weiteren Faktoren wie dem Auseinanderdriften der Kontinente, das Populationen von Meerestieren zusammenführte oder auch trennte, und dem im Verlauf des Erdmittelalters zunehmenden

Treibhauseffekt könnte dies zu einem besseren Nährstoff-
fluss in der Nahrungskette und damit zur Bildung größerer Tiere geführt haben. Vielleicht erklärt sich so das
massive Auftreten von riesigen Meeresraubtieren während
des Erdmittelalters, das auch als mesozoisch-marine Revolution bezeichnet wird (Knoll und Follows 2016).

Zu Beginn der Trias entwickelten sich – wahrscheinlich im südchinesischen Meer, das mit Nährstoffen aus der
dort vergleichsweise üppigen Landvegetation angereichert
war – aus Landreptilien die ersten Ichthyosaurier
(„Fischechsen") (Watson 2017). Zu ihrer **Stammgruppe**
gehörte in der frühen Trias der etwa menschengroße *Utu-
tasaurus hataii*. Auch wenn die genauen Beziehungen dieser mit zwei Schädelfenstern ausgestatteten (diapsiden)
Reptilien zu den anderen Reptilien nicht ganz geklärt
sind, so bleibt doch festzuhalten, dass es sich bei ihnen auf
keinen Fall um im Wasser lebende Dinosaurier handelte,
sondern um eine eigenständige Gruppe. Beim Übergang
vom Landleben zum Leben im Wasser schrumpften die
Vorderextremitäten, während gleichzeitig die Vorderfüße,
die hauptsächlich als Steuerungsorgane dienten, größer wurden und eine flossenähnliche Gestalt annahmen
(Watson 2017). Besonders drastische Veränderungen
erfuhren dabei die Finger der Vorderfüße: Erst nahm die
Zahl der Fingerglieder zu, dann gingen einige Finger verloren, gefolgt von einer erneuten Vermehrung der Finger.
Die starken morphologischen Veränderungen machten es
den Ichthyosauriern unmöglich, zur Eiablage an Land zu
kriechen, so wie es heute die Meeresschildkröten tun. Vielmehr waren sie wie die rezenten Wale lebendgebärend. Es
sind sogar trächtige Ichthyosaurierweibchen als Fossilien
überliefert.

Frühe Vertreter der Ichthyosaurier-Stammgruppe waren
der etwa 248 Millionen Jahre alte und 1,6 Meter lange
Sclerocormus parviceps und der nur etwa forellengroße,

wahrscheinlich amphibische *Cartorhynchus lenticarpus* (Motani et al. 2014; Watson 2017). Teilweise überlappend mit *Cartorhynchus lenticarpus* existierte als einer der ersten echten Ichthyosaurier der schwertwalgroße *Thalattoarchon saurophagis*. Der 21 Meter lange *Shonisaurus sikanniensis* aus der mittleren Trias besaß keine Zähne und saugte seine Beute möglicherweise ein.

In der späten Trias lebten nicht nur die größten bekannten Ichthyosaurier, vielmehr erlebte diese Tiergruppe damals auch ihre größte Vielfalt hinsichtlich der Ernährungsformen und der Fortbewegungsarten (Watson 2017). Die größten Ichthyosaurier gehörten seinerzeit zu der Familie der Shastasauriden (zum Beispiel *Shastasaurus, Shonisaurus, Himalayasaurus* etc.), deren Vertreter sechs bis 26 Meter lang waren. Zum Vergleich: Moderne Blauwale werden bis zu 33 Meter lang.

Die Ichthyosaurier waren keineswegs die einzigen Reptilien, die in der Trias den Sprung zurück ins Meer schafften. Äußerlich Meeresschildkröten ähnlich, suchten die zur Stammgruppe der Echsen, Brückenechsen und Schlangen (Lepidosauromorpha) gehörenden Placodontia („Panzerechsen", „Pflasterzahnechsen") am Grund der flachen Schelfmeere nach Muscheln, Schnecken, Krebsen und Brachiopoden. *Helodus chelyops* lebte, soweit bekannt, als einziger bekannter Placodontier im Süßwasser.

Ab der späteren Trias bekamen die Panzerechsen Gesellschaft durch die ebenfalls zu den Lepidosauromorpha gehörenden, bis zu 15 Meter langen Plesiosaurier, die im offenen Meer Jagd auf größere Tiere wie Haie, Kopffüßler und selbst Ichthyosaurier machten. Wie die Ichthyosaurier brachten auch die Plesiosaurier lebende Junge zur Welt, um die sie sich wahrscheinlich intensiv kümmerten. Neben langhalsigen Plesiosauriern (Plesiosauroidea) mit kleinen Köpfen sind auch kurzhalsige Arten bekannt, die als Pliosaurier (Pliosauroidea) zusammengefasst werden und größere Köpfe besaßen. Die Fortbewegung im Wasser erfolgt mittels der rautenförmigen Gliedmaßen, die allerdings wahrscheinlich weniger zum Rudern als vielmehr zum „Wasserflug" wie bei den Pinguinen eingesetzt wurden. Mit anderen Worten: Die Flossen wurden auf- und ab und nicht vorwärts und rückwärts bewegt (Tetsch 2018). Einer der ersten Vertreter der Plesiosaurier und zugleich Stammgruppenvertreter der Pliosaurier war der mit knapp zweieinhalb Metern Länge noch recht kleine *Rhaeticosaurus mertensi,* dessen Überreste in der Nähe von Warburg in Nordrhein-Westfalen gefunden wurden (Wintrich et al. 2017). In der mittleren Trias sind zudem die mit den Plesiosauriern eng verwandten, ebenfalls langhalsigen und fleischfressenden Nothosaurier bekannt. Zusammenfassend werden Placodontier, Nothosaurier und Plesiosaurier auch als „Flossenechsen" (Sauropterygia) bezeichnet.

Nachdem die Brachiopoden (Armfüßler) ihre dominante Stellung als Filtrierer im Meer nach dem Massenaussterben am Ende des Perms eingebüßt hatten, übernahmen jetzt die Muscheln (daher der Name Muschelkalk) ihre ökologische Rolle. Ab der mittleren Trias erbten zudem die Steinkorallen – und teilweise auch die Seelilien, eine Gruppe sessiler, mariner Stachelhäuter (Echinodermen) – die Rolle als Riffbildner von den ausgestorbenen Rugosa und Tabulata. Die rasche Entfaltung der Steinkorallen vor 240 Millionen Jahren könnte auf die Aufnahme von **symbiontischen** Algen zurückzuführen sein, die in dem nährstoffarmen Tethys-Meer ihren Wirten einen Wachstumsvorteil verschafften (Frankowiak et al. 2016).

Die Ammoniten, die jetzt eine neue Blütezeit erlebten, wurden vor allem durch die Ceratiten *(Ophiceras, Ceratites)* besonders zahlreich repräsentiert. In der späten Trias entstanden innerhalb der Ceratiten erste heteromorphe Formen, das heißt Tiere mit teilweise entrollten Schalen. Auch die Fische entwickelten im Erdmittelalter neue Formen. In den Meeren der Trias lebten beispielsweise die zu den Strahlenflossern gehörenden Scanilepiformes, die heute als **Schwestergruppe** der Polypteriformes (Flösselhechte) angesehen werden. Entgegen früheren Annahmen sind die Flösselhechte damit wesentlich jünger als bisher angenommen (Gilles et al. 2017). Dies dürfte auch die fehlenden Fossilien aus früheren Zeiten erklären. Trotz allem sind die Flösselhechte aber immer noch die ursprünglichsten Vertreter aller heute lebender Strahlenflosser, nur reicht ihr Ursprung nicht mehr ganz so weit zurück, wie bisher angenommen.

Bereits seit dem späten Perm bekannt, kamen in der Trias innerhalb der Strahlenflosser außerdem die Neopterygii („Neuflosser") zur Blüte und verdrängten dabei zunehmend die ursprünglichen „Palaeoniscoiden" (Knorpelganoiden). Unterteilt werden die Neopterygii in die im Erdmittelalter weit verbreiteten, durch teilweise verknöcherte Schuppen ausgezeichnete Knochenganoiden (Holostei) und die Stammgruppen beziehungsweise die **Kronengruppe** der Teleostei, zu denen heute die meisten Fische gehören. Knorpel- und Knochenganoiden sind durch fließende Übergänge miteinander verbunden. Wahrscheinlich haben sich die Holostei sogar mehrfach unabhängig aus ursprünglicheren Formen entwickelt. Von den Teleostei sind seit der Trias Stamm- und Kronengruppenvertreter bekannt.

5.1.3 Das Ende

Bei dem vierten großen Massenaussterben an der Trias-Jura-Grenze (T/J-Grenze), als der Superkontinent Pangäa auseinanderbrach, starben viele alte Linien aus: zum Beispiel die Conodonten (Leitfossilien des Erdaltertums), die Ceratiten, die in der Trias die Hauptgruppe der

Ammoniten gebildet hatten (eigentlich überlebte von den Ammoniten nur die Gattung *Psiloceras*), die Temnospondylen (Altamphibien), aber auch einige Gruppen, die erst im Verlauf der Trias entstanden waren wie die Rauisuchier, die Rhynchosaurier, die Placodontier und verschiedene Dinosaurierarten wie die Herrerasaurier. Die Nothosaurier waren schon früher wieder ausgestorben. Von den Ichthyosauriern haben nur einige wenige, allesamt ähnlich aussehende Arten das Massensterben überlebt (Watson 2017). Unter den Fischen, den Ichthyo- und den Plesiosauriern hatten vor allem diejenigen Arten die besten Überlebenschancen, die sich an das offen Meer als Lebensraum angepasst hatten.

Pflanzen waren zwar von dem Massenaussterben in geringerem Maße betroffen als Tiere, dennoch starben viele Arten aus beziehungsweise ihre Häufigkeit nahm ab. Die Farnsamergattung *Dicroidium,* die auf der Südhalbkugel während der Trias so weit verbreitet war, fiel dem Massenaussterben zum Opfer.

Ganze Pflanzenfamilien verschwanden aber meist nicht. Die letzten Vertreter der zu den Schachtelhalmgewächsen (Equisetophytina) gehörenden Keilblattgewächse (Sphenophyllales) haben das Massenaussterben am Ende der Trias allerdings nicht überlebt.

Eine gewisse Diskrepanz ergibt sich beim Vergleich von Abschätzungen, die auf Makrofossilien oder Sporomorphen (Sporen, Pollen) beruhen. Diese Diskrepanz erklärt sich wahrscheinlich dadurch, dass von Tieren bestäubte Arten bei den Sporomorphen unterrepräsentiert sind (Mander et al. 2010). Auffallend ist aber, dass sich an der Trias-Jura-Grenze das Verhältnis von Blattmasse zu Blattfläche änderte: Vor dem Aussterbeereignis besaßen die Nacktsamer **(Gymnospermen)** kurzlebige Blätter mit hoher Transpirationsrate und geringer Blattmasse pro Blattfläche. Nach dem Aussterbeereignis dominierten

Blätter mit hoher Blattmasse pro Blattfläche und niedriger Stoffwechselrate (Soh et al. 2017). Die relativ niedrigen Sauerstoffkonzentrationen an der T/J-Grenze (16 %) in Verbindungen mit den relativ hohen Kohlendioxidkonzentrationen (1900 *parts per million*) erklären wahrscheinlich, weshalb die Ginkgogewächse damals fast ausgestorben wären, während sich beispielsweise Farne gut anpassen konnten (Yiotis et al. 2017): Offensichtlich sind die Ginkgogewächse sehr viel schlechter darin, bei der Photosynthese eingesammelte überschüssige Lichtenergie über eine als Photorespiration bezeichnete Nebenreaktion der Photosynthese abzuleiten, bei der Sauerstoff statt Kohlendioxid gebunden wird.

5.2 Der Jura

Der Jura begann vor 201 Millionen Jahren und endete vor 145 Millionen Jahren. Damals war das Klima warm und feucht. Entsprechend artenreich war die Flora. In den Ozeanen kam es während der Jura- und Kreidezeit wegen des Ausfalls der großen, von globalen Temperaturgradienten angetriebenen Meeresströmungen, die zu einer Durchmischung des Meereswassers führen, mehrfach zu Phasen des Sauerstoffmangels (ozeanisch anoxische Ereignisse (OAE)), die vor allem Organismen mit Kalkschalen (zum Beispiel den einzelligen Coccolithophoriden und Foraminiferen) Probleme bereiteten. Der Superkontinent Pangäa war jetzt bereits in einen nördlichen Teil (Laurasia) und einen südlichen Teil (Gondwana) zerfallen und begann, sich weiter zu zerlegen.

Unter den Pflanzen dominierten weiterhin – beziehungsweise sie nahmen sogar noch weiter zu – die Ginkgogewächse *(Baiera, Ginkgo, Yimaia)* und die Koniferen. Die **rezente** Gattung *Araucaria* existierte bereits und war damals weltweit verbreitet. Außerdem gab es die ersten Kiefern (Gattung *Pinus*), echten Schachtelhalme *(Equisetum)* und Torfmoose *(Sphagnum)*. Heute ausgestorbene jurassische Vertreter der Koniferen sind die subtropischen und tropischen Cheirolepidiaceae. Dank wasserspeichernder Stämme sowie an Trockenheit angepasster Blätter konnten sie wahrscheinlich in trocken-warmen Gebieten gut überleben. Besonders weit verbreitet waren im Jura die Palmfarne (Cycadopsida). Die Bennettitopsida erreichten sogar ihre größte Artenvielfalt. Neben der bereits aus der Trias bekannten Gattung *Williamsonia* traten jetzt beispielsweise auch Vertreter der Gattungen *Williamsoniella* und *Cycadeoidea* auf.

Tarnung durch die Nachahmung von Pflanzen (Phytomimese) ist nicht nur bei heute lebenden Tieren verbreitet – man denke etwa an die „Wandelnden Blätter", Stabheuschrecken, die wie Pflanzenblätter aussehen. Dies lässt sich vielmehr auch aus zahlreichen Fossilfunden belegen. Zuvor etwa wurde bereits die Heuschrecke *Permotettigonia gallica* aus dem Perm erwähnt, die Blätter nachahmt. Im Jura, vor 126 Millionen Jahren, lebten Stabheuschrecken, die sich an Nacktsamer (*Membranifolia admirabilis;* **Gymnospermen**) angepasst haben.

Eine besonders interessante **Symbiose** hatte sich zwischen dem 165 Millionen Jahre alten Ginkgogewächs *Yimaia* und dem zu den Mückenhaften gehörenden Insekt *Juracimbrophlebia ginkgofolia* entwickelt (Wang et al. 2012b): Die Tiere ahmten die Blätter des Baumes nach (Mimikry). Dadurch waren sie zum einen selbst vor Fraßfeinden geschützt. Zum anderen waren sie aber auch für ihre Beute – pflanzenfressende Insekten – nicht erkennbar. Sowohl die Bäume als auch die Mückenhaften hatten so einen Vorteil von dieser Beziehung: Die Ginkgogewächse des Jura wurden wahrscheinlich wesentlich stärker von

Herbivoren bedrängt als die rezente, weitgehend von Herbivoren verschonte Art *Ginkgo biloba,* der seine Fressfeinde schlichtweg überlebt hat.

Über die Proangiospermen, das heißt die **Stammgruppe**nvertreter der bedecktsamigen Blütenpflanzen, die noch nicht alle **Angiospermen**merkmale in sich vereinten, ist leider nichts bekannt. Es ist davon auszugehen, dass solche Pflanzen im Jura oder sogar schon in der Trias existierten (Bell et al. 2010). Als mögliche Vorläufer oder Verwandte der Angiospermen kommen zum Beispiel die Czekanowskiales infrage. Dabei handelt es sich um eine Gruppe von Samenpflanzen mit fast geschlossenen Fruchtblättern, die sich systematische nur schwer einordnen lassen. Typisch für die Czekanowskiales waren stark gegabelte Blätter, die wahrscheinlich einmal jährlich abgeworfen wurden. Die zusammen mit den Laubblättern gefundenen weiblichen Fruchtblätter werden auch als *Leptostrobus* bezeichnet und haben den Pflanzen den alternativen Namen Leptostrobales eingebracht. Auffallend ist, dass die Fruchtblätter fast geschlossen waren, was für eine Verwandtschaft mit den Angiospermen spricht.

In der Diskussion als enge Verwandte der Bedecktsamer sind aber auch noch zahlreiche andere Pflanzengruppen, zum Beispiel die Gattung *Schmeissneria,* für die auch eine Verwandtschaft mit den Ginkgogewächsen diskutiert wird. Möglicherweise wurden sogar die eigentlichen Proangiospermen bisher noch gar nicht entdeckt. Ein allgemeiner Konsens existiert bisher nicht.

Aus den Schalen der Coccolithophoriden, einer Gruppe einzelliger Algen mit Kalkschalen, die noch heute in den Ozeanen massenhaft vermehren können (zum Beispiel *Emiliania huxleyi*), entstand im unteren Jura – genauer vor 185 Millionen Jahren – ein mit Ton und Bitumen vermengter, sauerstofffreier Schlamm. Dessen versteinerte

Überreste sind heute als Schwäbischer Ölschiefer oder Posidonienschiefer bekannt – benannt nach der Poseidonsmuschel *(Posidonia).*

Dank des warmen Klimas und der sich ausbreitenden tropischen und subtropischen Koniferenwälder entstanden jetzt auch zahlreiche neue Arten von **Ständerpilzen,** also jener Pilze, die ihre Sporen auf einem Ständer und nicht in einem Schlauch präsentieren (Varga et al. 2019): Gemeint ist mit diesem Ständer ein mikroskopisch kleiner Sporenständer, nicht der typische Pilzfruchtkörper aus Hut und Stiel, der im Jura noch nicht existierte! Einige dieser neuen Ständerpilze aus der Ordnung Cyphobasidiales gingen wahrscheinlich zu Beginn des Jura vor 200 Millionen Jahren als Dritte im Bunde eine Partnerschaft mit der bereits bestehenden Flechten**symbiose**n aus Schlauchpilzen (Lecanoromycetes) und Algen ein (Spribille et al. 2016). Aus dieser Dreiecksbeziehung haben sich viele der modernen Flechtenarten entwickelt. Innerhalb der Ständerpilzen haben sich dann gegen Ende des Jura oder zu Beginn der Kreidezeit wahrscheinlich die Vorfahren der Dickröhrlingsartigen (Boletales: zum Beispiel Hexenröhrling oder Steinpilz) von den Vorfahren der Champignonartigen (Agaricales: Shiitake, Champignon, Fliegenpilz etc.) getrennt (Varga et al. 2019).

5.2.1 Die Dinosaurier des Jura

Trotz der zunehmend auseinander fallenden Landmassen des Superkontinents Pangäa blieb die Dinosaurierfauna während des Jura weltweit noch recht einheitlich. Die Dinosaurier sind jetzt die dominierende Wirbeltiergruppe, in ihrem „Schatten" entwickelten sich aber auch die Lepidosaurier, also die Vorfahren der modernen Echsen und Schlangen weiter. So sind aus dem mittleren bis späteren

Jura auch die ersten **Stammgruppe**nvertreter der Schlangen bekannt (zum Beispiel *Eophis underwoodi* und weitere Arten (Caldwell et al. 2015)). Den typischen Schlangenkopf besaß *Eophis underwoodi* bereits. Die Gliedmaßen, zu denen das unvollständig erhaltene Fossil allerdings nur begrenzt Aussagen erlaubt, dürften erst später verloren gegangen sein. Welcher Selektionsdruck später zum Verlust der Gliedmaßen geführt hat, etwa ein Leben im Meer oder ein wühlendes Leben im Boden, ist bis heute umstritten. Letzteres erscheint aber wahrscheinlicher.

Der etwa zwölf Zentimeter lange *Homoeosaurus maximiliani* und die rund einen Meter langen Arten *Pleurosaurus ginsburgi* und *Pleurosaurus goldfussi* waren Verwandte der heutigen Brückenechsen und lebten im späten Jura. Ihre Überreste wurden im Solnhofener Plattenkalk in der Fränkischen Alb gefunden.

Die letzten Prosauropoden starben aus. Die vierfüßigen Sauropoden (**Echsenbeckensaurier,** Saurischia) entfalteten sich aber weiter. Ein noch recht ursprünglicher Vertreter aus dem unteren Jura ist *Vulcanodon karibaensis*.

Zu einer stattlichen Größe brachten es die Diplodociden (*Diplodocus, Apatosaurus, Supersaurus* etc.) sowie die Brachiosaurier, die Titanosaurier und ihre Vorläufer. Mit einer Körperlänge von 25 Metern galt *Diplodocus* lange als der längste Dinosaurier (Abb. 5.2). Heute ist bekannt, dass auch andere Sauropoden diese Länge erreichten oder sogar übertrafen. Die Füße dieser Tiere konnten eine Breite von rund einen Meter erreichen. Ihr Gehirn war allerdings relativ klein. Offensichtlich benötigten diese Tiere als Pflanzenfresser ohne nennenswerte Feinde keine allzu große Intelligenz.

Die theropoden (und damit zweifüßigen) Saurischier differenzierten sich in die Ceratosauria und die Tetanurae, die ebenfalls wiederum in zahlreiche weitere Gruppen zerfielen. Nach der Pliensbachium-Toarcium-Krise,

Abb. 5.2 Auch wenn *Diplodocus* heute nicht mehr als der größte Dinosaurier gilt, ein Riese war er mit seinen 25 Metern Länge dennoch

einem kleineren Artensterben, das sich zwischen dem unteren und dem mittleren Jura ereignete, traten die Theropoda vermehrt auf. *Berberosaurus liassicus,* der älteste Vertreter der Ceratosauria, ist seit dem Beginn des Pliensbachiums, einer Unterperiode des frühen Jura, vor 190 Millionen Jahren und damit aus der Zeit vor der Pliensbachium-Toarcium-Krise bekannt. *Ceratosaurus,* die namensgebende Gattung der Ceratosauria trat erst im oberen Jura auf. Zu den Tetanurae („Starrschwänzen") gehören zahlreiche bekannte Dinosaurier, etwa die Familien der Megalosauriden, der Allosauriden, der Dromaeosauriden und der Troodontiden. Zu den Megalosauriden gehörte beispielsweise das „Monster von Minden" *(Wiehenvenator albati),* der größte je in Europa gefundene Raubsaurier. Seine gekrümmten Reißzähne erreichten eine Länge von bis zu 30 Zentimetern! Dromaeosauriden

und Troodontiden werden manchmal auch als Deinonychosaurier zusammengefasst und bilden mit den Vögeln
zusammen die Gruppe der Paraves. Ein gemeinsames
Erbe der Dromaeosauriden, Troodontiden und Vögel sind
gefärbte Eierschalen (Wiemann et al. 2018).
Auch bei den vierfüßigen **Vogelbeckensauriern** (Ornithischia) kam es zu einer umfangreichen Differenzierung:
Pegomastax africana gehörte zu den Heterodontosauriern,
besaß einen vogelähnlichen Schnabel, der allerdings anders
als bei den Vögeln Zähnen trug, und er ernährte sich
wahrscheinlich von Pflanzen. Seine auffallenden Reißzähne könnte er zur Verteidigung oder bei Drohgebärden
eingesetzt haben. Ein jurassischer Heterodontosaurier war
auch der bereits erwähnte *Tianyulong confuciusi*. Über ihn
wird diskutiert, ob er wie die Theropoden Federn besaß
(Witmer 2009).
Neu entwickelten sich im Jura die Stegosaurier, die
Ankylosaurier, die Ornithopoda und die Marginocephalia.
Die Stegosaurier trugen auf ihrem Rücken und auf ihrem
Schwanz zwei Reihen großer, spitz zulaufender Knochen-
platten. Ihr Gehirn war zwar recht klein, als wehrhafte
Pflanzenfresser benötigten sie jedoch wahrscheinlich
auch keine umfangreichen kognitiven Fähigkeiten. Während von der Gattung *Stegosaurus* mehrere Arten bekannt
sind, wird *Kentrosaurus* nur durch *Kentrosaurus aethiopi-
cus* repräsentiert. Da die Überreste dieser Tiere teilweise
isoliert, teilweise aber auch gemeinschaftlich gefunden
wurden, ist umstritten, ob die Kentrosaurier zumindest
zeitweilig in Herden lebten.
Ein wenig an eine Schildkröte – wenn auch ohne Panzer, dafür aber mit einem von zahlreichen Hornplatten
beziehungsweise Stacheln besetztem Rücken – erinnerten
die gedrungenen Ankylosaurier. Ihr Schwanz trug an seinem Ende meist eine schwere Keule, mit der sie sich bei
Bedarf gegen Raubsaurier verteidigen konnten. Typisch

für die Marginocephalia, die Dinosaurier mit dem „umrandeten Schädel", war wiederum ein breiter Nackenschild, der am Hinterrand des Kopfes ansetzte und wie eine Art Krone emporragte.

Die Ornithopoda („Vogelfußdinosaurier": nicht zu verwechseln mit dem übergeordneten Begriff der Vogelbeckendinosaurier, zu denen sie gehören) hatten sich wiederum zu zweifüßigen Formen entwickelt, wobei einigen Zweifüßer sekundäre wieder zu Vierfüßern werden sollten. Ein früher Vertreter der Ornithopoda aus dem mittleren Jura war wahrscheinlich *Callovosaurus leedsi,* von dem allerdings nur ein Oberschenkelknochen gefunden wurde. Aus dem späteren Jura sind zudem verschiedene *Camptosaurus*-Arten bekannt, die sich wahrscheinlich überwiegend auf zwei Füßen fortbewegten, manchmal aber vielleicht auch vierfüßig.

5.2.2 Konkurrenz im Luftraum

Zu Beginn des Jura hatten die Flugsaurier den Lauftraum noch ganz für sich allein. Im Verlauf des Jura bekamen sie dann aber Konkurrenz durch die Vögel. Außerdem tauchten zunehmend Kurzschwanzflugsaurier auf, die die aus der Trias bekannten Langschwanzflugsaurier verdrängten. Ein Beispiel für diesen neuen Typus sind die Vertreter der Gattung *Pterodactylus,* die mit einer Flügelspannweite von 50 bis 75 Metern recht klein waren. Ein Langschwanzflugsaurier des Jura – wenngleich auch *de facto* mit kurzem Schwanz – war der insektenfressende *Anurognathus ammoni.* Mit einer Flügelspannweite von nur 37 Zentimetern gehörte er zu den kleinsten Exemplaren der Pterosaurier. Ihre größte Artenvielfalt erreichten die Flugsaurier gegen Ende des Jura, also zu der Zeit, als auch die Vögel sowie einige ihrer engsten Verwandten begannen den Luftraum zu erobern.

Die Vögel haben sich vor etwa 180 Millionen Jahren erstaunlicherweise nicht aus den **Vogelbeckensauriern** (Ornithischia) heraus entwickelt, sondern aus den **Echsenbeckensauriern** (Saurischia), genauer aus der Gruppe der Theropoda (Tetanurae). Die nächsten Verwandten der Vögel sind die Scansoriopterygidae und die teils vierflügeligen Deinonychosaurier, die gemeinsam mit den Vögeln als „Paraves" zusammengefasst werden. Die Scansoriopterygidae (*Yi qi* und *Ambopteryx longibrachium*) besaßen ähnlich wie Fledermäuse oder Flugsaurier ungefiederte Flughäute, die sie zum Gleiten oder Fliegen benutzten (Wang et al. 2019). Ihre Flugfähigkeit ist somit unabhängig von derjenigen der Vögeln entstanden. Die Deinonychosaurier jagten wahrscheinlich in Gruppen und haben ihren Namen von ihrer besonders großen „Schreckensklaue" erhalten. Die Funktion dieser Klaue ist umstritten, sie könnte zum Klettern, aber auch zum Festhalten und Aufschlitzen der Beute gedient haben (Moser 2012). Zu den Deinonychosauriern gehören die „Raptoren" (zum Beispiel die kreidezeitlichen Gattungen *Velociraptor* oder *Microraptor*). *Microraptor* dürfte ebenfalls unabhängig von den Vögeln die Fähigkeit zum Fliegen oder zumindest Gleiten erworben haben (Brusatte 2017). Außerdem besaß er wie die Vögel einen **Daumenfittich!** Sein vermutlich dunkel-schillerndes Gefieder deutet darauf hin, dass er wahrscheinlich trotz seiner großen Augenhöhlen tag- und nicht nachtaktiv war (Vinther 2018).

Die frühesten bekannten Vertreter aus der **Stammgruppe** der Vögel sind *Aurornis xui,* der vor 166 bis 152 Millionen Jahren lebte, und der 145 Millionen Jahre alte, aus dem Solnhofener Plattenkalk bekannte „Urvogel" *Archaeopteryx lithographica.* Weitere Vertreter der *Archaeopteryx*-Gruppe sind *Archaeopteryx bavarica,* bei dem das Brustbein verknöchert ist, *Alcmonavis poeschli,* der wahrscheinlich besser fliegen konnte als *Archaeopteryx,* und *Wellnhoferia grandis,* bei dem das Fußskelett eine andere Bauart aufweist. Wie vielen verschiedenen Arten die gefundenen Exemplare zuzuordnen sind, ist bis heute umstritten. Einige der ersten Vögel (inkl. *Archaeopteryx lithographica*) waren möglicherweise noch vierflügelig, das heißt, sie besaßen auch Federn an den Beinen, die ihnen zumindest beim Gleitflug geholfen haben könnten. *Archaeopteryx lithographica* hatte bereits hohle Knochen und Flügel mit asymmetrischen Schwungfedern, sodass er Auftrieb erzeugen konnte. Inwieweit die genannten ersten Vertreter aber bereits zum Ruderflug oder auch nur zum Gleitflug befähigt waren, ist bislang umstritten. Es ist denkbar, dass Urvögel und Deinonychosaurier ihre Flügel nur zum „Stabilitätsflattern" beim Festhalten der Beute benutzen. Möglicherweise konnte *Archaeopteryx lithographica* aber bereits vom Boden aus starten, doch er war aber wohl kein ausdauernder Flieger. Die Federn, die die Vögel von den Dinosauriern geerbt hatten, stellten eine Voranpassung (Präadaptation) für das Flugvermögen dar, allerdings wurde das Keratin, aus dem sie bestehen, im Verlauf der Vogelevolution zunehmend leichter und flexibler (Pan et al. 2019).

Neben den für moderne Vögel typischen Merkmalen besaß *Archaeopteryx* aber auch noch zahlreiche ursprüngliche Merkmale und bietet somit ein Beispiel für **Mosaikevolution:** Seine Schwanzwirbelsäule war zum Beispiel lang, seine Finger nicht miteinander verschmolzen. Ein Daumenfittich, der heutigen Vögeln zum Steuern dient, fehlte und sein Schambein war vom Becken weggerichtet. Außerdem besaß er anders als alle heute lebenden Vögel Zähne: Zwar werden diese auch bei modernen Vögeln noch angelegt, ihre Entwicklung stoppt aber bereits früh in der Embryonalentwicklung.

Zu dem Zeitpunkt, als die ersten flugfähigen Vögel auftraten, endete auch die Korrelation zwischen der maximalen Körpergröße der Fluginsekten und dem Sauerstoffgehalt der Atmosphäre. Auffallend ist außerdem, dass vor 170 bis 150 Millionen Jahren Florfliegen zu den ersten Insekten gehörten, die auf ihren Flügeln „Schreckaugen" ausbildeten (Vinther 2018). Auch heute nutzen einige Insekten wie etwa das Tagpfauenauge solche Schreckaugen, um insektenjagende Vögel abzuschrecken. Ob hier tatsächlich Zusammenhänge bestehen, lässt sich allerdings noch nicht sicher sagen, denn insektenfressende Flugsaurier existierten bereits vorher.

5.2.3 Die Entwicklung der Säugetiere

Kayentatherium wellesi, ein pflanzenfressender Cynodontier („Hundszähner") aus dem frühen Jura (vor 184 Millionen Jahren) war selbst noch kein Säugetier, sondern nur ein enger Verwandter von deren **Stammgruppe,** den Mammaliformes. Dennoch ist diese Art wichtig für das Verständnis der frühen Säugetierevolution, denn von *Kayentatherium wellesi* wurden die Überreste eines Muttertieres zusammen mit insgesamt 38 Jungtieren gefunden (Hoffman und Rowe 2018). Säugetiere bringen normalerweise wesentlich weniger Junge zur Welt, da diese gesäugt und intensiv gepflegt werden müssen. Darüber hinaus besitzen Säugetierjunge bereits bei der Geburt ein relativ großes Gehirn, ein Merkmal, das bei *Kayentatherium wellesi* ebenfalls noch fehlt. All diese Merkmale haben sich demnach erst entwickelt, nachdem sich die Vorfahren von *Kayentatherium wellesi* und die Vorfahren der Säugetiere getrennt haben.

Etwas später, vor 195 Millionen Jahren, lebte *Hadrocodium mui,* der zur Stammgruppe der Säugetiere gehörte. Im mittleren Jura durchliefen die Mammaliformes eine noch stärkere Radiation als in der Trias. Typische

Vertreter, waren jetzt der biberschwänzige *Casterocauda,* der auf Bäume kletternde *Agilodocodon* und der maulwurfartige *Docofossor.* Zum Gleitflug befähigte Stamm- und Kronengruppenvertreter der Säugetiere im Jura waren *Volaticotherium antiquum, Arboroharamiya allinhopsoni, Maiopatagium furculiferum* und *Vilevolodon diplomylos* (Han et al. 2017; Moser 2017b). *Maiopatagium* schlief wahrscheinlich wie heutige Fledermäuse mit dem Kopf nach unten an Ästen und ernährte sich von Blättern, Früchten und jungen Trieben. Sein V-förmiges Schlüsselbein dürfte eine Parallelentwicklung zu dem Gabelbein der Vögel sein, das die beim Fliegen auf die Schulterblätter ausgeübte Kraft auffängt. *Vilevolodon* besaß ein ungewöhnliches, zu verschiedenen Kaubewegungen befähigtes Gebiss. Damit konnte sich auch von Samen und Früchten mit harten Schalen ernähren. Die in der späten Trias entstandenen Kuehneotheriiden starben im frühen Jura bald wieder aus, während sich die Haramiyiden länger hielten (zum Beispiel der etwa hasengroße *Cifelliodon wahkarmoosuch* (Hoffmann und Krause 2018)) und weltweit verbreitet waren.

Im Jura gab es auch die ersten **Kronengruppe**nvertreter der Säugetiere: Neu entstanden die ersten Vertreter der Protheria (Kloakentiere) und der Theria, zwei Gruppen, die noch durch **rezente** Arten vertreten sind. Die Kloakentiere werden heute durch das Schnabeltier und die Schnabeligel repräsentiert. Sie legen noch immer kleine Eier, aus denen sehr unreife Jungtiere schlüpfen, die über ein Milchfeld am Bauch des Muttertieres gesäugt werden (Maier 2018). Zu den Theria gehören die Beuteltiere (Metatheria: zum Beispiel Kängurus) und alle übrigen rezenten Säugetiere (Eutheria: Plazentatiere). Sie sind lebendgebärend und säugen ihre Jungen über Zitzen, weshalb sie auch als „Zitzentiere" bezeichnet werden. Bei den Metatheria sind die Jungtiere bei der Geburt ebenfalls noch sehr unreif, bei den Eutheria sind sie bereits weiter entwickelt (Maier 2018). Die Theria wurden im Jura durch das zum Gleitflug befähigte *Volaticotherium* und den von Termiten lebende *Fruitafessor* vertreten. Kennzeichen der ersten Theria, die vielleicht an der Grenze vom Mittel- zum Oberjura entstanden sind, waren tribosphenische Backenzähne: Dabei passt ein dreihöckriger Vorsprung des oberen Zahnes in eine Vertiefung des unteren, wie bei Pistill und Mörser. Meta- und Eutheria haben sich möglicherweise schon bereits vor 180 Millionen, bestimmt aber vor 160 Millionen Jahren getrennt. Der älteste bekannte Vertreter der Eutheria ist wahrscheinlich der etwa 160 Millionen Jahre alte, wahrscheinlich insektenfressende und auf Bäumen lebende *Juramaia sinensis,* dessen Überreste im Nordosten Chinas gefunden wurden. Die Metatheria sind im Jura nicht durch Fossilien belegt.

Auch wenn die Säugetiere des Jura im Vergleich zu heute lebenden Säugern und erst recht im Vergleich zu den Dinosauriern noch recht klein waren, so besetzten sie doch bereits eine größere Vielfalt an ökologischen Nischen, als man ihnen vor wenigen Jahren noch zugetraut hätte (Chen et al. 2019b). So lebten sie nicht nur, wie ursprünglich vermutet, von Insekten, sondern fraßen auch andere Tiere und Pflanzen. Sie lebten auf Bäumen, auf dem Boden und gruben Gänge im Erdreich. Man nimmt an, dass die erwähnte Entstehung der dreihöckrigen Backenzähne diese reiche Entfaltung ermöglich hat, die mehr Möglichkeiten zum Kauen boten. Auch der Aufstieg der bedecktsamigen Blütenpflanzen hat die Entwicklung vermutlich begünstigt.

5.2.4 Das Leben im Jurameer

Im Jura stieg der Meeresspiegel weltweit an, sodass große neue Flachwasserbereiche entstanden. Die Meere wiesen im Jura eine reichhaltige Fauna auf (Nitsch und Franz 2009). Verantwortlich für den Artenreichtum waren wahrscheinlich ein verändertes und auch erhöhtes Nahrungsangebot in den Meeren sowie das daraus resultierende Auftreten neuer, nährstoffreicherer Algentypen. Das vermehrte Auftreten von Räubern in den Meeren des Jura und in der Kreide führte zu einer Umstrukturierung der Meeresökosysteme, der bereits erwähnten mesozoisch-marinen Revolution (Knoll und Follows 2016). Ein guter Hinweis auf diese Veränderungen sind die Schalen von Schnecken, die seit dem Jurazeitalter als Abwehr gegen Fressfeinde immer robuster werden und zunehmend Stacheln und zahnartige Strukturen aufweisen.

Im frühen und mittleren Jura erlebten die Belemniten-Tintenfische eine Blütezeit. *Megateuthis gigantea* erreichte wahrscheinlich eine Länge von bis zu drei Metern und war dementsprechend der größte Belemnit aller Zeiten. Weitere Belemnitengattungen des Jura waren *Belemnopsis* und *Belemnoteuthis*. Ebenfalls durch zahlreiche Arten vertreten waren auch die Ammoniten (zum Beispiel *Hildoceras*, *Phylloceras* und *Dactylioceras*). Zu den Ichthyosauriern des Jura gehörten der etwa neun Meter lange, an der Spitze der Nahrungskette stehende *Temnodontosaurus platyodon,* der spindelförmige *Stenopterygius quadriscissus* und der wahrscheinlich seltene *Excalibosaurus* (= *Eurhinosaurus*) *costini*. Das Fossil eines *Stenopterygius*-Weibchens, das bei der Geburt starb, belegt, dass die Ichthyosaurier wie die heutigen Wale ihre Jungen mit der Schwanzflosse voran gebaren, um zu verhindern, dass die Jungtiere noch vor Vollendung der Geburt ertrinken. Ebenso wie heutige Meeressäugetiere besaß *Stenopterygius* zudem eine

Fettschicht unter der Haut, die dem Tier nicht nur Auftrieb verlieh, sondern es auch gegen das kalte Meerwasser isolierte (Lindgren et al. 2018). Eine solche Isolationsschicht ist nur notwendig, wenn die Körpertemperatur über der Umgebungstemperatur liegt. Es ist also davon auszugehen, dass auch die Ichthyosaurier – ebenso wie Dinosaurier und Säugetiere – Warmblüter waren. *Ophthalmosaurus* aus dem oberen Jura besaß sehr große Augen, die es ihm erlaubt haben könnten, in tiefen Gewässern zu jagen (Watson 2017). Weitere große Raubtiere waren die lang- *(Cryptoclidus)* und kurzhalsigen (*Liopleurodon,* das „Monster von Aramberri") Plesiosaurier und die Meereskrokodile (Thalattosuchia: zum Beispiel *Steneosaurus* und *Platysuchus*). Bissspuren an Skeletten belegen, dass selbst *Cryptoclidus* damals zum Beutespektrum des Monsters von Aramberri gehörte. Wahrscheinlich standen die *Liopleurodon*-Arten damals an der Spitze der Nahrungskette.

Am und im Meeresboden lebten zahlreiche Muscheln, Krebse und Stachelhäuter. Schwämme, Einzelkorallen und kleine Korallenstöcke traten häufig auf, ganze Riffe bildeten sich aber erst im späten Jura. Zahlreiche Muscheln des Jura gehörten zur Gruppe der Rudisten (zum Beispiel *Diceras*). Sie besaßen zwei verschieden gestaltete Klappen: Eine große Kelchklappe, die bis zu zwei Meter lang werden konnte, und eine kleine Deckelklappe. Bereits erwähnt wurden die Poseidonsmuscheln *(Posidonia),* deren Überreste im Posidonienschiefer gefunden wurden. Mit den heutigen Austern verwandt waren die Muschelgattungen *Gryphaea* und *Exogyra*. Als Reaktion auf den zunehmenden Fraßdruck durch Raubtiere (→ mesozoisch-marine Revolution) entwickelten die Muscheln ab dem Jurazeitalter immer mehr Arten, die sich im Sediment eingruben, also nicht mehr auf der Meeresoberfläche lebten. Während die Rudisten durch ihre dicken Kalkschalen gut geschützt waren und diesen Weg daher nicht gehen mussten, nutzen andere auf der Oberfläche verbleibenden Arten die Fähigkeit zur schnellen Flucht, oder wechselten in Lebensräume, die zum Beispiel aufgrund ihres hohen Salzgehaltes für Raubtiere unattraktiv waren. Den Austern und Miesmuscheln half wahrscheinlich ihre Fähigkeit, sich fest an ihr Substrat anzuheften, kleinere Räuber abzuwehren.

Ein besonderer mariner Lebensraum waren auch Baumstämme: Bis ins mittlere Jura hinein verblieben Baumstämme, die einmal ins Meer gelangten, oft für viele Jahre als Treibholz an der Oberfläche und wurden von zahlreichen Tieren wie Muscheln, Röhrenwürmern, Brachiopoden (Armfüßlern) und Seelilien (meist festsitzende Echinodermen/Stachelhäuter) besiedelt. Nicht selten bildeten sich dort große Kolonien. Aus dem frühen Jura ist zum Beispiel die Seelilie *Seirocrinus subangularis* bekannt. Diese Tiere bestanden aus einer rund 25 Zentimeter langen Krone, mit der sie ihre Nahrung aus dem Wasser filterten, und einem knapp einen Meter langen Stiel, über den sie auf ihren „Flößen" festgewachsen waren. Seit der Entwicklung von Bohrmuscheln (Pholadidae) und Schiffsbohrwürmern (Teredinidae) im Jura wird Treibholz allerdings sehr rasch zerstört, sodass diese Lebensgemeinschaften im wahrsten Sinne des Wortes untergingen. Wahrscheinlich trug aber auch der zunehmende Fraßdruck durch Raubtiere (→ mesozoisch-marine Revolution) dazu bei, dass sich die Seelilien immer mehr in die Tiefsee zurückzogen, wo es weniger Raubtiere gab.

Eine „freischwimmende" Seelilie des Jura etwa war *Saccocoma tenella*. Anders als ihre festsitzenden Verwandten besaß sie keinen Stiel und wurde ohne Trägermaterial von den Meeresströmungen verdriftet. *Saccocoma* gehörte damit wie die Meduse *Rhizostomites* zum eigentlichen Plankton. Im Gegensatz dazu werden die auf Treibholz festsitzenden Tiere auch als Pseudoplankton bezeichnet.

Selbstverständlich bevölkerten auch die Fische in großer Zahl die Jurameere. Der mit den Haien und Rochen eng verwandte Knorpelfisch *Hybodus fraasii* zum Beispiel wurde im Solnhofener Plattenkalk gefunden. Die Muskelflosser (Sarcopterygii: Quastenflosser) wurden im Jura durch *Holophagus* vertreten. Bei den Strahlenflossern (Actinopterygii) dominierten im Mesozoikum nach wie vor die Holostei (Knochenganoide: zum Beispiel *Leptolepis*). Zu den Pycnodontiformes und damit zur **Stammgruppe** der Teleostei, zu denen die meisten heute lebenden Fische gerechnet werden, gehörte vor rund 150 Millionen Jahren *Piranhamesodon pinnatomus,* ein mit scharfen Zähnen ausgestatteter Raubfisch, der sich wahrscheinlich wie heutige Piranhas vornehmlich von den Flossen und von herausgebissenen Fleischstücken anderer Fische ernährte (Kölbl-Ebert et al. 2018). Seine eher harmlos wirkende äußere Gestalt erleichterte es ihm, sich an seine Beute anzunähern. Er verfolgte damit eine Strategie, die als Peckham'sche oder aggressive Mimikry bezeichnet wird. Ein weiterer Stammgruppenvertreter der Teleostei aus der Gruppe der Pachycormiformes war vor 165 Millionen Jahren *Leedsichthys problematicus*. Wie der Name bereits andeutet, erwies es sich als schwierig, die Größe dieses Fisches zu ermitteln, sie betrug aber wahrscheinlich über sechzehn Meter. Damit war *Leedsichthys problematicus* größer als moderne Walhaie. Trotz seines Gewichtes von bis zu 45.000 Kilogramm konnte dieser Fisch wahrscheinlich eine Geschwindigkeit von rund 17 Kilometern pro Stunde erreichen.

5.3 Die Klippen von Dover

Wer vom Cap Gris-Nez in Frankreich aus über den Kanal nach Großbritannien hinüberblickt, sieht dort als eindrucksvolle Uferformation die hellweißen Klippen von Dover.

Entstanden sind diese Kreidefelsen, sowie ähnliche Gebilde – etwa auf der Insel Rügen – in der Kreidezeit (vor 145 bis 66 Millionen Jahren) aus den Kalkskeletten Tausender einzelliger Coccolithophoriden-Algen, die sich als Sediment am Meeresgrund abgelagert haben. Weitere Quellen für Kalkablagerungen waren die Schalen und Kalksausscheidungen von Muscheln (zum Beispiel *Pycnodonte* spp., *Inoceramus* spp. oder die Rudisten wie *Titanosarcolites* spp. und *Vaccinites* spp.), muschelähnlichen Brachiopoden (Armfüßler; zum Beispiel *Lingula cretacea* oder *Isocrania* spp.), deren Zahl aber weiter zurückging, Schnecken, Moostierchen und Foraminiferen sowie Korallenstöcke und Kalkschwämme (zum Beispiel der kugelförmige *Porosphaera globularis*). Korallenriffe spielten zur Kreidezeit allenfalls eine untergeordnete Rolle. Rudisten dagegen traten im Flachwasser teils massenhaft auf und bildeten große Bänke. Dank des sehr warmen Klimas waren in der Kreidezeit die Pole eisfrei, was wiederum zu einem sehr hohen Meeresspiegel führte. Infolgedessen waren selbst höher gelegene Landflächen überflutet und es entstanden ausgedehnte Flachwasserbereich am Rand der Meere. Eine weitere Folge des dauerhaft warmen Klimas waren häufige Phasen von Sauerstoffarmut in den Ozeanen (ozeanisch-anoxischen Ereignissen (OAE)). Eine kurze Unterbrechung erfuhr das warme Klima der Kreidezeit allerdings vor 116 Millionen Jahren: Es traten massenweise kalkbildende Algen auf, die der Atmosphäre zu große Mengen des Treibhausgases Kohlendioxid entzogen. Als jedoch vermehrt Vulkanismus einsetzte, beendete dies die Kälteperiode.

Aus der Kreidezeit etwa sind die ersten Fossilien von Kieselalgen bekannt. Entstanden ist diese Algengruppe aber wahrscheinlich bereits in der Trias oder im Jura. Während der Kreidezeit und des frühen Tertiärs erfolgt die Radiation der **Kronengruppe** der Braunalgen.

Bei den Krabben wiederum gab es Ungewöhnliches: *Callichimaera perplexa* (Luque et al. 2019). Wie der Name bereits andeutet, wirkte das Tier wie ein Mischwesen (Chimäre) aus Krabbe, Garnele und Hummer. Teilweise wurden auch Larvenmerkmale bis ins Erwachsenenalter beibehalten. Man spricht in diesem Zusammenhang auch von **heterochroner Evolution.** Auffallend waren vor allem die großen „glubschigen" Komplexaugen und die paddelförmigen Brustbeine.

In der Oberkreide besiedelten die Mosasaurier (zum Beispiel *Hainosaurus, Tylosaurus* oder *Plioplatecarpus*) die Meere. Wie die Plesiosaurier, die in der Kreidezeit zum Beispiel durch *Elasmosaurus* spp. vertreten waren, ernährten sie sich als Räuber und gehörten zu den Lepidosauriern (Echsen, Schlangen). Sie besaßen einen langen, schlanken, stromlinienförmigen Körper und ein großes, mit zahlreichen Reißzähnen besetztes Maul. Die Gliedmaßen waren zu Flossen umgewandelt. Wie die Ichthyosaurier und die Plesiosaurier gebaren die Mosasaurier lebende Junge. Als ihre nächsten modernen Verwandten gelten die Warane. Neben Räubern, die an der Spitze der Nahrungskette standen – zum Beispiel der bis zu 18 Meter lange *Mosasaurus hoffmannii* aus der Oberkreide – zählten zu ihnen auch Tiere, die sich auf andere Nahrungsquellen wie Muscheln spezialisiert hatten (zum Beispiel die Kugelzähne der Gattung *Globidens*).

Bei den Fischen beginnen jetzt die modernen Teleostei die Meere zu dominieren. Belemniten (zum Beispiel *Belemnella*) und Ammoniten waren in der Kreidezeit weit verbreitet: Bei den Ammoniten bildeten sich zahlreiche Arten mit ungewöhnlichen Gehäuseformen. Die Gehäuse dieser als heteromorph oder aberrant bezeichneten Ammoniten erinnern teils an Korkenzieher, sind teilweise aufgerollt (zum Beispiel *Ancyloceras*) oder tragen Stacheln. Aus der Kreide ist die größte Ammonitenart

Parapuzosia seppenradensis bekannt. Die Schalen dieser Tiere erreichten einen Durchmesser von fast zwei Metern, ihr Gewicht betrug wahrscheinlich rund 3,5 Tonnen!

5.3.1 Die Dinosaurier beherrschen die Welt

Mit dem zunehmenden Auseinanderdriften der Kontinente nahmen auch die regionalen Unterschiede bei den Dinosauriern zu. Die Vielfalt dieser Tiergruppe lässt sich daher kaum erschöpfend beschreiben.

In Ostasien gehörten zu den **Vogelbeckensauriern** in der frühen Kreidezeit zahlreiche Arten der pflanzenfressenden Gattung *Psittacosaurus,* deren Schnabel und Kopfform an einen Papagei erinnert. Typisch für diese zweibeinigen Tiere, die bis zu zwei Meter lang werden konnten, waren außerdem spitze Knochenauswüchse an den Wangen und lange Borsten (mutmaßliche Protofedern), die senkrecht auf der Oberseite des Schwanzes standen. Eine Analyse ihrer Körperfärbung ergab, dass die Psittacosaurier wahrscheinlich das Prinzip der Gegenschattierung nutzten, um in ihrem Lebensraum nicht aufzufallen (Vinther 2018): Ein dunkler Rücken und ein heller gefärbter Bauch lässt die Konturen der Tiere verschwinden, wenn sie von oben gegen die dunklen Untergrund oder von unten gegen den hellen Himmel betrachtet werden. Besonders deutlich tritt dieser Kontrast bei Tieren zutage, die im Wasser leben, wie bei Walen oder Pinguinen, oder bei Landtieren, die helle Lebensräume bevorzugen, etwa wie bei zahlreichen Antilopenarten. Die Psittacosaurier zeigten aber nur die schwache, für Waldtiere typische Gegenschattierung (etwa wie bei Rehen oder Hirschen). Wahrscheinlich hielten sie sich daher überwiegend in geschlossenen Wäldern auf. Gegenschattiert waren damals auch der **Echsenbeckensaurier**

Sinosauropteryx (Vinther 2018): Der kastanienbraune Rücken dieses gut einen Meter langen, zweibeinigen Tieres setzte sich in diesem Fall scharf von dem weißen Bauch ab. Der Schwanz war braun und weiß geringelt. Wahrscheinlich lebten diese Tiere in einer zumindest teilweise offenen, reich strukturierten Landschaft.

In Australien hingegen wurden fossile Überreste der Gattung *Leaellynasaura* gefunden. Da sich dieser Kontinent damals am südlichen Polarkreis befand, waren die Tiere wahrscheinlich an ein kühles Klima angepasst: Dank ihrer Warmblütigkeit konnten die Dinosaurier also auch diesen Lebensraum erobern. Große Augen halfen den Leaellynasauriern wahrscheinlich dabei, auch in der Polarnacht genug zu sehen.

Weit verbreitete Vogelbeckensaurier der Kreidezeit waren auch die Leguanzähne (*Iguanodon* spp.). Sie gehörten zur Familie der Iguanodontiden, einer Familie zwei- und vierfüßiger Pflanzenfresser, die oft in großen Herden das Land durchstreiften. Ihre spitzen Daumen nutzten die Tiere wahrscheinlich, um sich zu verteidigen. Als Nahrung dienten ihnen vornehmliche Schachtelhalme, Palmfarne und Farne. Im Jahr 1878 fanden Bergleute bei Bernissart in Belgien die Überreste einer aus 29 Tieren bestehenden Herde, die gemeinsam in den Tod gestürzt war. Heute ist *Iguanodon bernissartensis* dort ein ganzes Museum gewidmet.

Die mit den Iguanodontiden verwandten Hadrosaurier (auch bekannt als Entenschnabelsaurier, zum Beispiel *Brachylophosaurus* oder *Edmontosaurus*) hatten eine interessante Kauweise: Sie besaßen eine abgeflachte Schnauze, die an einen Entenschnabel erinnerte. Anders als sonst üblich bewegte sich bei ihnen allerdings nicht der Unter-, sondern – über ein spezielles Scharniergelenk – der Oberkiefer. Die Zähne wurden zudem nicht nur auf und ab, sondern auch seitwärts bewegt, sodass selbst hartes

Pflanzenmaterial wie Koniferennadeln oder kieselsäure-haltige Schachtelhalme zermalmt werden konnten. Der Entenschnabelsaurier *Parasaurolophus,* von dem vor 76 bis 72 Millionen Jahren mehrere Arten existierten, zeichnete sich darüber hinaus durch einen hornförmigen Knochen-zapfen an seinem Hinterkopf aus, dessen Funktion nach wie vor umstritten ist. Von *Edmontosaurus annectens* (vor 73 bis 66 Millionen Jahren) sind nicht nur die Kno-chen, sondern überwiegend auch die Weichteile erhalten. Bekannt sind die *Trachodon*-Mumie, sowie zwei weitere Mumien, von denen eine ebenfalls der Art *Edmontosaurus annectens,* eine weitere immerhin der Gattung *Edmonto-saurus* zugerechnet wird (Rosendahl und Döppes 2018). Die Haut dieser Tiere war von Schuppen besetzt. Vom Kopf über den Rücken hin zog sich ein Hautkamm. Reste von Nadeln, Zweigen und Nadelbaumzapfen dokumentie-ren die letzte Nahrung.

Die Sauropoden (vierfüßige, pflanzenfressende Echsenbeckensaurier) erreichten in der Kreide ihre größten körperlichen Ausmaße: Der Titanosaurier *(Pata-gotitan mayorum)* lebte vor 107 bis 92 Millionen Jahren und brachte bei einer Länge von bis zu 37 Metern um die 70.000 Kilogramm auf die Waage. Wahrscheinlich lebten die Tiere damals in einer Auenlandschaft im Gebiet des heutigen Patagoniens.

Mit einer Länge von nur 15 Metern deutlich kleiner war der Titanosaurier *Rapetosaurus krausei,* der vor 72 bis 66 Millionen Jahren auf Madagaskar lebte. Dass auch diese Giganten einmal klein anfingen, belegt ein etwa ein bis drei Monate altes fossiles Jungtier dieser Spezies, das bei seiner Geburt wahrscheinlich nur 3,4 Kilogramm auf die Waage brachte. Zum Zeitpunkt seines Todes wog es aber bereits rund 40 Kilo. Im Erwachsenenalter hätte es bis zu enor-men 10.000 Kilogramm schwer werden können. Elterliche Fürsorge benötigten diese Jungtiere wahrscheinlich nicht.

Der wahrscheinlich bekannteste Raubsaurier (Echsen-beckensaurier: Theropoda) der Oberkreide war der vor 68 bis 66 Millionen Jahren in Nordamerika und Asien verbreitete *Tyrannosaurus rex*. Er ist somit in die Endphase der Tyrannosauriden einzuordnen, deren älteste bekannte Vertreter vor etwa 80 Millionen Jahren gelebt haben (Brusatte 2015): Entstanden sind die Tyrannosauriden aus wesentlich kleineren Vorläufern. *Tyrannosaurus rex* war mit einer Höhe von sechs Metern wahrscheinlich der größte aller Tyrannosauriden und einer der größten Raubdinosaurier, die je auf der Erde gelebt haben. Seine Zähne erreichten eine Länge von bis zu 30 Zentimetern und waren damit ähnlich groß wie bei dem „Monster von Minden" aus dem Jura. Umstritten ist nach wie vor, ob *Tyrannosaurus rex* eher ein aktiver Jäger, ein Aasfresser oder sogar ein Dieb war, der anderen Räubern ihre Beute abnahm. Mit einer errechneten Maximalgeschwindigkeit von 27 Kilometern pro Stunde war er wahrscheinlich langsamer als ein sprintender Mensch, der etwa 36 Kilometer pro Stunde erreicht. Bissspuren von *Tyrannosaurus rex* wurden an Skeletten von *Edmontosaurus annectens* gefunden. Auch Dreihorngesichter (*Triceratops horridus;* Marginocephalia) und wahrscheinlich in Herden lebende nashornähnliche Tiere, könnten zum Beutespektrum von Tyrannosauriern gehört haben (Abb. 5.3). Dramatische Kämpfe zwischen *Triceratops* und *Tyrannosaurus,* wie sie sich oft in künstlerischen Darstellungen finden, sind allerdings spekulativ. Ob die Hörner den Dreihorngesichtern zur Verteidigung gedient haben oder bei der Partnerfindung eine Rolle spielten, ist noch umstritten. Etwas kleinere Tyrannosauriden waren *Albertosaurus* und *Daspletosaurus*.

Chemische Reaktionen, die zur Vernetzung von **Proteinen** führen, haben wahrscheinlich dazu beigetragen, dass sich Proteine von *Tyrannosaurus rex* und anderen seit mehreren Millionen Jahren ausgestorbenen Tierarten bis heute

Abb. 5.3 *Triceratops* besaß nicht nur ein Nasenhorn, sondern auch zwei Stirnhörner und einen Nackenschild

erhalten konnten. Solche Proteine erlauben der Forschung neue Einsichten in die Verwandtschaft und die Physiologie von Tierarten und in ökologische Zusammenhänge.

Weitere Theropoden der Kreidezeit waren die zur Familie der Spinosauridae gerechneten Vertreter der Gattung *Baryonyx.* Wahrscheinlich lebten diese Tiere teils im Wasser und teils an Land und ernährten sich von Fischen. Krallen an den Vorderfüßen und ein krokodilähnlicher Schädel erleichterten es ihnen, Beute zu fangen.

Dromaosauriden, Troodontiden und Vögel (Aves) bilden gemeinsam die Gruppe der Paraves.

Zu den Dromaeosauriden hingegen gehörte in der frühen Kreidezeit die Gattung *Sinornithosaurus* („Chinavogelechse"), die bereits zuvor wegen ihres mutmaßlichen Federkleids erwähnt worden war (s. Abschn. 5.1.1.1). Umstritten ist, ob diese Tiere auch Giftzähne besaßen, die *Sinornithosaurus* beim Jagen von Vögeln geholfen haben könnten.

Zur Gattung *Velociraptor* (vor 85 bis 76 Millionen Jahren) gehörten zwei aus der Mongolei bekannte, relativ kleine Arten von Dinosauriern, die allerdings dank ihrer Intelligenz und ihrer gemeinsamen Jagd in Gruppen zu den gefährlichsten Raubtieren ihrer Zeit gehörten. Mit ihrer mutmaßlichen Maximalgeschwindigkeit von rund 55 Kilometern pro Stunde waren sie in etwa ebenso schnell wie heutige Hasen. Einen flüchtenden Menschen hätten sie also ziemlich leicht eingeholt.

Eine ähnliche Lebensweise wie die Velociraptoren pflegte auch der nach seiner „Schreckenskralle", einer sichelförmigen, besonders großen Zehenkralle für die Jagd benannte *Deinonychus antirrhopus.* in Dromaeosauride der späten Kreide war *Halszkaraptor escuilliei,* der sich zu einer Art „Wasservogel" entwickelt hatte. Wahrscheinlich jagten die Tiere schwimmend auf der Wasseroberfläche nach Fischen und Krebsen (Cau et al. 2017).

Zu den Troodontiden gehörte in der Oberkreide *Troodon formosus.* Dieses aus Asien und Nordamerika bekannte Tier besaß große Augenhöhlen und ein großes Gehirn, was auf Nachtaktivität und eine hohe Intelligenz hindeutet. Wahrscheinlich konnte es gut räumlich sehen. Da *Troodon* nur eine relativ kleine „Scheckenskralle" und große Zahnhöcker besaß, bestand seine Nahrung vermutlich aus eher kleinen Beutetiere, Insekten, Eiern und pflanzlichem Material.

Bereits weiter entwickelte echte Vögel (Aves) der Kreidezeit sind *Confuciusornis* und *Superornis,* die vor 125 bis 110 Millionen Jahren auf dem Gebiet des heutigen China lebten. Bei beiden Gattungen war die lange Schwanzwirbelsäule bereits durch ein Steißbein (Pygostyl) ersetzt. Sie gehörten daher wie die modernen Vögel zu den Pygostylia. Bereits etwas moderner als *Confuciusornis* waren die Jinguofortisidae zu denen *Jinguortis perplexus* und *Chongmingia zhengi* gehören. Sie wiesen eine unterschiedliche

Kombination aus modernen (Pygostylie), altertümlichen (Zähne) und innovativen, aber heute wieder ver-
schwundenen Merkmalen auf (**Mosaikevolution**) und
belegen so, dass die Evolution damals wie so oft viele verschiedene Formen ausprobiert hat (Wang et al. 2018).
Der rund 127 Millionen Jahre alte *Jinguortis perplexus*
mit seinem verschmolzenen Schultergürtel und fehlenden langen Schwanzfedern dürfte zum Beispiel eine etwas
andere Flugtechnik genutzt haben als moderne Vögel. Vor
120 Millionen Jahren traten dann in China die *Bohaiornis*-
Vögel auf, mit einem bunt schillernden Gefieder und zwei
langen Schwanzfedern (Vinther 2018). Wie die aus Spanien bekannte Art *Iberomesornis romerali* gehörten die
Bohaiornis-Vögel zu der artenreichsten Vogelgruppe des
Mesozoikums, den Enantiornithes („Gegenvögel", die in
der **Taxonomie** den modernen Vögeln „gegenüber" gestellt
werden). Verschiedene Fossilien von Jungtieren und frisch
geschlüpften Küken belegen, dass das Knochenbildungs-
muster dieser ursprünglichen Vögel bereits ähnlich varia-
bel war wie bei den modernen Vögeln. Möglicherweise
gab es also auch bei ihnen bereits Nestflüchtlinge, die beim
Schlüpfen sehr weit entwickelt waren, und daneben auch
Nesthocker, die noch weitgehend hilflos waren und daher
stärker der Hilfe ihrer Eltern bedurften. Die Vertreter der
Gattung *Hesperornis* und verwandter Gattungen *(Baptor-
nis, Enaliornis)* aus der Gruppe der Hesperornithes waren
flugunfähige Schwimm- und Tauchvögel der Kreidezeit,
die heutigen Seetauchern ähneln. Die Gattung *Ichthyornis* wiederum erinnert an heutige Seeschwalben. Wie bei
den Hesperornithes trug der im Vergleich zum übrigen
Körper recht primitive „Schnabel" dieses „Fischvogels"
noch Zähne. An *Ichthyornis* lässt sich daher hervorragend
ablesen, wie die typischen Merkmale des Vogelkopfes –
das heißt unabhängig voneinander bewegliche Ober- und
Unterhälften des von Hornsubstanz überzogenen Schnabels

und ein großes Gehirn – sich aus den klassischen Dinosaurierköpfen entwickelt haben (Padian 2018).

Entgegen früheren Annahmen sind die modernen Vögel (Neornithes) bereits gegen Ende des Mesozoikums entstanden. Beispiele hierfür sind die 70 Millionen Jahre alte Gattung *Teviornis* und die 66 bis 68 Millionen Jahre alte Gattung *Vegavis,* beide entfernte Verwandte der Gänse. Dafür, dass die modernen Vögel in der Kreidezeit entstanden, sprechen auch molekulargenetische Untersuchungen, nach denen sich die Urkiefervögel (Palaeognathae: Steißhühner, Nandus, Kiwis, Strauße etc.) bereits damals von den übrigen Vögeln trennten.

Eine **Schwestergruppe** der Paraves waren in der Kreidezeit die Oviraptorosaurier, zu denen auch der „Eierdieb" *(Oviraptor philoceratops)* gehörte. Weitere Vertreter dieser Gruppen waren *Caudipteryx, Avimimus* und der rund fünf Meter hohe *Gigantoraptor.* Um ihre dünnschaligen Eier beim Brüten nicht durch ihr eigenes Gewicht zu erdrücken, legten die Oviraptorosaurier ihre Eier in Form eines Ringes ab: Das freibleibende Zentrum des Nestes konnte so einen Teil des Gewichts des brütenden Elterntieres auffangen.

5.3.2 Mehr als Dinosaurier

Die Flugsaurier (Pterosaurier), jetzt ausschließlich durch die Kurzschwanzflugsaurier repräsentiert, erreichten in der Kreidezeit enorme Größen. Vertreter der Gattung *Pteranodon* („der geflügelte Zahnlose") besaßen Flügelspannweiten von bis zu neun Metern und glitten wahrscheinlich auf der Suche nach Fischen als Segelflieger über die Meere. Mit etwas Pech wurden sie dabei von Haien der Art *Cretoxyrhina mantelli* erbeutet, wie ein Haizahn in einem *Pteranodon*-Skelett belegt.

Quetzalcoatlus northropi aus der Oberkreide (vor 72 bis 66 Millionen Jahren) war wahrscheinlich sogar das größte flugfähige Tier, das je auf der Erde gelebt hat. Seine Flügelspannweite wird auf elf bis 13 Meter geschätzt. An Land dürften diese Tiere – gestützt auf Hinterbeine und Flügel – giraffenähnlich umherstolziert sein. In China wurde ein mehrere Hundert Eier umfassendes Gelege von *Hamipterus tianshanensis* entdeckt (Wang et al. 2017). Diese mit einer Flügelspannweite von „nur" rund drei Metern recht kleine Art jagte wahrscheinlich an Gewässern des Binnenlandes nach Fischen. Möglicherweise brüteten die Tiere in Kolonien oder legte zumindest ihre Eier immer wieder an der gleichen Stelle ab, wo sie gelegentlich überflutet und so konserviert wurden. Eine Analyse der Embryonen legt nahe, dass die Jungtiere zum Zeitpunkt ihres Schlüpfens noch nicht fliegen konnten und somit wahrscheinlich Brutpflege benötigten.

Aus der Kreidezeit sind die ersten weitgehend beinlosen Schlangen bekannt. (Boas und Pythons besitzen noch heute spornartige Hintergliedmaßen). Während die 92 Millionen Jahre alte Schlange *Najash rionegrina* noch winzige Hinterbeine besaß, war die 85 Millionen Jahre alte Art *Dinilysia patagonica* vollständig beinlos (Yi 2018). Beide Arten gehören aber noch zur **Stammgruppe** der Schlangen. *Pachyrhachis problematicus,* die bereits den echten Schlangen zugerechnet wird, lebte vor 98 Millionen Jahren und besaß ebenfalls Hintergliedmaßen (Yi 2018). Bei dem vierbeinigen, 120 Millionen Jahre alten schlangenähnlichen Tier *Tetrapodophis amplectus* ist umstritten, ob es sich tatsächlich um eine Schlange handelte (Yi 2018). Die stark verkümmerten Beine von *Tetrapodophis* wurden wahrscheinlich nicht zur Fortbewegung genutzt, sondern zum Festhalten von Beute oder womöglich auch bei der Paarung.

Saurosuchus imperator, ein mit den modernen Krokodilen eng verwandter Vertreter der Crocodylomorpha aus der frühen bis mittleren Kreidezeit (vor 113 bis 94 Millionen Jahren) erreichte eine Körperlänge von geschätzten elf bis zwölf Metern, was ihm den Spitznamen „Supercroc" einbrachte. Seine Beißkraft wird auf 100.000 Newton geschätzt, was einem LKW von etwa zehn Tonnen entspricht (Erickson 2018). Er lag damit deutlich über den modernen Krokodilen (gerade einmal bis zu 16.400 Newton) und übertraf sogar *Tyrannosaurus rex*, der es auf rund 35.000 Newton brachte (Erickson 2018). Im Verlauf der Kreidezeit entwickelten sich übrigens auch die ersten echten Krokodile. Seit etwa 84 Millionen Jahren behaupten sie erfolgreich ihre Rolle als Spitzenprädatoren an Gewässerufern.

Vor 70 bis 65 Millionen Jahren lebte auf Madagaskar die „Teufelskröte" *Beelzebufo ampinga*, die es immerhin auf eine für Amphibien ungewöhnliche Beißkraft von 2200 Newton brachte. Damit konnte das Tier ähnlich fest zubeißen wie Wölfe oder Tigerweibchen. Wahrscheinlich standen auf dem Speiseplan dieses Tieres selbst kleine Dinosaurier (Lappin et al. 2017).

Ein früher Vertreter der „höheren" Säugetiere (auch bekannt als Plazentatiere oder Eutheria) war *Eomaia scansoria*, ein etwa rattengroßes Tier, das vor 125 Millionen Jahren lebte. Das Fossil dieses Tieres belegt, dass die Säugetiere auch damals schon ein Haarkleid trugen. Wahrscheinlich ernährten sich alle Plazentatiere der Kreidezeit von Insekten. Andere Säugetiere, wie der noch recht ursprüngliche, zu den Eutriconodonten gerechnete *Repenomamus giganticus*, nutzten auch andere Nahrungsquellen. Speziell dieser Räuber besaß scharfe Zähne, brachte es bereits auf eine Länge von rund 60 Zentimetern – und das ohne Schwanz – und war damit groß und wehrhaft genug, um bei Gelegenheit auch schon mal einen jungen *Psittacosaurus* verspeisen zu können.

Zu den Insekten der Kreidezeit gehörten die Chimärenflügler (Coxplectoptera). Wie bei den Libellen und

Eintagsfliegen, mit denen sie eng verwandt waren, lebten die Larven dieser urtümlichen Insekten – wahrscheinlich waren sie schon in der Kreidezeit „**lebende Fossilien**" – räuberisch im Wasser. Die Chimärenflügler liefern Hinweise darauf, dass sich die Flügel der Insekten aus Auswüchsen des Rückenschildes entwickelt haben könnten, die den Larven dieser Insekten ursprünglich als Kiemen dienten. Dem widersprechen allerdings Ergebnisse der Entwicklungsgenetik und eine Untersuchung zur Stammesgeschichte der geflügelten Insekten: Wahrscheinlich lebte der letzte gemeinsame Vorfahre aller geflügelten Insekten während seines ganzen Lebenszyklus an Land (Wipfler et al. 2019). In den Flügeln werden außerdem auch zahlreiche Gene abgelesen, die für Insektenbeine typisch sind. Möglicherweise wurden diese Gene aber erst später für die Flügelbildung rekrutiert. Die Flügel der Insekten könnten somit auch einen doppelten Ursprung haben.

Aus dem burmesischen Bernstein etwa, der sich vor rund 100 bis 110 Millionen Jahren aus dem Harz von Bäumen in feuchten Tropenwäldern gebildet hat, ist die heute ausgestorbene Ordnung der Taumelflügler (Tarachoptera; zum Beispiel *Kinitocelis brevicostata*) bekannt, die auf ihren Flügeln Schuppen trugen wie Schmetterlinge. Wahrscheinlich besaßen sie – ebenso wie diese – schillernde Flügel. Zusammen mit den Schmetterlingen und den Köcherfliegen werden die Taumelflügler daher auch zu der Überordnung Amphiesmenoptera zusammengefasst.

Die ersten Stechimmen (Stachelwespen, Aculeata) als Untergruppe der Hautflügler sind bereits seit dem Jura bekannt (vor 190 Millionen Jahren). Staatenbildende (= eusoziale) Formen traten damals aber wahrscheinlich noch nicht auf.

Die ältesten staatenbildenden Insekten sind dagegen wahrscheinlich die Termiten, die sich bereits im Jura oder sogar noch früher innerhalb der Insektenordnung der Schaben entwickelt haben dürften. *Sociala perlucida* etwa war eine wahrscheinlich sozial lebende Schabenart aus der frühen Kreidezeit (Vrsansky 2010). Sie gilt als **Schwestergruppe** der eigentlichen Termiten. Möglicherweise etwas jünger ist *Baissatermes lapideus,* der älteste bekannte Nachweis einer eusozialen Termite. Als Bernsteineinschlüsse sind zahlreiche weitere kreidezeitliche Termitenarten dokumentiert (Engel et al. 2007). Gerade die in der Kreide bereits vorhandene Formenfülle spricht für eine deutlich frühere Entstehung der Termiten.

Zur Stammgruppe der zu den Stechimmen gerechneten Ameisen gehören die aus der Kreidezeit bekannten Armaniidae, bei denen aber unklar ist, ob sie eusozial waren oder zumindest Ansätze zur Eusozialität zeigten. Vor 99 beziehungsweise 80 Millionen Jahren sind dann auch die ersten definitiv in Staaten lebenden Ameisen (*Gerontoformica* spp., *Sphecomyrma* spp. etc.) dokumentiert, die noch wespenähnliche Merkmale aufwiesen. Während *Sphecomyrma* vielleicht am Boden nach Nahrung suchte, dürften die ebenfalls zu den Sphecomyrminae gehörenden Vertreter der Gattung *Haidomyrmex* auf Bäumen gelebt und gejagt haben. Typisch für *Haidomyrmex* und verwandte Gattungen wie *Linguamyrmex* waren ungewöhnliche Kopfstrukturen und Mundwerkzeuge: Die nach Vlad Dracula benannte Vampirameise *Linguamyrmex vladi* beispielsweise trug an ihrem Kopfschild einen durch Metalleinlagerungen verstärkten Dorn und klauenförmige Mundwerkzeuge (Mandibeln) (Barden et al. 2017). Wahrscheinlich dienten diese Strukturen dazu, Insekten aufzuspießen und ihnen das Blut – genauer die Hämolymphe – auszusaugen.

Die Bienen haben sich in der frühen Kreidezeit wahrscheinlich aus Grabwespen entwickelt, deren Hauptbeute blütenbesuchende, pollenverzehrende Gewittertierchen waren (Peters et al. 2017; Sann et al. 2018). Möglicherweise sind die Bienen so auf den Geschmack von Pollen und Nektar gekommen. Staatenbildende, stachellose Bienen entstanden wahrscheinlich etwa zeitgleich mit den Ameisen. Honigbienen hingegen sind als Fossilien erst in der Erdneuzeit dokumentiert. Die Vorfahren der ebenfalls zu den Stechimmen gehörenden, nicht-staatenbildenden Bienenwölfe entwickelten wahrscheinlich bereits vor 68 Millionen Jahren eine bis heute bestehende **Symbiose** mit *Streptomyces philanti,* einem Bakterium aus der Gruppe der Streptomyceten, das in den Antennendrüsen der Tiere leben (Engl et al. 2018). Dieses Bakterium bildet einen Cocktail aus Antibiotika und wird in der Bruthöhle verteilt, um den Nachwuchs der Bienenwölfe, der sich von gefangenen und gelähmten Bienen ernährt, von schädlichen Schimmelpilzen zu schützen.

In burmesischem Bernstein wurden auch mehrere Insekten gefunden, die sich tarnten, indem sie Pflanzen nachahmten Die Larven der Florfliege *Phyllochrysa huangi* etwa imitierten in der Kreidezeit Lebermoose (Liu et al. 2018). Damit unterscheiden sie sich deutlich von heutigen Florfliegenlarven: Diese tarnen sich mit Materialien, die sie in ihrer Umwelt finden –inklusive Überresten ihrer Beutetiere, hauptsächlich Blattläuse. Stabheuschrecken *(Elasmophasma stictum)* wiederum ähnelten wie viele ihrer heutigen Vertreter kleinen Zweigen (vgl. auch die erwähnten Stabheuschrecken und Mückhaften des Jura).

Eine ungewöhnliche „Urspinne" aus der mittleren Kreidezeit ist *Chimerarachne yingi:* Dieses Tier gehörte zu den Uraraneida, einer heute ausgestorbenen, bereits seit dem Devon bekannten Gruppe von Spinnentieren. Der Nachweis von *Chimerarachne yingi* bis in die Kreidezeit belegt, dass die Urspinnen noch lange parallel zu den modernen Webspinnen gelebt haben. Zu den Spinnentieren, genauer zu den Milben, gehören auch die Zecken, die wie 99 Millionen Jahre alte Bernsteininklusen belegen, auch schon im Gefieder der Dinosaurier oder Urvögel vorkamen und offensichtlich deren Blut zu schätzen wussten (Moser 2018). Wahrscheinlich übertrugen die Zecken damals bereits Krankheiten. Darauf deuten jedenfalls Mikroorganismen hin, die in der Zecke *Cornupalpatum burmanicum* gefunden wurden. Diese Mikroorganismen ähneln Bakterien, die unter dem Namen Rickettsien bekannt sind. Rickettsien und Rickettsien-ähnliche Organismen rufen bei Pflanzen, Tieren und Menschen Krankheiten wie etwa das Fleckfieber hervor.

5.3.3 Was blüht denn da?

Die Flora der frühen Kreide unterschied sich zunächst nicht sehr von der Flora des Jura. Nicht zuletzt war das Klima nach wie vor feuchtwarm. Die dominierenden Pflanzengruppe waren immer noch die Nacktsamer (**Gymnospermen:** Bennettitopsida, Cycadeen und Ginkgogewächse). Auch Farnsamer, also Pflanzen aus der **Stammgruppe** der Samenpflanzen kamen noch vor. Sie ähnelten Farnen, bildeten aber bereits Samen. Opportunistische Farnarten, das heißt konkurrenzschwache Arten, die Flächen ohne anderen Pflanzenbewuchs benötigten, weil sie sich anderswo nicht behaupten konnten, besiedelten um Ende des Jura und in der Kreidezeit häufig vulkanische Gelände. Dort bildeten sie ausgedehnte, halbtrockene Farnprärien beziehungsweise Farnsavannen, die teilweise noch lange fortbestanden, bevor sie dann nach Beginn der Erdneuzeit zunehmend von Graslandschaften abgelöst wurden.

Hohe Sauerstoffkonzentrationen und damit häufige Brände in der Oberkreide könnten durchaus die

Entwicklung einiger noch heute existierender Abstammungslinien von Kieferngewächsen begünstigt haben, die zum Beispiel durch eine besonders dicke Borke oder Samen, die erst nach Feuereinwirkung keimen, gut an Feuer angepasst sind. Die wichtigste Veränderung in der Vegetation aber war die Ausbreitung der bedecktsamigen Blütenpflanzen:

Bei den Nacktsamern unter den Samenpflanzen liegt die Samenanlage nackt und ungeschützt auf dem Fruchtblatt. Bei den Bedecktsamern hingegen umhüllt das Fruchtblatt die Samenanlage und schützt sie so. Auf diese Weise konnten auch zum ersten Mal Früchte entstehen: Beeren beispielsweise sind Samen, die von einem fleischigen Fruchtblatt umgeben sind. Das Fruchtfleisch macht sie für Tiere attraktiv, sodass sie gefressen werden. Der Same in der Beere übersteht die Darmpassage und wird verbreitet.

Spätestens an der Jura-Kreide-Grenze vor 145 Millionen Jahren, vielleicht aber auch schon vor 180 bis 160 Millionen Jahren oder sogar bereits in der mittleren bis späten Trias, lebten wahrscheinlich die ersten **Kronengruppe**nvertreter der Bedecktsamer. Eindeutig zuordenbare Fossilien aus dieser frühen Zeit fehlen allerdings. Eine Rekonstruktion hat ergeben, dass die ersten Bedecktsamer wahrscheinlich zwittrige Blüten mit mindestens fünf spiralig angeordneten, nicht miteinander verwachsenen Fruchtblättern, mehr als zwei Staubblattkreise aus je drei Staubblättern und eine radialsymmetrische, undifferenzierte Blütenhülle aus mindestens drei, in Dreierkreisen angeordneten Blütenblättern besaßen (Sauquet et al. 2017). Die Staubbeutel der Staubblätter waren wahrscheinlich intors, das heißt, sie gaben ihre Pollen zur Blütenmitte hin ab. Kritiker dieser Rekonstruktion bemängeln allerdings, dass wichtige Aspekte nicht ausreichend berücksichtigt worden seien, etwa die Entwicklungsbiologie der Blüten (De-Paula et al. 2018).

Die Früchte der ersten Angiospermen waren wahrscheinlich Trockenfrüchte, bei denen sich das eingetrocknete Fruchtblatt irgendwann öffnete, um die Samen freizusetzen. Fleischige Früchte wie Beeren oder Steinfrüchte entwickelten sich erst später.

Eine umstrittene frühe Angiosperme ist *Nanjinganthus dendrostyla,* deren 174 bis 204 Millionen Jahre alte Überreste in China entdeckt wurden (Fu et al. 2018). Sollte es sich dabei tatsächlich um einen Bedecktsamer handeln, so ist möglicherweise die beschriebene Rekonstruktion der ersten Angiospermenblüte auf dem Holzweg, denn die *Nanjinganthus*-Blüten unterscheiden sich in vielen Merkmalen von dieser Rekonstruktion und anderen früheren Versuchen. So befanden sich bei *Nanjinganthus dendrostyla* zum Beispiel die Fruchtknoten mit den Samenanlagen unter den Ansatzstellen für die Staubblätter und nicht wie bei den meisten Rekonstruktionen oberhalb. Außerdem war die Blütenhülle in Kelch- und Kronblätter differenziert.

Bereits kurz nach der Entstehung der Angiospermenkronengruppe dürften sich die Linien der Einkeimblättrigen (Monokotyledonen: zum Beispiel Gräser, Orchideen und Lilien) und der „höheren" Zweikeimblättrigen (Eudikotyledonen: Astern, Rosen etc.) getrennt haben.

Ob eine fossil überlieferte Pflanze bereits zu den Angiospermen gehörte oder noch zu deren **Stammlinie,** ist meist schwer zu beurteilen, da selten alle relevanten Merkmale gut konserviert sind. Gelingt es allerdings, das Fossil einer **rezenten** Gruppe von Bedecktsamern zuzuordnen, so ist die Einordnung relativ sicher (Herendeen et al. 2017). Pollen haben zwar nur eine eingeschränkte Aussagekraft, dafür sind sie aber sehr zahlreich und deshalb für die Analyse trotzdem immens wichtig (Herendeen et al. 2017).

Die ältesten eindeutigen Fossilien von Stammgruppen-vertretern der Angiospermen, *Montsechia vidalii* und *Bevhalstia pebjagen,* sind etwa 130 Millionen Jahre alt. Die in Spanien gefundene Süßwasserpflanze *Montsechia vidalii* blühte unter Wasser und ähnelte auch in ihrer Gestalt der rezenten Gattung *Ceratophyllum* (Hornkraut), mit der sie wahrscheinlich eng verwandt ist (Gomez et al. 2015) (Abb. 5.4). Bei *Bevhalstia pebjagen* könnte es sich gleichfalls um eine Wasserpflanze gehandelt haben. Die Archaefructaceae *(Archaefructus sinensis, Archaefructus eoflora* und *Archaefructus liaoningensis),* bei denen ebenfalls nicht ausgeschlossen werden kann, dass sie noch zur Stammgruppe der Angiospermen gehören, sind mit einem Alter von etwa 125 Millionen Jahre nur wenig jünger. Vielleicht haben sie sogar zeitgleich mit *Montsechia vidalii* gelebt. Sie stammen aus der Yixian-Formation in China. Auch bei ihnen handelt es sich um untergetaucht lebende Wasserpflanzen und nicht etwa um verholzte, schatten-liebende Büsche wie etwa die ursprünglichste heute lebende Angiosperme *Amborella trichopoda.* Dennoch wird

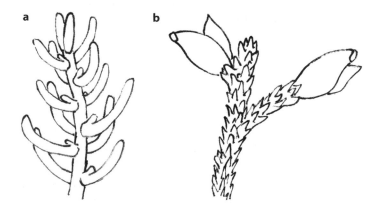

Abb. 5.4 *Montsechia vidalii.* Die nicht-fruchtenden Sprosse (**a**) sahen anders aus als die Früchte tragenden Sprosse (**b**)

oft davon ausgegangen, dass die ersten Angiospermen wahrscheinlich Holzpflanzen waren und einen warmen und schattigen Standort bevorzugten ("verholzte Magnolien"-Hypothese). Alternativ wird allerdings auch ein kleinwüchsiger, krautiger Ursprung der Angiospermen diskutiert (Paleoherb-Hypothese). Ein ähnlich hohes Alter wie die *Archaefructus*-spp.-Fossilien haben die ebenfalls aus der Xinian-Formation bekannten Arten *Hyrcantha decussata* (früher: *Sinocarpus decussatus;* wahrscheinlich eine sehr ursprüngliche Angiosperme (Dilcher et al. 2007)) und *Leefructus mirus* (wahrscheinlich eine ursprüngliche Eudikotyledone und damit ein Kronengruppenvertreter der Angiospermen (Sun et al. 2011)). Beide sind mit *Archaefructus sinensis,* nicht aber mit den etwas älteren Arten *Archaefructus liaoninensis* und *Archaefructus eoflora* vergesellschaftet. Einige weitere Arten sind nur schwer einzuordnen (*Polygonites, Typhaera, Potamogeton* (gehörte diese Pflanze wirklich schon zu dieser modernen Gattung?) etc.). Die Landvegetation, die es selbstverständlich auch gab, der Yixian-Formation bestand seinerzeit wahrscheinlich aus Koniferen, Cycadeen (Palmfarnen), Farnen und ersten Blütenpflanzen.

Bereits zehn bis zwölf Millionen Jahre nach den Archaefructaceae waren alle Hauptlinien der Angiospermen angelegt. Bis diese allerdings eine Vorherrschaft in der Vegetation erreichten, dauerte es noch (Jackson und Erwin 2006). *Monetianthus*-Blüten (Nymphaeales) werden auf ein Alter von 122 bis 109 Millionen Jahren geschätzt. In die frühe Kreidezeit gehören auch die Angiospermenfossilien *Canrightia* und *Canrightiopsis, Virginianthus, Powhatania* und *Potomacanthus* (Magnolienverwandte), *Kajanthus* (Hahnenfußartige) und *Kenilanthus* (Herendeen et al. 2017).

Ab der mittleren bis späten Kreide, vor etwa 97 Millionen Jahren, begannen die Bedecktsamer (Angiospermen) dann, die Vegetation zu dominieren. Etwa zu dieser Zeit traten auch die ersten Rosenartigen (Rosidae: zum Beispiel *Caliciflora, Platydiscus, Archaefagacea, Manningia*) und Asternartigen (Asteridae: zum Beispiel *Paradinandra, Parasaurauia, Silvianthemum, Bertilanthus*) auf, die heute die meisten Blütenpflanzen stellen (Herendeen et al. 2017). Seit der Oberkreide sind auch erste baumförmige Angiospermen bekannt. Beispiele hierfür sind Vertreter der Gattung *Paraphyllanthoxylon*, etwa die 92 Millionen Jahre alte Art *Paraphyllanthoxylon albamense*, die vielleicht den Lorbeer- oder den Wolfsmilchgewächsen zugerechnet werden können (Jud et al. 2018), oder Vertreter der Gattung *Credneria*, die an Weiden und Platanen erinnern.

Die ersten Blüten der Bedecktsamer waren wenig spezialisiert und wurden wahrscheinlich von verschiedenen Insekten bestäubt. Spezialisierungen der Blüten traten erst vor etwa 93,5 bis 89,3 Millionen Jahren auf. Damit einhergehend stieg die Artenzahl dramatisch an. Charles Darwin nannte es ein „abominable mystery" (= abscheuliches Rätsel). Der genaue Grund dafür ist noch unbekannt. Diskutiert werden verschiedene Ursachen, die möglicherweise auch gemeinsam gewirkt haben (Katz 2018):

1. Das Verhalten grasender Dinosaurier könnte sich geändert haben. So wurden die Dinosaurier im Verlauf der Kreide zahlreicher und größer und vertilgten daher immer mehr Biomasse wie Baumblätter. Dies könnte die anfänglich eher kleinen Angiospermen begünstigt haben.
2. Die Expansion verschiedener als Bestäuber wichtiger Insektengruppen (Schmetterlinge, Hautflügler, Mücken und Fliegen) verläuft parallel zu der Angiospermenevolution. Da oft Bestäuber und Pflanzen aufeinander spezialisiert sind gilt: Je mehr verschiedene Insekten, desto größer kann die Blütenvielfalt sein.

3. Es bildeten sich Früchte. Diese Art, den Samen zu verbreiten, war womöglich besonders erfolgreich, da jetzt Tiere stärker zur Verbreitung beitrugen.

4. Den Angiospermen gelang es, ihre Generationszeit zu verkürzen: Ihre Pollen sind bereits reifer als die Pollen der Gymnospermen, wenn sie verbreitet werden. Außerdem wächst ihr Pollenschlauch, mit dem sie zur Eizelle vordringen, deutlich schneller als bei den Nacktsamern.

5. Häufige Brände, die die bisherige Vegetation beseitigten, konnten Bedecktsamern, die als Erstbesiedler gut freie Flächen erobern konnten, einen Wettbewerbsvorteil verschafft haben (Uhl 2013). Möglicherweise hat das vermehrte Auftreten von leicht entflammbaren Kräutern solche Brände sogar noch gefördert.

6. Eine durch geologische Ereignisse bedingte Zunahme der Kohlendioxidkonzentration in der Atmosphäre während der Kreidezeit könnte es den Pflanzen einerseits ermöglicht haben, neue Standorte zu besiedeln, da Kohlendioxid einen düngende Wirkung auf Pflanzen hat. Andererseits hat sich aber auch die Generationszeit der Pflanzen verkürzt und damit deren Evolutionsrate erhöht. Gegen Ende der Kreidezeit nahm die Kohlendioxidkonzentration – wahrscheinlich infolge der Massenvermehrung der Angiospermen – dann wieder ab. Solch ein vorübergehender Anstieg des Kohlendioxidgehaltes ereignete sich später noch einmal in der Erdneuzeit, genauer im Eozän (s. Abschn. 6.1).

7. Mehrere Verdopplungen und Verdreifachungen der Angiospermen**genom**e (besonders während der Kreidezeit und an der Kreide-Tertiär-Grenze) könnten genetisches Rohmaterial für die Evolution dieser Gruppe geliefert haben.

8. Während der Kreidezeit nahm die Aderndichte in den Blättern von Angiospermen zu (Feild et al. 2011). Blätter mit einer größeren Zahl von kleineren Stomata und einer größeren Aderndichte könnten die Wasserversorgung verbessert und damit das Wachstum begünstigt haben. Wahrscheinlich ging dieser Prozess einher mit der Fähigkeit der Genome, sich nach einer Verdopplung rasch wieder zu verkleinern (Simonin und Roddy 2018). Dies wiederum könnte den Bedecktsamern kleinere und besser zur Kohlendioxidaufnahme befähigte Zellen ermöglicht haben.

9. Die Kombination der wichtigsten Merkmale der Bedecktsamer (ein umhüllendes Fruchtblatt, für Insekten attraktive Blüten, Fähigkeit zur raschen Genomevolution etc.) war eine wesentliche Voraussetzung dafür, dass sich diese Pflanzengruppe so gut ausbreiten konnte.

Parallel zu der Ausbreitung der Bedecktsamer verschwanden viele Nacktsamer (Bennettitopsida) oder gingen zumindest stark zurück (Ginkgogewächse). Andererseits nahm in der Zeitspanne von vor 110 bis vor 70 Millionen Jahren auch die Artenvielfalt auf dem Land stark zu. Zum ersten Mal in der Erdgeschichte übersteigt jetzt die Artenvielfalt auf dem Land die Artenvielfalt der Meere (Feldberg et al. 2014). Man spricht in diesem Zusammenhang auch von der treidezeitlichen terrestrischen Revolution. Im Schatten der Angiospermen – im wörtlichen und übertragenen Sinn – entwickeln zum Beispiel die Farne ebenfalls zahlreiche neue Arten (Schuettpelz und Pryer 2009; Testo und Sundue 2016). Dieses Phänomen, bei dem eine eigentlich evolutionsgeschichtlich alte Gruppe von Organismen durch die Entwicklung einer neuen, moderneren Gruppe zu neuer Blüte gelangt, wird auch als Überschichtung bezeichnet. Möglicherweise haben den Farnen Hybridphotorezeptoren, die aus einem Phytochrom- und einem Phototropinanteil bestehen, geholfen, in der schattigen Umgebung der von Bedecktsamern dominierten Vegetation besser zurechtzukommen (Kawai et al. 2003). Vergleichbare Explosionen der Artenvielfalt im Zuge der Ausbreitung der Angiospermen sind auch von Moosen, Insekten (Schmetterlingen, Käfern), Amphibien oder Säugetieren bekannt (Feldberg et al. 2014; Laenen et al. 2014).

5.3.4 Die Pilze der Kreidezeit

Einige **Schlauch-** und **Ständerpilze** bildeten im Verlauf des Jura und der Kreidezeit moderne Formen der **Mykorrhiza** aus. Hierzu gehört zum Beispiel die heute bei Bäumen der gemäßigten Zone weit verbreitete Ektomykorriza, bei der der Pilz nicht mehr in die Wurzelzellen der Pflanze eindringt. Die alten, seit dem Erdaltertum bekannten Formen der Mykorrhiza blieben aber ebenfalls erhalten und sind bis heute der verbreitetste Typ. Gegen Ende des Jura ist es möglicherweise zu einem Massenaussterben unter den Pilzen gekommen (Varga et al. 2019).

Mehrfach unabhängig entwickelten sich von Beginn der Kreidezeit an Ständerpilze mit den wohlbekannten Fruchtkörpern aus Hut und Stil. Wahrscheinlich hat diese Innovation wesentlich zur Bildung zahlreicher neuer Arten beigetragen. Während der mittleren Kreidezeit wurden verschiedene Ständerpilze *(Palaeoagaracites antiquus* und *Archaeomarasmius leggetii),* die bereits das neue Erscheinungsbild boten, in Bernstein eingeschlossen konserviert (Hibbett et al. 1997; Poinar und Buckley 2007; Cai et al. 2017).

Etwa 100 Millionen Jahre alt ist auch der älteste Fund eines tierefangenden (zoophagen) Pilzes (Schmidt et al. 2007). Ähnlich wie bei den „fleischfressenden" Pflanzen gewann der Pilz so ein Zubrot an Nährstoffen. Der Pilze wurde zusammen mit seiner Beute – kleinen Fadenwürmern – in Bernstein konserviert. Er wuchs sowohl knospend als auch mit einem Myzel. Dies deutet auf ein zumindest teilweises Vorkommen im wässrigen Milieu hin. Darüber hinaus unterscheidet sich der Fangmechanismus des kreidezeitlichen Pilzes von allen modernen Gruppen tierefangender Pilze (zum Beispiel Austernseitlinge). Zusammengenommen spricht dies für ein mehrfach unabhängiges Entstehen der Zoophagie unter den Pilzen.

5.3.5 Das Ende der Dinosaurier

Die Ichthyosaurier starben wahrscheinlich bereits vor 94 Millionen Jahren während einer Sauerstoff-armen Periode in den Ozeanen (ozeanisch anoxische Ereignisse (OAE)) aus, das heißt lange vor dem Ende der Kreidezeit (Watson 2017).

Erst viel später, an der Grenze der Kreidezeit zum Tertiär (K/T-Grenze: vor etwa 66 Millionen Jahren) fand das große Massensterben der Dinosaurier statt – das fünfte große Massenaussterben der Erdgeschichte, ausgelöst wahrscheinlich durch einen großen Meteoriteneinschlag auf der mexikanischen Halbinsel Yukatan, ergänzt durch verstärkte Vulkanausbrüche *(deccan traps)*. Als geologische Zeugen dieses Einschlags gelten der Chicxulub-Krater, sowie eine weltweit erhöhte Konzentration von Iridium in den Sedimenten dieser Periode (Iridium-Anomalie). Glühende Gesteinsbrocken führten unmittelbar nach dem Einschlag wahrscheinlich weltweit zu Waldbränden und Tsunamis überfluteten die Küstenregionen. Eine in

North Dakota gefundene massenhafte Ansammlung von Pflanzen-, Landtier-, Molluskenschalen- und Fischfossilien geht möglichweise unmittelbar auf einen solchen Tsunami zurück – genauer auf eine als „Seiche" bezeichnete Resonanzschwingung, die ein Flusstal hinaufgewandert ist (DePalma et al. 2019). Eine abschließende Bewertung dieses Fundes durch die wissenschaftliche Gemeinschaft steht allerdings noch aus. Staub- und Sulfataerosole in der Atmosphäre verursachten später möglicherweise ein mehrere Monate bis Jahrzehnte andauerndes Abfallen der weltweiten Temperaturen unter den Gefrierpunkt, da die Sonnenstrahlen jetzt kaum noch bis zum Erdboden vordrangen. Dadurch änderte sich auch die Temperaturschichtung der Ozeane, was dazu führte, dass diese neu durchmischt wurden: Es gelangten viele Nährstoffe aus der Tiefe an die Oberfläche, sodass sich dort ausgedehnte Algenblüten bilden konnten. Auf den Temperaturabfall folgte schließlich weltweit ein rasanter Temperaturanstieg von etwa fünf Grad Celsius, der etwa 100.000 Jahre andauerte (MacLeod et al. 2018). Insbesondere die Geschwindigkeit, mit der diese Prozesse abliefen, macht den Chicxulub-Einschlag übrigens zu einem möglichen Modell für unseren heutigen Klimawandel.

Dem Massenaussterben an der K/T-Grenze fielen neben den Dinosauriern auch zahlreiche andere Tiergruppen zum Opfer, etwa die Rudisten (Muscheln), die Ammoniten (Tintenfische), die Flugsaurier, die Mosasaurier und die Plesiosaurier. Andere Gruppen wurden in ihrer Artenzahl zumindest drastisch reduziert. Insgesamt starben wahrscheinlich rund 76 % aller Tier- und Pflanzenarten weltweit aus. Als einzige „Dinosaurier" blieben die Vögel vom vollständigen Aussterben am Ende der Kreidezeit verschont: Ihre Embryonalentwicklung verläuft schneller als bei den übrigen Dinosauriern. Dazu tragen das Bebrüten der Eier sowie eine luftdurchlässige Eierschale bei, die eine gute Sauerstoffversorgung des Embryos sicherstellt. Möglicherweise hat dies den Vögeln beim Massenaussterben am Ende der Kreidezeit einen Überlebensvorteil beschert.

Auch bei diesem fünften Massensterben waren Pflanzen eher auf dem Art- als auf dem Gattungs- und Familienniveau betroffen (vgl. das vierte Massenaussterben an der Trias-Jura-Grenze, Abschn. 5.1.3). Untersuchungen an Pollen und Sporen deuten allerdings darauf hin, dass insektenbestäubte Pflanzen dabei ein höheres Aussterberisiko hatte, als windbestäubte Arten. Zudem finden sich gleichzeitig mit der Iridium-Anomalie vermehrt Pilzsporen (McElwain und Punyasena 2007) und anschließend eine Zunahme der Farne und krautigen Bedecktsamer (Angiospermen). Möglicherweise gab es damals also ein globales Absterben der Vegetation, gefolgt von einer Wiederbesiedelung mit krautigen Pflanzen. Innerhalb der Angiospermen wurden vor allem Arten mit regelmäßigem Blattabwurf – im Gegensatz zu immergrünen Arten – begünstigt (Blonder et al. 2014).

Entgegen früheren Annahmen hat zumindest eine Linie der Farnsamer das Massenaussterben am Ende der Kreidezeit um mindestens 13 Millionen Jahre überlebt. Dies belegt ein Fund des Farnsamers *Komlopteris cenozoicus* in Tasmanien (McLoughlin et al. 2008).

Für marine Algen konnte anhand von entsprechenden Biomarkern **(Sterane)** gezeigt werden, dass sie kurzzeitig stark zurückgingen, sich dann aber binnen einem Jahrhundert nach dem Einschlag wieder erholten (Sepúlveda et al. 2009).

6

Die Erdneuzeit

Nach dem großen Massenaussterben am Ende der Kreidezeit begann eine neue Epoche in der Erdgeschichte, die Erdneuzeit oder auch Känozoikum genannt wird. Die Kontinente lagen jetzt schon weitgehend so, wie es uns heute vertraut ist.

Unterteilt wird das Känozoikum heute in das Paläogen (Alttertiär: Paläozän, Eozän und Oligozän), das Neogen (Jungtertiär: Miozän und Pliozän) und das Quartär. Dass zuvor vor allem große Tiere verschwunden waren, begünstigte vornehmlich die Kleinen und bisher Unscheinbaren, die sich jetzt in viele neue Arten aufspalteten und dabei oft auch an Größe zunehmen konnten (→ **adaptive Radiation**). Allerdings dürfte das Massenaussterben zumindest nicht immer allein für diesen Prozess verantwortlich gewesen sein, denn bei vielen Organismengruppen – zum Beispiel bei den Säugetieren – hatte die Aufspaltung in zahlreiche neue Linien schon in der Oberkreide begonnen. Darüber hinaus dürften neue

© Springer-Verlag GmbH Deutschland,
ein Teil von Springer Nature 2020
J. Sander, *Ursprung und Entwicklung des Lebens*,
https://doi.org/10.1007/978-3-662-60570-7_6

Arten auch wieder neue Lebensräume und Ressourcen für weitere Arten geschaffen haben, sodass sich die Diversifizierung der einzelnen Organismengruppen gegenseitig beeinflusst hat.

Insbesondere für die Säugetiere eröffnete sich mit dem Wegfall der Dinosaurier wahrscheinlich eine völlig neue Welt: Diese im Erdmittelalter noch überwiegend nachtaktiven Tiere entwickelten jetzt zahlreiche tagaktive Arten (Maor et al. 2017). Vorreiter waren dabei die Primaten. Möglicherweise zeigt sich dies bis heute daran, dass die tagaktiven Trockennasenaffen (Haplorrhini), zu denen auch die Menschenaffen und die Menschen gehören, als einzige Gruppe innerhalb der Säugetiere eine Fovea centralis besitzen: einen Gelben Fleck auf der Netzhaut, der am Tag ein besonders scharfes Sehen erlaubt. Den immer noch nachtaktiven Halbaffen (Feuchtnasenaffen) fehlt dieser Fleck. Auffallend ist außerdem, dass das **DNA**-Reparatursystem, das vor der schädlichen UV-Strahlung des Sonnenlichts schützt, bei Säugetieren ineffizienter ist als bei anderen Wirbeltieren (Lucas-Lledó und Lynch 2009).

6.1 Das Alttertiär

Das Paläozän, das heißt die ersten zehn Millionen Jahre des Alttertiärs waren von einem eher gemäßigten Anstieg der weltweiten Temperaturen geprägt. Dann aber folgte ein relativer rascher, wahrscheinlich durch Vulkanismus im Nordatlantik und die Freisetzung von Methanhydrat aus dem Meeresboden verursachter Temperaturanstieg, der als paläozänes-eozänes Temperaturmaximum (PETM) bezeichnet wird. In den Tropen und Subtropen kam es damals zu Dürren und die Vegetationsdichte nahm deutlich ab. Mittlere Jahrestemperaturen von 30 bis 35 Grad

Celsius in der Nähe des Äquators – heute sind es in der Tropen nur rund 27 Grad – bedeuteten für viele Organismen erheblichen Stress (Frieling et al. 2017). In den gemäßigteren und kühleren Breitenlagen hingegen regnete es häufiger.

Zu Beginn des Eozäns, der zweiten Periode des Alttertiärs, herrschte dann ein tropisches bis warmgemäßigtes Klima, das vom Äquator bis zu den Polen reichte und so das ausgedehnte Wachstum von Wäldern ermöglichte (Pointing et al. 2015). In den Tropen breiteten sich jetzt zum ersten Mal moderne, das heißt von bedecktsamigen Blütenpflanzen dominierte Regenwälder aus. Aufsitzerpflanzen in den lichtdurchfluteten Baumkronen, vor allem Orchideen und Farne, erschlossen sich zahlreiche neue Lebensräume. Entsprechend rasch nahm ihre Artenzahl zu (Schuettpelz und Pryer 2009; Selosse und Roy 2009). Die im Vergleich zu heute höheren Temperaturen in den Tropen erlaubten wechselwarmen, das heißt bei ihrer Körpertemperatur und damit auch ihrer Aktivität von der Umgebungstemperatur abhängigen Tieren, einen gigantischen Größenzuwachs. So brachte die Riesenschlange *Titanoboa cerrejonensis* bei einer Länge von bis zu 13 m ein Gewicht von bis zu einer Tonne auf die Waage (Jason et al. 2009). Unklar ist allerdings, ob ein Tier dieser Größe eigentlich überhaupt noch wechselwarm war. Möglicherweise besaß es allein aufgrund seiner großen Körpermasse eine konstante Innentemperatur. Man spricht in solchen Fällen auch von Gigantothermie.

Der mit der Erderwärmung einhergehende Anstieg der Kohlendioxidmenge führte zu einer Versauerung der Ozeane. Organismen mit Kalkschalen, deren Schalen von Säure angegriffen werden, hatten es daher schwerer, ihre Schalen aufzubauen. Die hohen Temperaturen in den Ozeanen führten außerdem zu Sauerstoffarmut, was für viele Fische und andere vielzellige Tiere ein

Problem darstellte (Yao et al. 2018). Sulfatreduzierende Bakterien **(anaerobe Atmer)** konnten sich allerdings gut vermehren, sodass sich giftiger Schwefelwasserstoff anreicherte. Als Anpassung an diese Bedingungen nahm die Zahl der Muscheln zu, die mit schwefelwasserstoff-oxidierenden Bakterien in **Symbiose** leben (Ivany et al. 2018). Zudem litten die Algen, die mit **Foraminiferen** Symbiosen eingehen, unter der Hitze und starben ab. Viele Foraminiferenarten starben daher aus. Andererseits entwickelten sich aber auch mehrere Zentimeter große Riesenformen dieser „Mikroorganismen", die zu mächtigen Ablagerungen von sogenanntem Nummulitenkalk führten. Als „Münzsteine" finden sich diese Nummuliten heute in vielen Fossiliensammlungen. Die Gattungen *Assilina* und *Nummulites* gelten als **Leitfossilien** des Tertiärs.

In den heute gemäßigten Bereichen der Nordhemisphäre dominierte ebenfalls eine tropisch-subtropische Regenwaldflora. Die gemäßigte Zone wiederum erstreckte sich weit bis in den heute arktischen Bereich. Selbst auf Spitzbergen herrschte damals noch ein gemäßigtes Klima. In feuchten Niederungen, an Flussufern und auf verlandeten Seen – überall dort, wo die Nässe des Untergrund nur einen unvollständigen Abbau organischen Materials und damit die Bildung von Torf erlaubte – gediehen seinerzeit vermehrt Braunkohlewälder, in denen Sumpfzypressen, Tupelobäume, Gagelsträucher, Palmen, Amber- und Mammutbäume wuchsen. *Lygodium*-Farne rankten sich an den Stämmen empor. Unter dem Druck überlagernder Sedimente wandelt sich der Torf später zu Braunkohle um. Dafür, dass sich auch hieraus wie die viel härtere Steinkohle aus den Schichten des Karbons (s. Abschn. 4.5) bilden konnte, stand bis zur Gegenwart nicht genügend Zeit zur Verfügung.

Typische Fossillagerstätten für diese Sumpfwälder und verlandende Seen sind heute das Geiseltal bei Halle und die Grube Messel im Landkreis Darmstadt-Dieburg. Auch viele Bernsteine, die baltischen und indischen Bernsteine, haben ihren Ursprung in der frühen Erdneuzeit. Letztlich ist Bernstein ja nichts anderes als das Harz von (Nadel-) Bäumen wie der ausgestorbenen „Bernsteintragenden Kiefer" *(Pinus succinifera)* oder frühen Vorläufern der Schirmtannen *(Sciadopitys verticillata),* die heutzutage viele Vorgärten zieren. Nicht selten schloss das an den Bäumen herabrinnende Harz kleine Tiere ein, zum Beispiel Insekten, Spinnen und Pseudoskorpione. Aber auch Pollen, Pflanzenteile oder sogar vollständige Moose und kleine Pilze wurden im Bernstein konserviert. Es sind einzigartige Zeugen der Flora und Fauna dieser Wälder. In einigen Fällen ergeben sich sogar Hinweise auf mögliche Wechselbeziehungen zwischen verschiedenen Arten: Beispielsweise wurden Pollen der heute ausgestorbenen Orchideenarten *Succinanthera baltica* an den Beinen von Trauermücken gefunden. Möglicherweise haben die Orchideen also bereits damals Trauermücken, die eigentlich Pilze zur Fortpflanzung nutzen, durch einen pilzigen Geruch angelockt, um sie ebenfalls als Bestäuber auszunutzen (Poinar und Rasmussen 2017).

Das Klima, in dem diese Wälder wuchsen, war feucht und tropisch bis subtropisch, vielleicht aber auch gemäßigt. Für Letzteres sprechen die in den Bernsteinen gefunden Flechteneinschlüsse (Kaasalainen et al. 2017). Die aus den Bernsteinwäldern bekannten Moose und Blütenpflanzen umfassen aber auch Arten und Gattungen, die heute in tropischen, subtropischen und mediterranen Gebieten vorkommen. Baumsavannen, Halbwüsten und Wüsten waren dagegen im frühen Paläozän eher selten, Savannen existierten aber beispielsweise auf dem Sahul-Kontinent (Australien und Neuguinea), in Südostasien oder auf Madagaskar. Wüsten kamen im südlichen Südamerika und ebenfalls auf dem Sahul-Kontinent vor.

Nicht nur Pflanzen, sondern auch Fische, Amphibien, Vögel und Säugetiere konnten einen großen Artenzuwachs verzeichnen. Bei den Amphibien spalteten sich die „modernen Froschlurche" (Neobatrachia) in zahlreiche neue Linien auf und besiedelten neue Lebensräume (Feng et al. 2017). Die Vögel verbreiteten sich über die ganze Welt und entwickelten dabei viele neue Gruppen und Arten. *Tsidiiyazhi abini*, ein früher Vertreter der Mausvögel, dessen fossile Überreste in Neumexiko gefunden wurden, kletterte wahrscheinlich auf Bäumen und ernährte sich von Samen und Früchten. Äußerst eindrucksvoll waren die großen Pseudozahnvögel (Pelargornithidae), die albatrossengleich über den Meeren kreisten. Riesenpinguine, etwa *Kumimanu biceae* oder *Crossvallia unienvillia,* wurden bis zu 1,80 Meter groß, bei einem Gewicht von über 100 Kilogramm (Mayr et al. 2017). Befreit von der Konkurrenz durch Großreptilien und der Notwendigkeit zu fliegen, konnten sie zu solcher Größe heranwachsen. Eine ähnliche Höhe erreichten auch die ebenfalls flugunfähigen *Gastornis*-Vögel, die lange in dem Ruf standen, fleischfressende „Terrorvögel" zu sein (Abb. 6.1). In Wahrheit waren sie aber wahrscheinlich friedliche Pflanzenfresser.

Bei den Säugetieren entstanden erste Vertreter zahlreicher noch heute bekannter Ordnungen. Die genauen Verwandtschaftsverhältnisse sind jedoch oft umstritten, da sich viele ausgestorbene Arten nur schwer einordnen lassen. Dies gilt zum Beispiel für viele frühe „Huftiere". Bei ihnen unterscheidet man heute zwischen Unpaarhufern, zu denen die Pferde, Tapire und Nashörner gehören, und Paarhufern, die durch Flusspferde, Schweine, Kamele, Ziegen, Rinder, Schafe und Antilopen repräsentiert werden. Beide Gruppen sind aber nicht, wie eine naive Vermutung nahelegt, eng verwandte **Schwestergruppen.** Vielmehr gelten die Wale als Schwestergruppe der Paarhufer.

Abb. 6.1   Der Terrorvogel *Phorusrhacus* wirkte weit schrecklicher, als er in Wirklichkeit war

Deren Vorfahren waren wahrscheinlich in Küstennähe jagende Raubtiere. Raubtiere waren auch die ebenfalls dem Dunstkreis der „Huftiere" zuzurechnenden Mesonychia. Im mittleren Eozän gehörte zu ihnen zum Beispiel *Andrewsarchus,* der wahrscheinlich eine Schulterhöhe von 1,89 Metern aufwies und damit als das größte fleischfressende Säugetier aller Zeiten angesehen wird.

Die Vorfahren der Kamele entstanden während des Eozäns in Nordamerika. 40 Millionen Jahre alte Fußspuren belegen, dass diese Tiere damals schon den für Kamele typischen Passgang benutzten, bei dem die Beine der rechten und der linken Seite jeweils gleichzeitig und nicht über Kreuz wie beim Kreuzgang angehoben werden. Ein früher

Vertreter der „Kamelartigen" war *Protylopus*. Er lebte vor 45 bis 40 Millionen Jahren und gehörte zu den Oromerycidae, der Schwestergruppe der eigentlichen Kamele.

Die Schwestergruppe der Unpaarhufer wiederum sind die „Südamerikanischen Huftiere" (Meridiungulata), die seit dem Paläozän zum ersten Mal fossil belegt sind.

Unsere eigenen Vorfahren, die Primaten, lebten damals wahrscheinlich noch in Asien, begannen sich aber bereits über die ganze Erde auszubreiten (Ziegler 2016). Zu ihren frühesten Vertretern könnte der etwa 63 Millionen Jahre alte, insektenfressende *Torrejonia sirokyi* aus Nordamerika gehören, seine eindeutige Zuordnung zu den Primaten ist allerdings nicht unumstritten.

Einen seltenen Einblick in die Beziehungen zwischen verschiedenen Lebewesen erlaubt ein Zufallsfund aus der Grube Messel: Wie bei einer Matroschka-Puppe enthielt der Magen einer *Palaeophyton*-Babyschlange die Überreste einer Eidechse *(Geiseltaliellus maarius)*, die sie wahrscheinlich ein bis zwei Tage vor ihrem Tod gefressen hatte. Die Eidechse wiederum hatte kurz vor ihrem Tod einen Käfer verzehrt (Smith und Scanferla 2016). Noch heute lebende Verwandte der *Geiseltaliellus*-Echsen, die wie der Name bereits andeutet auch im Geiseltal gefunden wurden, sind die heute in Mittel- und Südamerika beheimateten Helmleguane und Kronbasilisken. Vor dem Fund in der Grube Messel ging man davon aus, dass die *Geiseltaliellus*-Echsen im Gegensatz zu ihren heutigen Verwandten nur Pflanzen verzehrten.

6.1.1 Abkühlung

Ihren Höhepunkt erreichte die Erwärmung vor etwa 55 Millionen Jahren. Diese Zeit markiert auch das Ende des Paläozäns und den Beginn des Eozäns. Zu der

weltweiten, jetzt langsam einsetzenden Temperaturabnahme beziehungsweise einer zunehmenden Trockenheit haben wahrscheinlich mehrere Ereignisse beigetragen:
Kontinente wanderten in höhere Breitenlagen und
sich hebende Gebirge schufen in ihrem Windschatten
Trockengebiete. Wahrscheinlich spielten aber auch bio-
logische Faktoren bei der Temperaturabnahme und den
Temperaturschwankungen eine Rolle. So sorgte die Lage
der Kontinente vor 49 Millionen Jahren dafür, dass das
arktische Meer von den Meeresströmungen abgeschnitten
wurde. Es kam daher dort möglicherweise zu einer Überschichtung mit Süßwasser, was Schwimmfarnen der
Gattung *Azolla* das Wachstum auf dem Meer erlaubte
(Brinkhuis et al. 2006; Speelman et al. 2009). Als diese
Schwimmfarne schließlich auf den Meeresgrund absanken,
entzogen sie damit der Atmosphäre viel Kohlendioxid, was
letztlich einen „negativen Treibhauseffekt" verursachte.
Ein alternatives Modell geht jedoch davon aus, dass Süß-
wasserschichten über dem Meerwasser nicht oder nur in
sehr begrenztem Umfang entstanden (Neville et al. 2019).
Demnach wären die *Azolla*-Pflanzen und anderes orga-
nisches Material vom Festland ins Meer gespült worden.
In diesem Fall wäre der Atmosphäre wesentlich weniger
Kohlendioxid entzogen worden und der Effekt auf das
Klima somit deutlich geringer gewesen.

Insgesamt war das Eozän aber nach wie vor ein
warm-feuchtes Zeitalter, in dem immer noch Bernstein-
und Braunkohlewälder gediehen. Allerdings eroberten die
Savannen jetzt zunehmend mehr Territorium.

Das Eozän war die Geburtsstunde der Pferdeartigen (Equiden), der Wale und – dank des großen
Insektenreichtums – auch der Fledermäuse. Gut dokumentiert ist die Evolution der Pferdeartigen: Das *Hyra-
cotherium*, ein kleiner, noch auf vier Zehen laufender,
gestreifter Unpaarhufer aus der **Stammgruppe** der Pferde

durchstreifte damals die Wälder Nordamerikas, Europas und Asiens. Seine Nahrung bestand aus Früchten, entsprechend hatte er auch noch niederkronige Zähne.

Unklar ist hingegen, wie sich die Fledermäuse entwickelt haben, da keine Übergangsstadien bekannt sind. Kurz nach ihrer Entstehung haben sie sich aber bereits in zahlreiche neue Arten aufgespaltet (Simmons 2009).

Pakicetus, ein äußerlich dem Wolf ähnelnder Vertreter der Stammgruppe der Wale, jagte vor etwa 50 Millionen Jahren an den Meeresstränden nach Beute. Nur wenig jünger ist der krokodilähnliche „wandelnde Wal" *(Ambulocetus),* der bereits überwiegend oder ausschließlich im flachen Wasser lebte, wo er auf Beute lauerte (Abb. 6.2). Vor etwa 40 Millionen Jahren schwammen dann die ersten primitiven Wale *Durodon* und *Basilosaurus* durch die Ozeane. Sie waren allerdings noch recht schlechte Schwimmer. Im Gegensatz zu ihren heute lebenden Verwandten hatten diese frühen Walarten noch äußere Hinterextremitäten. Die Vorderbeine waren aber bereits als Flossen ausgebildet. Wahrscheinlich hat das Aufkommen der Wale und Robben, die jetzt als Konkurrenten der Pinguine auftraten, dazu beigetragen, dass die Riesenformen in dieser Tiergruppe ausstarben und kleinere Spezies von der Evolution begünstigt wurden.

Abb. 6.2 Leben halb an Land, halb im Wasser: *Ambulocetus* zeigt den Übergang vom Landtier zu den fischgestalteten Walen

Mit dem Beginn des Oligozäns vor 34 Millionen Jahren nahm die weltweite Abkühlung weiter zu. „Kurz" zuvor hatte es zwei einschneidende geographische Veränderungen gegeben: Vor 36 Millionen Jahren war Südamerika von der Antarktis getrennt worden, wobei die Drake-Passage entstand. Meeresströmungen, die bisher warmes Wasser nach Süden gebracht hatten, gelangten so nicht mehr bis zur Antarktis. Stattdessen etablierte sich eine zirkumpolare Meeresströmung. Vor etwa 35 Millionen Jahren hatte sich dann in Afrika der Große Grabenbruch ereignet, entlang dessen sich die afrikanische und die asiatische Platte voneinander trennen. Dadurch entstanden weitere Gebirgszüge, die Regenwolken abfingen, was die Ausbreitung der Savannen zusätzlich begünstigte. Vor etwa 34 Millionen Jahren begann schließlich die Vereisung des antarktischen Kontinents. Allerdings wuchsen noch vor rund 16 Millionen Jahren zumindest zeitweilig niedrigere Bäume der Gattungen *Nothofagus* (Südbuche) und *Podocarpus* (Steineibe) auf dem Südkontinent.

Mitteleuropa dagegen war im Oligozän von Laub- und Nadelmischwäldern bedeckt. In den jetzt bereits deutlich kühleren Wintern warfen die Laubbäume ihre Blätter ab. Eine Folge der Abkühlung war auch das Aussterben vieler Primaten in Europa und Nordamerika. Sie teilten dieses Schicksal mit etwa 60 Prozent der anderen europäischen Säugetierarten, sodass man auch vom Grande Coupure (französisch: dem „Großen Einschnitt") spricht. In Nordamerika waren die Auswirkungen weniger dramatisch. Dort hatte bereits früher die Auffaltung der Rocky Mountains einen Abkühlungsprozess eingeleitet, sodass Pflanzen und Tiere mehr Zeit hatten, sich an die neuen Bedingungen anzupassen.

Die Aufspaltung der Gräser in zahlreiche unterschiedliche Arten fand vor etwa 35 Millionen Jahren statt. Weltweite ökologische Bedeutung erlangten diese aber erst im

späten Oligozän vor etwa 25 Millionen Jahren oder sogar
erst zu Beginn des Neogens vor etwa 20 Millionen Jahren.
Zunehmende Feuersbrünste infolge des trockeneren Klimas und der sich ausbreitenden Graslandschaften könnten
wiederum die weitere Ausbreitung von Graslandschaften
begünstigt haben. Einige tropische Gräser entwickelten
damals als Anpassung an Trockenheit, hohe Temperaturen und absinkende Kohlendioxidkonzentrationen
eine besondere Variante der **Photosynthese** (Kiang et al.
2007): Bei der sogenannten C4-Photosynthese wird das
Kohlendioxid erst in den Blattzellen vorfixiert, während die eigentliche Fixierung dann in denjenigen Zellen
erfolgt, die die Leitbündel als Scheiden umgeben. Auf
diese Weise wird eine besonders bei hohen Temperaturen
ablaufende, ertragsmindernde Nebenreaktion der Photosynthese reduziert,, bei der Sauerstoff statt Kohlendioxid
gebunden wird. Die Pflanzen müssen über ihre Spaltöffnungen weniger Kohlendioxid aufnehmen, was zugleich
eine verminderte Abgabe von Wasser zur Folge hat. Heute
betreiben zum Beispiel Maispflanzen eine C4-Photo-
synthese.

Im bereits zum Jungtertiär gerechneten Miozän wurden die Vorfahren der heutigen Pferde in Nordamerika als
Folge der sich ausbreitenden Graslandschaften zu Gras-
fressern. Sie begannen zunehmend, nur noch auf einer
Zehe zu laufen, und entwickelten hochkronige Zähne, um
die silikatreichen Gräser besser zerkauen und verdauen zu
können (Flynn et al. 2007). In Südamerika setzte diese
Entwicklung offensichtlich bereits früher ein. Dort gibt
es Hinweise auf Grasfresser und entsprechend auch Graslandschaften, die bereits vor 32 Millionen Jahren existiert
haben. Da Grasfresser durch ihre Weidetätigkeit wiederum
das Hochwachsen von Bäumen behindern, etablierte sich
so ein sich selbst verstärkender Prozess.

Offene, aber immer noch von Bäumen durchsetzte Landschaften bevorzugte wahrscheinlich das *Paracerat-herium* („Nebenhorntier"). Bei dem auch als *Indricot-herium* bekannten Tier handelt es sich um einen engen Verwandten der heutigen Nashörner (daher der Name „Nebenhorntier"). Allerdings hatte es einen längeren Hals, längere Beinen und ihm fehlte das Horn. Das *Paracerat-herium* hatte sich ernährungstechnisch auf das Laub der Bäume spezialisiert. Bei einem Gewicht von 20 Tonnen könnte es das größte Säugetier gewesen sein, das jemals auf der Erde gelebt hat. Es übertraf damit auch die Elefanten, die es auf höchstens fünf bis 15 Tonnen bringen, je nachdem, ob man heute lebende Elefanten, eurasische Alt-elefanten oder Mammute betrachtet. Den Paraccratherien war allerdings nur eine kurze Zeitspanne auf der Erde ver-gönnt: Vor 34 Millionen Jahren traten sie erstmals auf, vor 22 Millionen Jahren starben sie bereits wieder aus.

Gegen Ende des Alttertiärs hatten sich auch die Elefan-ten von Afrika aus über die ganze Erde verbreitet.

6.2 Das Jungtertiär

Vor 23,4 Millionen Jahren endeten das Oligozän und damit auch das Paläogen. Das neue, als Neogen oder Jung-tertiär bezeichnete Zeitalter wird in das Miozän (vor 23,4 bis 5,3 Millionen Jahren) und das Pliozän (vor 5,3 bis 2,6 Millionen Jahren) unterteilt.

Auch im Miozän setzte sich der Trend zu einem kühle-ren und trockeneren Klima weiter fort, wenngleich es zu Beginn auch noch wärmere Phasen gab. Bernsteinbildende Wälder traten immer noch auf, doch lagen sie jetzt bereits deutlich weiter südlich. Wir verdanken ihnen heute bei-spielsweise den dominikanischen und den mexikanischen

Bernstein, die als Einschlüsse zahlreiche Insektenarten und sogar kleine Echsen enthalten können. Selbst die Erbsubstanz der Bäckerhefe wurde in diesem Bernstein gefunden. Da der dominikanische Bernstein unter trockeneren Bedingungen entstand und zudem nicht von Nadelbäumen, sondern wahrscheinlich von Brasilkirschbäumen *(Hymenaea protrea)* erzeugt wurde, die zur Familie der Hülsenfrüchte gehören,, ist er klarer, als der baltische Bernstein. In Mitteleuropa hingegen herrschte immer noch ein subtropisches Klima. In der Wetterau entstand nach wie vor Braunkohle. Typisch für die mitteleuropäische Flora des Miozäns ist die Molasseflora von Öhningen in der Nähe des Bodensees. Dabei handelt es sich um Ablagerungen, die sich in dem Vorlandbecken, der aufsteigenden Alpen bildeten. Auch die Molasseflora umfasste noch zahlreiche, an subtropische Klimabedingungen angepasste Arten. Buchen, Eichen, Ahorne, Ulmen, Kiefern, Amber-, Ebenholz- und Nussbäume bildeten Wälder – die Heimstätten von zum Beispiel Affen und Gomphotherien, frühen Verwandten der Elefanten, die ihren heutigen Vettern äußerlich schon sehr ähnlich sahen. An den Ufern von Gewässern wuchsen Weiden, Rohrkolben und Schilf. Da das Meer das Vorlandbecken mehrfach überflutete, bildeten sich sowohl marine als auch terrestrische Schichten. Fossile Zapfen von Kiefern und Stechtannen aus dem mittleren Miozän, die bei Frechen in Deutschland gefunden wurden, haben sich so gut erhalten, dass sie sich noch heute bei Trockenheit öffnen und bei hoher Luftfeuchtigkeit schließen.

Als neue Tiere entwickelten sich die Katzen, wahrscheinlich in Asien. Vor 25 Millionen Jahren lebte in Europa und Asien *Proailurus lemanensis,* ein Vorfahre der heutigen Katzen. Die ersten echten Katzen werden der Gattung *Pseudaelurus* zugerechnet, die vor etwa 20 Millionen Jahren entstanden ist. Als eindrucksvolle Raubtiere traten vor etwa 15 Millionen Jahren die ersten echten Säbelzahnkatzen (Machairodontinae) auf, die allerdings nicht mit den katzenartigen Nimravidae aus dem Eozän und den Säbelzahnbeutlern *(Thylacosmilus)* verwechselt werden dürfen. Zu den echten Säbelzahnkatzen werden zahlreiche verschiedene Gattungen und Arten gerechnet.

Ein Raubtier von beeindruckender Größe war *Simbakubwa kutokaafrika,* dessen Überreste in Kenia gefunden wurden (Borths und Stevens 2019). Das Tier lebte vor rund 23 Millionen Jahren, besaß zehn Zentimeter lange Reißzähne und erreichte eine Kopf-Schwanz-Länge von 2,40 Metern und wurde bis zu 1500 Kilogramm schwer. Damit war es wahrscheinlich eines der größten Raubtiere unter den Säugetieren, das je gelebt hat. Selbst Tiere von der Größe eines Elefanten könnten zu seinem Beutespektrum gehört haben. *Simbakubwa kutokaafrika* gehörte zu keiner der heute bekannten Großraubtiergruppen, sondern wird einer heute ausgestorbenen Gruppe gerechnet, den sogenannten Hyaenodonta.

Vor etwa zehn Millionen Jahren begann auch die Arktis zu vereisen. Im Mittelmeerraum begünstigte die zunehmende Trockenheit, dass sich eine Vegetation aus Hartlaubgewächsen bildete, die dank ihrer derben Blätter den trockenen Sommern besser standhalten konnten. Myrten, Stechwinden, Zypressen, Oleandersträucher, Ölbäume, Kork- und Steineichen breiteten sich aus. Weltweit setzte sich der Trend zur vermehrten Bildung von Savannen, Steppen, Wüsten und Halbwüsten fort, es gab aber nach wie vor auch Nadel- und Laubwälder. Besiedelt wurden die Savannen von Pferdeartigen, Tapiren, ersten modernen Hirschen, zu den Unpaarhufern gehörenden Krallentieren (Chalicotherien), die aussahen, als hätte man einen Riesengorilla mit einem Pferd gekreuzt (Abb. 6.3), mit den modernen Elefanten verwandten Gomphotherien und Hauerelefanten (Deinotherien, „Schreckenstieren")

Abb. 6.3 Auf den ersten Blick wirkten Chalicotherien wie eine Kreuzung aus einem Pferd und einem Gorilla

sowie Raubtieren, die sich von den Pflanzenfressern ernährten.

Zu den Pferdeartigen des Miozäns gehörte *Pliohippus* in Nord- und Mittelamerika, der bereits wie eine Miniaturausgabe heutiger Pferde wirkte. An seinen Beinen besaß er jedoch noch zwei kleine, reduzierte Zehe, die als Griffelbeine bezeichnet werden. Auffallend waren die Stoßzähne der Hauerelefanten, denn sie waren – verglichen mit den Stoßzähnen moderner Elefanten – um 180 Grad gedreht: Sie zeigten nach unten. Wahrscheinlich eigneten sie sich besonders gut, um Bäume zu schälen oder Äste herbeizuziehen, die die Tiere so leichter fressen konnten.

An dauerfeuchten Standorten entstanden im Miozän vermehrt Moore, auf denen sich zahlreiche neue Torfmoosarten (*Sphagnum* spp.) entwickeln konnten (Shaw et al. 2010).

Ausgehend von dem etwa waschbärgroße *Ursavus elmensis* entfaltete sich im Miozän auf der Nordhalbkugel

auch die Familie der Bären. Die bereits aus dem Alttertiär bekannten Pseudozahnvögel entwickelten vor etwa
25 Millionen Jahren ihren größten Vertreter: *Pelagor-
nis sandersi*. Er erreichte eine Flügelspannweite von über
sechs Metern und konnte wahrscheinlich nur aufgrund
seiner extrem leichten Knochen fliegen. Ähnlich groß war
auch der geierähnliche *Argentavis magnificus*, der aber zu
einer anderen, jüngeren Familien von Vögeln gehörte
(Teratornithidae: vor 23 Millionen bis 11.700 Jahren).
Beide Gruppen von Riesenvögeln sind heute wieder ausgestorben (Ksepka und Habib 2016).

Vor etwa sechs Millionen Jahren trocknete wahrscheinlich das Mittelmeer aus. Diese Zeit ist auch als messi-
nische Salinitätskrise bekannt. Nach wenigen Tausend
Jahren wurde das Mittelmeerbecken aber wieder geflutet.
Tierarten, die sich während der Trockenphase von Afrika
aus in das Mittelmeerbecken hinein ausgebreitet hatten,
fanden sich nach der Flutung auf Inseln wieder und entwickelten dort Zwergformen. Das Zwergflusspferd auf
Zypern beispielsweise starb erst bei der Ankunft des Menschen auf der Insel aus.

Gegen Ende des Miozäns, spätestens vor 5,5 Millionen Jahren entstand in Zentralafrika als Folge des Großen Grabenbruchs der Tanganjikasee, der heute aufgrund
seines Reichtums an Buntbarscharten (Cichliden) als El
Dorado der Evolutionsbiologie gilt. Zusammen mit dem
Albertsee, dem Edwardsee und dem Kiwusee, die wie auf
einer Kette aufgereiht hintereinander liegen, markiert der
Tanganikasee heute den Verlauf des westlichen Rifts dieses Grabenbruchs. Für Evolutionsbiologen ist besonders
interessant, wie die zahlreichen Arten der Buntbarsche
im Tanganjikasee, aber auch im nahegelegenen Viktoria-
see entstanden sind: Leicht nachvollziehbar ist die allo-
patrische Artbildung, bei der zwei Populationen räumlich
getrennt werden und sich dann auseinanderentwickeln.

Viele der Buntbarscharten sind aber in demselben See und somit sympatrisch, d. h. im selben Lebensraum entstanden.

Die Frankfurter Klärbeckenflora repräsentiert dann die Flora des Pliozäns, das vor 5,3 Millionen Jahren begann. Die mittleren Jahrestemperaturen lagen bei zehn bis 17 Grad Celsius, sodass von einem gemäßigten Klima gesprochen werden kann. Entsprechend weist die Klärbeckenflora bereits zahlreiche Arten auf, die auch heute in Mitteleuropa vorkommen. Es finden sich beispielsweise Überreste von Fichten, Haseln, Ahornen und Birken, die von Flüssen zusammengeschwemmt und damit erst im Tode vereint wurden. In Mitteleuropa lebten damals aber auch noch Baumarten, die heute nur noch in Ostasien oder Nordamerika vorkommen. Dazu zählen etwa Flügelnuss-, Mammut- und Tulpenbäume. Einige dieser Bäume sind als Zierpflanzen mittlerweile nach Europa zurückgekehrt.

Wahrscheinlich im Pliozän verschmolzen Nord- und Südamerika miteinander und bildeten damit den Isthmus, beziehungsweise die Landenge von Panama. Dadurch kam es zu einem Floren- und Faunenaustausch, dem Great American Biotic Interchange (GABI). Damals wanderten Hunde, Katzen, Bären, Marder, Hasen, Hörnchen, Hirsche, Pferde und Tapire von Norden nach Süden und Baumstachler, Gürteltiere, Ameisenbären und Wasserschweine in die umgekehrte Richtung. Dieser Faunenaustausch an Land führte zu einer gegenseitigen Bereicherung – aber nicht nur. So starben beispielsweise die „südamerikanischen Huftiere" weitgehend aus. Populationen von Meerestieren wurden hingegen durch die Landverbindung getrennt. Auf beiden Seiten der Landbrücke entstanden so eng miteinander verwandte Arten der Pistolen- und Knallkrebse.

Wann genau sich der Isthmus von Panama geschlossen hat, ist umstritten. Die Schätzungen reichen von vor 20 bis vor drei Millionen Jahren (Bacon et al. 2015; O'Dea et al. 2016). Genetische Untersuchungen an Treiberameisen, die vor etwa zehn Millionen Jahren in Südamerika entstanden sind, sprechen dafür, dass seit etwa vier bis acht Millionen Jahren eine Landverbindung zwischen Nord- und Südamerika existiert (Winston et al. 2016). Treiberameisen eignen sich deshalb so gut, um diese Frage zu beantworten, weil weder ihre Arbeiterinnen, noch ihre Königinnen Flügel besitzen. Neue Wandertrupps entstehen daher immer nur, wenn sich alte Kolonien aufspalten und diese können sich nur *per pedes* und damit ausschließlich auf dem Landweg in neue Gebiete ausbreiten. Selbst eine noch so schmale Meerenge stellt für die Ameisen daher eine unüberwindliche Hürde dar.

Die Pferde waren im Pliozän zum ersten Mal durch echte Vertreter der Gattung *Equus* vertreten, zu der heute außer den Pferden auch die Zebras und Esel gerechnet werden. Die Kängurus in Australien erfuhren – wahrscheinlich infolge der sich ausbreitenden Graslandschaften – einen deutlichen Artenzuwachs (Couzens und Prideaux 2018). Tapire und viele Antilopenarten, die noch im Miozän in Mitteleuropa vorkamen, starben hingegen im Pliozän aus. Auch die Wale jagenden Riesenhaie *(Carcharocles megalodon)* verschwanden gegen Ende des Pliozäns. Nachdem sich der Isthmus von Panama geschlossen hatte, war ihnen möglicherweise der Weg zu ihren Kinderstuben versperrt. Alternativ könnten aber auch die Konkurrenz durch andere Raubtiere, wie dem zwar kleineren, dafür aber auch wendigeren Weißen Hai *(Carcharodon carcharias)*, oder die zunehmend bessere Schwimmfähigkeit der Wale zu ihrem Aussterben beigetragen haben (Pimiento et al. 2016).

Auffallend ist, dass im Verlauf und vor allem gegen Ende des Pliozäns auch zahlreiche andere große Meerestiere das Schicksal der Riesenhaie teilten und ebenfalls ausstarben: etwa Seevögel (zum Beispiel die Pinguinart *Inguza*), Seeschildkröten, andere Haiarten, Rochen und Meeressäuger. Betroffen waren vor allem Arten, die sich bevorzugt in Küstengewässern aufhielten. Möglicherweise waren daher Meeresspiegelschwankungen für den Artenschwund verantwortlich.

6.2.1 Unsere frühen Vorfahren

Die heute lebenden Primaten werden in zwei Gruppen unterteilt: die Feuchtnasenprimaten (Strepsirrhini/ Halbaffen: Fingertiere, Lemuren und Loris) und die Trockennasenprimaten (Koboldmakis und „echte Affen" inklusive des Menschen). Die Entwicklung der Primaten vor der Abspaltung der menschlichen Linie ist vergleichsweise schlecht dokumentiert. Ihr Ursprung liegt wahrscheinlich in Asien und nicht, wie früher angenommen, in Afrika. Zu den ältesten bekannten Primaten gehören möglicherweise der etwa 63 Millionen Jahre alte *Torrejonia sirokyi,* der etwa 50 Millionen Jahre alte, eichhörnchenartige *Adapis* sp. und der etwa 55 Millionen Jahre alte, an der Basis der Koboltmakiartigen (Tarsiiformes) stehende *Archicebus achilles.* Vor etwa 47 Millionen Jahren lebte der in der Grube Messel gefundene *Darwinius masillae,* auch bekannt als „Ida", der wahrscheinlich nicht zu den Vorfahren der Lemuren, sondern zu unseren eigenen Vorfahren gehört. Dafür spricht, dass dem Tier die für Lemuren typischen, hervorstehenden Schneidezähne sowie die Putzkrallen fehlen.

Wann und wo – ob in Afrika oder Asien – genau die „echten Affen" entstanden sind, ist umstritten. Heute unterscheidet man bei ihnen zwischen den in Eurasien und Afrika beheimateten Altweltaffen (=Schmalnasenaffen, Catarrhini) und den in Mittel- und Südamerika vorkommenden Neuweltaffen (=Breitnasenaffen, Platyrrhini). Als einziger Altweltaffe kommt der Mensch heute weltweit vor. Die Propliopithecoideae als älteste bekannte Altweltaffen lebten vor 35 bis 30 Millionen Jahren in Ägypten, Oman und möglicherweise auch in Angola (Zalmout et al. 2010). Die ältesten bekannten Neuweltaffen lebten vor etwa 36 Millionen Jahren in Südamerika *(Perupithecus ucayaliensis)*. Unbekannt ist, ob ihre Vorfahren bereits vor der Trennung Südamerikas von Afrika oder per Floß auf dem Wasserwege dorthin gelangt sind. Der zweitälteste Neuweltaffe Südamerikas ist *Branisella boliviana*. Er lebte vor 26 Millionen Jahren.

Vor 29 bis 28 Millionen Jahren, kurz nach der Aufspaltung der Altweltaffen in Hundsaffen (=Meerkatzenartige) und Menschenartige (=Gibbons + Menschenaffen + Menschen), die vor etwa 35 bis 30 Millionen Jahren erfolgte, lebte *Saadanius hijazensis*. *Alophe metios*, ein **Stammgruppe**nvertreter der Hundsaffen, der vor 22 Millionen Jahren in Kenia beheimatet war, besaß noch nicht die für heutige Hundsaffen typischen bilophodonten, das heißt zweihöckrigen Backenzähne, die ein breites Nahrungsspektrum ermöglichen (Rasmussen et al. 2019). Im Miozän (vor 23,4 bis 5,3 Millionen Jahren) spalteten sich die Menschenartigen (Hominoidea) in zahlreiche Arten auf. Schon eindeutig zu den Menschenartigen gehört *Proconsul africanus*, der vor etwa 23 bis 15 Millionen Jahren in Afrika gelebt hat. Später sind dann frühe Hominoiden auch nach Eurasien gewandert, wo die ersten echten Menschenaffen (Hominidae) entstanden. Es ist denkbar, dass Nachfahren dieser eurasiatischen Menschenaffen dann erneut nach Afrika gelangt sind, wo sie zu den Vorfahren der heutigen Schimpansen, Gorillas und Menschen (Homininae) wurden (Johnson und Andrews 2016). Nachfahren des in Asien verbliebenen Zweigs der Menschenaffen sind heute die Orang-Utans. Unklar ist, ob der vor 17 bis zwölf Millionen Jahre in Südfrankreich beheimate *Dryopithecus* zu den echten Menschenaffen gehörte oder lediglich einen Seitenzweig der Menschenaffenlinie darstelle. Ein gutes Bild vom Aussehen der frühen Menschenaffen liefert der etwa 13 Millionen Jahre alte und außergewöhnlich gut erhaltene, etwa zitronengroße Schädel von *Nyanzapithecus alesi,* der in Kenia gefunden wurde (Ziegler 2018A). Demnach dürften die Gesichter dieser Primaten den Gesichtern heute lebender Gibbons geähnelt haben. Wahrscheinlich hat sich *Nyanzapithecus alesi* aber nicht so geschickt durch das Geäst gehangelt wie die Gibbons. Dafür sprechen jedenfalls seine relativ kleinen Bogengänge im Innenohr, die auf einen geringer ausgeprägten Gleichgewichtssinn hindeuten.

Wann und wo sich die Entwicklungslinien von Schimpansen und Bonobos auf der einen und Menschen auf der anderen Seite getrennt haben, ist Gegenstand einer anhalten wissenschaftlichen Debatte. Vieles spricht dafür, dass dies vor fünf bis sechs Millionen Jahren auf dem afrikanischen Kontinent erfolgte (*out-of-Africa*-Hypothese: 1. Ursprung in Afrika). Dabei könnte der Große Grabenbruch eine entscheidende Rolle gespielt haben. Dieser ist Teil einer tektonischen Dehnungszone (Riftzone), die sich von Ostafrika nach Südasien erstreckt und die sich seit etwa 35 Millionen Jahren bildet. Vor etwa acht Millionen Jahren führte der Große Grabenbruch wahrscheinlich zu einer geographischen Separation von Hominidenpopulationen in klimatisch unterschiedliche Regionen. Die Savannenhypothese geht davon aus, dass sich der aufrechte Gang in einer Savannenlandschaft ausgebildet hat – möglicherweise an der Grenze zum Urwald. Um dies bestätigen oder widerlegen zu können, ist es daher wichtig zu wissen, ob bereits frühe Hominidenarten aufrecht gingen beziehungsweise in welcher Umgebung sie lebten.

Im Widerspruch zu der *out-of-Africa*-Hypothese steht der Fund von *Graecopithecus freybergi,* einer Primatenart, die vor 7,2 Millionen Jahren auf dem Balkan beheimatet war (Ziegler 2017A). Das besondere an „El Graeco", wie diese Art auch genannt wird, sind Vorbackenzähne (Prämolaren), deren Wurzeln miteinander verschmolzen sind. Dieses Merkmal ist typisch für die Entwicklungslinie, die zum Menschen führt. Lebten unsere frühesten Vorfahren also gar nicht in Afrika, sondern im vorderen Mittelmeerraum und hat sich die Entwicklungslinie von Menschen und Schimpansen bereits früher getrennt? Möglich ist dies. Durch die Entstehung der Saharawüste, bei gleichzeitiger Ausbreitung von Savannen in Südeuropa könnten vor gut sieben Millionen Jahren afrikanische und europäische Primatenpopulationen voreinander getrennt worden sein, was die Aufspaltung in mehrere Arten begünstigt hätte. Nach dem Austrocknen des Mittelmeeres während der messinischen Salinitätskrise könnten sich die europäischen Hominiden dann nach Afrika ausgebreitet haben. Bei der Bewertung der Funde ist allerdings zu bedenken, dass von *Graecopithecus freybergi* nur ein Zahn und ein Unterkiefer bekannt sind. Denkbar ist auch, dass es sich um eine Parallelentwicklung handelte.

Als besonders früher afrikanischer Verwandter des Menschen, der aber wahrscheinlich vor sechs bis sieben Millionen Jahren und damit – je nach Datierung – noch vor dieser Aufspaltung gelebt hat oder möglicherweise eine Nebenlinie repräsentiert, gilt *Sahelanthropus tschadensis.* Diese Spezies weist ein Mosaik aus Affen- und Menschenmerkmalen auf.

Etwas jünger sind die nur fragmentarisch erhaltenen Reste von *Orrorin tugenensis* (vor 5,6 bis 6,2 Millionen Jahren). Er ist dem Formenkreis der Australopithecinen („Südaffen") zuzurechnen, gehörte also möglicherweise schon der zum Menschen führenden Linie an, wenngleich er dort allerdings auch nur einen Seitenast darstellen dürfte. Vor etwa fünf Millionen Jahren (im Pliozän) lebte der ebenfalls zum Formenkreis der Australopithecinen gerechnete *Ardipithecus ramidus,* der ein Gehirnvolumen von 350 Kubikzentimetern hatte und damit kein größeres Gehirn als heute lebende Schimpansen besaß. Der Lebensraum von *Ardipithecus ramidus* war wahrscheinlich ein feucht-kühles Waldsavannenhabitat, in dem Zürgel- und Feigenbäume, sowie Palmen wuchsen. Gräser und Kräuter bildeten eine Krautschicht und besiedelten auch die Freiflächen zwischen den Bäumen. *Ardipithecus ramidus* war ein Allesfresser und lebte wahrscheinlich sowohl auf den Bäumen, als auch am Boden.

Es gibt Hinweise darauf, dass sowohl *Sahelanthropus tschadensis* als auch die jüngeren Spezies bereits aufrecht gingen. Unumstritten ist dies allerdings nicht. Zudem macht der aufrechte Gang alleine noch keinen Menschen. Vielleicht hat sich der aufrechte Gang sogar mehrfach parallel entwickelt. So könnte vielleicht auch der acht bis sieben Millionen Jahre alte *Oreopithecus bambolii* aufrecht gegangen sein. Zu den Vorfahren des Menschen gehört diese Art aber sicher nicht.

Für die Antwort auf die Frage, ob eine ausgestorbene Spezies aufrecht ging oder klettern konnte, lassen sich verschiedene anatomische Details heranziehen. Wichtig sind hierbei zum Beispiel der Bau der Füße, der Kniegelenke und der Hüfte. Ein weiteres Indiz ist die Lage des Foramen magnum, des Loches an der Schädelbasis, aus der das Rückenmark austritt.

Vertreter der Gattung *Australopithecus* („Südaffe") lebten vor etwa vier bis zwei Millionen Jahren in Ost- und
Südafrika. Sie gingen aufrecht, wie die Fußspuren aus
Laetoli belegen, besaßen aber noch vergleichsweise lange
Arme, kurze Beine, Kletterhände und hatten noch ein
Gehirnvolumen von 400 bis 550 Kubikzentimetern,
was dem eines Menschenaffen entsprach. Jungtiere dieser Spezies besaßen noch zum Greifen und damit auch
zum Klettern gut geeignete Füße. Vermutlich konnten
sie so bei Gefahr rasch auf die Bäume klettern. Erst mit
zunehmendem Alter entwickelte sich die für den aufrechten Gang geeignete Fußanatomie (DeSilva et al.
2018). Der Brustkorb der Australopithecinen war nicht
wie beim modernen Menschen zylindrisch, sondern
konisch, wurde also nach oben hin schmaler: Wahrscheinlich konnten sie daher weder ausdauernd, noch
schnell laufen. Überhaupt unterschied sich ihr aufrechter
Gang noch deutlich von dem des anatomisch modernen
Menschen. Wahrscheinlich waren sie nicht vollständig
an das Bodenleben angepasst, sondern konnten auch als
Erwachsene noch gut klettern. Der Form ihrer Zähne
nach ernährten sie sich von Früchten und Samen unter
Beimischung einiger Kleinsäuger und Aas (McPherron
et al. 2010). Anders als die meisten Vertreter der Gattung *Homo* besitzen die Prämolaren der Australopithecinen noch zwei Wurzeln. Unumstritten sind die Arten
Australopithecus afarensis und *Australopithecus africanus,*
die jeweils in Ost- beziehungsweise Südafrika lebten.
Daneben werden bisweilen noch weitere Arten unterschieden. Zu *Australopithecus africanus* gehört ein etwa
3,2 Millionen Jahre altes Skelett, das unter dem Namen
„Lucy" weltweite Berühmtheit erlangte. *Australopithecus
prometheus* wiederum ist der umstrittene Name für ein
3,67 Millionen Jahre altes, sehr gut erhaltenes Skelett mit

dem Namen „Little Foot". *Australopithecus sediba* lebte vor 1,95 bis 1,78 Millionen Jahren in Südafrika und fällt damit in die Spätphase der Gattung. Entsprechend weist er auch schon einige modernere Merkmale auf: Bemerkenswert an dieser Art ist vor allem die einzigartige Kombination aus modernen und urtümlichen Merkmalen **(Mosaikevolution),** die die Diskussion, welche *Australopithecus*-Art Vorfahre von *Homo ergaster* ist, und damit auch die Frage, ob unsere Vorfahren einst aus Süd- oder aus Ostafrika stammen, sowie die Frage nach der Verwandtschaft der *Australopithecus*-Arten untereinander neu anheizen (Wong 2012).

Eine Seitenlinie der Menschheitsentwicklung waren wahrscheinlich die verschiedenen Arten der Gattung *Paranthropus,* die vor 2,8 bis einer Million Jahren in Ost- und Südafrika lebten. Wegen ihres robusten Körperbaus, vor allem ihrer ausgeprägten Kaumuskulatur, die es ihnen erlaubte auch schwer kaubares Pflanzenmaterial wie etwa Gräser oder Nüsse zu verzehren, werden sie bisweilen auch als „Nussknackermenschen" bezeichnet. Auffallend sind die oft sehr schlechten Zähne von *Paranthropus robustus,* die wahrscheinlich nicht, wie früher angenommen, auf die überwiegend pflanzliche Diät, sondern auf eine genetisch bedingte Unterentwicklung (med.: Hypoplasie) des Zahnschmelzes infolge der stark vergrößerten Zähne zurückzuführen sind (Towle und Irish 2019).

6.3   Das Quartär

Das Quartär begann vor 2,588 Millionen Jahren – und es dauert bis heute an. Es untergliedert sich in das Pleistozän (Eiszeitalter) und das Holozän (Jetztzeit). Bisweilen wird auch noch ein vom Menschen geprägtes Anthropozän unterschieden.

Während des Pleistozäns kam es zu einer Klimaabkühlung und zu sechs großen Eiszeiten (Glaziale),
die durch wärmere Perioden (Interglaziale) voneinander
getrennt waren. In den Interglazialen, die ursprünglich
länger als die Glaziale waren, dann aber immer kürzer
wurden, konnten die Temperaturen sogar über den heutigen Mittelwerten liegen. Die Glaziale wiederum weisen
auch wieder Temperaturschwankungen auf: Die kälteren
Phasen werden als Stadiale, die wärmeren als Interstadiale
bezeichnet. Doch nicht nur die Temperatur schwankte,
das tat auch der Meeresspiegel.

Je nach Region werden die Eiszeiten mit unterschiedlichen Namen belegt. Im Alpenraum werden die Biber-,
Donau-, Günz-, Mindel-, Riß und Würm-Eiszeit, in
Norddeutschland die Brüggen-, Eburon-, Menap-, Els-
ter-, Saale- und Weichsel-Eiszeit unterschieden. In Nordamerika entspricht der Würm- beziehungsweise der
Weichsel-Eiszeit die Wisconsin-Eiszeit.

In den heute gemäßigten Gebieten der Nordhalbkugel
fielen die Temperaturen während der Eiszeiten um acht
bis zwölf Grad Celsius. Infolgedessen bildeten sich mäch-
tige Eismassen, die bis zu 3000 Meter dick waren und sich
unterschiedlich weit nach Süden ausdehnen konnten. Als
Konsequenz der Vereisung wurde dem globalen Wasser-
kreislauf Wasser entzogen, sodass der Meeresspiegel um bis
zu 120 Meter sank. Viele wärmeliebende Arten der arkto-
tertiären Flora Europas starben in Mitteleuropa aus, zum
Beispiel die Mammut-, Amber- und Tupelobäume oder
Magnolien. Andere Arten zogen sich in südlichere Regionen zurück. Auch in den Tropen war es um etwa vier bis
acht Grad kühler und vor allem deutlich trockener, sodass
die Regenwälder wahrscheinlich schrumpften und sich auf
isolierte Reliktgebiete zurückzogen. Die früher vertretene
Refugienhypothese, wonach diese geographische Isolation
den gegenwärtigen Artenreichtum in den Tropenwäldern

bedingt haben soll, wird heute zunehmend angezweifelt (MacFadden et al. 2006), zumal es auch Hinweise auf eine Expansion der Wälder während der Eiszeiten gibt (Leite et al. 2016) Im Gebiet der Sahara indes stieg die Feuchtigkeit und damit nahm der der Bewuchs zu, sodass sich mit Unterbrechungen immer wieder eine von Gazellen, Zebras, Löwen und Leoparden besiedelte Savannenlandschaft bildete. Da der Meeresspiegel sank, konnten sich in Afrika zudem zeitweilig ausgedehnte regen- und nährstoffreiche Küstenebenen ausbilden, die von Gräsern und Akazien bewachsen waren.

Am stärksten war der Temperaturrückgang im Elster- und Saale-Glazial. Damals waren etwa Zweidrittel des europäischen Festlandes mit Eis bedeckt. Während der letzten Eiszeit, die vor etwa 115.000 Jahren begann, waren die nicht vereisten Gebiete Europas bis auf lokale Waldsteppen und einzelne dichtere Wälder vor allem in den südlicheren Regionen weitgehend baumlos. Dort wo das Klima dichtere Wälder zugelassen hätte, trug wahrscheinlich auch der Mensch dazu bei: Der Mensch hat vermutlich Brände gelegt, um eine für sich als Jäger und Sammler vorteilhafte offenere Vegetation zu erhalten (Kaplan et al. 2017). Dominiert wurde die Vegetation in weiten Teilen Europas von der *Dryas*-Flora. Benannt ist diese Flora nach der Silberwurz *Dryas octopetala,* die zusammen mit Zwergbirken, Zwergweiden und Heidekräutern auftratt. Insbesondere die während der Saale- und der Weichsel-Kaltzeit dominierende, eher von Kräutern als von Gräsern beherrschte Flora wird auch als Steppentundra oder Mammutsteppe bezeichnet.

Etliche Tiere hatten sich an die Tundra und das kühle Klima angepasst. Wem dies nicht gelang, der überlebte in wärmeren Regionen oder starb aus. Manchmal kam es auch zur Aufspaltung von Arten. So entwickelte sich aus dem wärmeliebenden Südelefanten *(Mammuthus meridionalis)* im frühen bis mittleren Pleistozän der Steppenelefant *(Mammuthus trogontherii)*. Südelefanten sowie die eurasischen Altelefanten *(Palaeoloxodon antiquus)* überlebten aber auch in wärmeren Regionen und konnten in den Zwischenwarmzeiten (Interstadialen) nach Mitteleuropa zurückkehren. Später entstand aus dem Steppenelefant das Wollhaarmammut *(Mammuthus primigenius)*, das mit seinen kleinen Ohren, einem dicken Fell, einem besonders leistungsfähigen Herz und einem speziellen roten Blutfarbstoff, der die Sauerstoffabgabe bei Kälte erleichterte, gut dem widrigen Klima trotzen konnte. Höhlenbären *(Ursus spelaeus)* besaßen ebenfalls kleine Ohren und eine wesentliche größere Körpermasse als die mit ihnen eng verwandten Braun- beziehungsweise Eisbären. Sie überwinterten anders als der Braunbär, der Mulden und Löcher unter Bäumen nutzt, bevorzugt in Höhlen und ernährten sich überwiegend vegetarisch – vielleicht sogar ausschließlich vegan, wie sich an ihrem Gebiss und an der Isotopenzusammensetzung ihrer Knochen erkennen lässt.

Weitere eiszeitliche Tiere in Mitteleuropa und Asien waren Riesenhirsche *(Megaloceros* spp.), Wollnashörner *(Coelodonta antiquitatis)*, „Sibirische Einhörner" (ebenfalls eine Nashorngattung: *Elasmotherium)*, Rentiere, Steppenbisons, Moschusochsen, Saigaantilopen, Höhlenlöwen, Steinböcke, Pferdeartige und Höhlenhyänen. Aus Nord- und Südamerika sind zudem Kamele und „Schreckenshunde" *(Canis dirus)* bekannt, die sich wahrscheinlich –vergleichbar den heute lebenden Hyänen – von Aas ernährten. Auch verschiedene Menschenspezies besiedelten die eiszeitliche Landschaft – sie werden später noch genauer behandelt: etwa der Heidelbergmensch, der Neandertaler und danach auch der moderne Mensch.

Paradox erscheint zunächst die Diskrepanz zwischen einer nur niedrigen, wenig produktiven Vegetation und dem zahlreichen Auftreten großer Pflanzenfresser. Die

Erklärung liegt wahrscheinlich darin, dass große Tiere ihre Nahrung effizienter nutzen können, als kleine.

Die gemäßigte Flora Europas überstand die Eiszeiten zum großen Teil in südlich gelegenen Rückzuggebieten, von denen die wichtigsten in Spanien, Italien und auf dem Balkan lagen. Bei einer Klimaerwärmung wurde Europa dann von diesen Rückzugsgebieten aus wieder besiedelt (Provan und Bennett 2008). Angesichts des derzeit stattfindenden Klimawandels ist es wichtig zu wissen, wo genau diese Rückzugsgebiete lagen, da sich auf diese Weise die Ausbreitungsgeschwindigkeit von Pflanzenpopulationen abschätzen lässt.

Während beziehungsweise gegen Ende der letzten großen Eiszeit (vor 24.000 bis 10.000 Jahren) starben in Mitteleuropa der Höhlenbär und die letzten Säbelzahnkatzen aus. Da sich die Höhlenbären aber gelegentlich mit Braunbären gepaart haben, tragen diese bis heute **DNA** des Höhlenbären in sich. Riesenhirsche *(Megaloceros)* und Mammute haben wahrscheinlich das Ende der Weichsel-Eiszeit vor etwa 12.000 bis 10.000 Jahren noch erlebt. Ihre letzten Exemplare starben vor etwa 7600 beziehungsweise 4000 Jahren aus.

Auch auf anderen Kontinenten kam es zu einem Aussterben von Großtieren. So starben in Südamerika die Macrauchenien, kamelartige Tiere mit zu einem kurzen Rüssel verlängerter Nase, als letzte Vertreter der „südamerikanischen Huftiere" (Meridiungulata) aus. Auch die Kamele selbst überlebten in Nordamerika das Ende der letzten Eiszeit nicht. Lediglich in Südamerika blieben die Kleinkamele erhalten.

Nach der letzten Eiszeit begann eine als Postglazial beziehungsweise Holozän bezeichnete wärmere Periode. Die großen Rentierherden zogen sich jetzt aus Mitteleuropa nach Nordeuropa zurück. Als Erstes entwickelten sich in Mitteleuropa kiefernreiche Birkenwälder.

Umstritten ist, ob dabei geschlossene Wälder entstanden (Hochwald-Hypothese) oder ob nicht vielmehr – bedingt durch große Herbivoren wie zum Beispiel Rothirsche, Elche, Bisons, Wildschweine und Auerochsen, die jetzt in Mitteleuropa einwanderten – ein Mosaik aus Grasland und kleineren Wäldern vorherrschte (Waldweiden-Hypothese).

Indem das Eis taute, stieg der Meeresspiegel, sodass vorübergehend trockene Küstenregionen erneut überschwemmt wurden. Großbritannien wurde so wieder zur Insel. Im Zeitraum von 7500 bis 4500 v. Chr., im sogenannten „Atlantikum", erreichten die Temperaturen – unterbrochen von einem zwischenzeitlichen Kälteeinbruch – ihren Höhepunkt: Sie lagen damals um etwa 1,5 Grad Celsius höher als heute. Es dominierten Haseln, Eichen, Ulmen, Erlen, Eschen und Linden. Nach den jeweils dominierenden Baum- oder Straucharten werden das frühe Atlantikum bisweilen auch als Kiefern-Hasel-Zeit und spätere Phasen als Eichen- oder Erlen-Ulmen-Linden-Zeit bezeichnet. Als die Temperaturen anschließend wieder fielen, wurde die Rotbuche *(Fagus sylvatica)* zur dominierenden Baumart. Störungen der Konkurrenzkraft der Linde durch den Menschen haben wahrscheinlich zu dieser Entwicklung beigetragen.

Im Mittelalter hat der Mensch dann den Wald durch Rodungen auf rund ein Drittel seiner ursprünglichen Fläche zusammengestutzt. Was verblieb, unterlag wirtschaftlicher Nutzung. Die Eichelmast der Schweine und die verbreitete Niederwaldwirtschaft etwa begünstigten Eichen und Heinbuchen und drängten die Buche zurück. Mitte des 18. Jahrhunderts war der Wald durch Übernutzung in Mitteleuropa fast vollständig verschwunden. Doch dann wurde das Bauholz knapp. Zudem heizte man zunehmend mit Steinkohle. So begann daher eine systematische, staatlich geförderte Wiederaufforstung mit rasch

wüchsigen Nadelhölzern (vor allem Fichten), die heute
70 Prozent der Waldfläche ausmachen. Da Fichten aber
eher an kühle Sommer und kalte, schneereiche Winter
angepasst sind, sind ihre Bestände oft für Rotfäule anfällig.

Die Klimaabkühlung auf der Nordhalbkugel der Erde
nach dem Ende des Atlantikums führte dazu, dass vor
rund 5500 Jahren Winde weniger Regenwolken in das
Gebiet der Sahara brachten. Aus der Savannenlandschaft
wurde so wieder eine Wüste.

Wann genau der eisfreie Korridor zwischen Sibirien
und Nordamerika nach dem Ende der letzten Eiszeit entstand und damit ein Floren- und Faunenaustausch möglich wurde, ist unklar. Wahrscheinlich dürfte er sich vor
plus-minus 13.000 Jahren gebildet haben. Gegen Ende des
Pleistozäns vor etwa 15.500 bis 11.500 Jahren gelangten
dann entweder über den eisfreien Korridor oder auf Boo-
ten entlang der Küstenlinie – der genaue Weg und Zeitpunkt sind umstritten – die ersten modernen Menschen
nach Amerika. Die Folge: Dort starben zahlreiche Groß-
säuger aus, zum Beispiel die meisten Kurzschnauzenbären,
das amerikanische Mastodon *(Mamut americanum)* und
die am Boden lebenden, bis zu sechs Tonnen schweren
Riesenfaultiere (Megatheriidae: *Megatherium, Eremother-
ium*). Mit den Riesenfaultieren verloren wahrscheinlich
auch einige Pflanzenarten ihre natürliche Fruchtver-
breiter, etwa der Milchorangenbaum *(Maclura pomifera)*
oder die Kürbisse. Da der Mensch aber gleichzeitig auch
Geschmack an den bitterstoffreichen Kürbissen gefunden
hat, rettete er diese wiederum vor dem Aussterben. Zudem
wurden die dornigen Milchorangenbäume genutzt: Vor
der Einführung des Stacheldrahtes dienten sie als „lebende
Zaunpfähle" für Rinderweiden.

7

Die Entwicklung des Menschen

7.1 Die frühen Vertreter der Gattung Homo

Die Gattung *Homo,* zu der auch der anatomisch moderne Mensch gehört, ist wahrscheinlich vor 3 bis 2,5 Millionen Jahren in Ostafrika entstanden. Die ersten Vertreter dieser Gattung werden den Arten *Homo rudolfensis* („Mensch vom Rudolfsee"; vor etwa 2,5 bis 1,8 Millionen Jahren; Gehirnvolumen: 750 Kubikzentimeter) und *Homo habilis* (vor etwa zwei bis 1,5 Millionen Jahren; Gehirnvolumen: 650 Kubikzentimeter) zugerechnet. Weitere parallel existierende *Homo*-Arten sind möglich, allerdings streiten Paläontologen gerne und intensiv daruber, welcher Knochenfund als eigene Art anzusehen ist: Während die als *lumper* („Klumpenbildner") bezeichneten Forscher dazu neigen, morphologische Unterschiede bei den gefundenen Knochen als natürliche Variationen

© Springer-Verlag GmbH Deutschland,
ein Teil von Springer Nature 2020
J. Sander, *Ursprung und Entwicklung des Lebens,*
https://doi.org/10.1007/978-3-662-60570-7_7

anzusehen und daher eher wenige Arten unterscheiden, sehen die *splitter* („Spalter") in diesen Variationen vornehmlich eine große Zahl von Arten. Das *experimentum crucis* für die Unterscheidung von Arten, genauer von „Biospezies" – nämlich der Test, ob die Vertreter der verschiedenen morphologischen Variationen miteinander fruchtbare Nachkommen hätten erzeugen können – ist bei ausgestorbenen Arten ohnehin nicht möglich. Sie bleiben daher immer nur sogenannte „Morphospezies", das heißt nur durch ihre äußere Gestalt charakterisierte Arten.

Auffallend ist die im Lauf der Zeit meist zunehmende Gehirngröße in der Gattung *Homo*. Wahrscheinlich trugen vor allem ökologische Faktoren zu diesem Wachstum bei, etwa die Herausforderung in einer wechselhaften Umwelt ausreichend Nahrung zu finden. Darüber hinaus spielten aber auch soziale Faktoren eine entscheidende Rolle, zum Beispiel die Kooperation und der Wettbewerb mit anderen Menschen und Menschengruppen. Auf genetischer Ebene dürften die beim Menschen, nicht aber bei Menschenaffen aktiven Mitglieder der *NOTCH2NL*-**Gen**familie, die die Nervenzellbildung fördern, entscheidend zur Vergrößerung des Gehirns beigetragen haben.

Homo rudolfensis und *Homo habilis* lebten wahrscheinlich in kleinen Gruppen in einer zunehmend von Trockenperioden geprägten Baumsavanne. Dabei bevorzugten sie die Nähe von Gewässern. Ihre Nahrung dürfte aus Knollen, Insekten und anderen Kleintieren bis hin zu jungen Antilopen, die vor allem als Aas verzehrt wurden, bestanden haben. Wahrscheinlich nahm der Konsum von Fleisch von der Gattung *Sahelanthropus* bis zur Gattung *Homo* immer mehr zu. Ursachen waren wahrscheinlich zum einen der steigende **Protein**bedarf des wachsenden Gehirns und zum anderen technische Fortschritte, wie die Herstellung Steinwerkzeuge sowie der Gebrauch von Feuer und Holzspeeren, die miteinander Hand in Hand gingen.

Möglicherweise begannen die Menschen damals bereits sogar ihre Nahrung selbst zu jagen (Wong 2014). Vielleicht half dabei der Verlust des *CMAH*-Gens, der dazu beitrug unsere Vorfahren zu Ausdauerläufern zu machen. Dies ermöglichte es ihnen, ihre Beute über lange Strecken bis zur Erschöpfung zu hetzen, um sie dann zu erlegen (Okerblom et al. 2018): Neben anatomischen Voraussetzungen wie dem Bau der Füße, der Hüften und der Gesäßmuskulatur tragen auch eine effiziente Themoregulation (fehlende Behaarung, Schwitzen) und endorphinbedingtes Vergnügen an langem Laufen („Runner's High") zu dieser Fähigkeit bei. Mäuse, denen das *CMAH*-Gen fehlt, entwickeln ebenfalls eine leistungsfähigere Beinmuskulatur.

Die Entwicklung der frühen Menschen lässt sich nicht nur anhand ihrer Knochen, sondern auch mithilfe der Steinwerkzeuge verfolgen, die sie hinterlassen haben. Dabei werden so genannte „Industrien" unterschieden. Die älteste dieser Industrien ist – wenn man von der umstrittenen, etwa 3,3 Millionen Jahre alten und noch sehr primitiven Lomekwi-Kultur (Lomekwian: Harmand et al. 2015) einmal absieht – das Oldowan. Diese Industrieperiode begann vor rund 2,6 Millionen Jahren, also etwa zu der Zeit, als auch die Gattung *Homo* entstanden ist und das Eiszeitalter (Quartär) begann. Das Oldowan dauerte bis vor 1,5 Millionen Jahren. Es ist durch Geröllgeräte gekennzeichnet, zum Beispiel Steinmesser, die durch das Abschlagen von Ausgangssteins hergestellt wurden. Möglicherweise entwickelten die Vor- und Frühmenschen während des Lomekwians und zu Beginn des Oldowans mehrfach unabhängig Steinbearbeitungstechnologien, die aber anfangs nur lokal existierten und immer wieder erloschen, bis sich vor etwa zwei Millionen Jahren eine Kontinuität in der Weitergabe herausbildete (Wong 2018). Entstanden ist die Oldowanindustrie wahrscheinlich in Ostafrika, eine rasche Ausbreitung nach Nordafrika oder eine unabhängige Entstehung im Norden des Kontinents ist aber durchaus möglich. Dafür sprechen 1,9 bis 2,4 Millionen Jahre alte Funde aus Algerien (Sahnouni et al. 2018), deren Datierung aber nicht unumstritten ist. Rund 2,1 Millionen Jahre alte Funde von Steinwerkzeugen aus Shangchen in China sprechen dafür, dass frühe Menschenformen zu dieser Zeit bereits Asien besiedelt haben (Zhu et al. 2018).

Auf das Oldowan folgte das Acheuléen, das sich über den Zeitraum von vor 1,76 Millionen bis vor rund 300.000 bis 200.000 Jahren erstreckte. In dieser Zeit traten zum ersten Mal Faustkeile auf. Älteste anerkannte Hinweise auf die Nutzung von Feuer sind etwa eine Million Jahre alt und stammen aus der Wonderwerk-Höhle in Südafrika. Die Fähigkeit, das Feuer zu nutzen, bot den frühen Menschenformen nicht nur Wärme und Schutz vor Raubtieren und die Möglichkeit, Speerspitzen oder Grabstöcke in der Hitze zu härten. Vielmehr ermöglichte es auch das Kochen beziehungsweise Braten von Nahrung, wodurch diese leichter zu verdauen war (*cooking*-Hypothese). Darüber hinaus ist das Nutzen von Feuer aber auch ein Indiz für das Vermögen vorausschauend zu denken, denn es musste gehütet werden, damit es nicht erlosch. Andernfalls war sprichwörtlich „der Ofen aus".

Gegen Ende des Acheuléens tritt zum ersten Mal die **Levallois-Abschlagtechnik** bei der Bearbeitung von Feuersteinen auf. Dabei wird zunächst ein Sternkern präpariert, von dem dann mit einem Schlag gezielt flache schildförmige Klingen abgetrennt werden konnten. Aufgrund ihrer Ähnlichkeit mit einem Schildkrötenpanzer werden diese auch „Tortoises" genannt. Die Technik ist sehr ökonomisch, da sie die Herstellung einer großen Zahl von Klingen aus einem Ausgangsstein erlaubt.

Bereits deutlich näher am anatomisch modernen Menschen als der „Mensch vom Rudolfsee" ist *Homo erectus*. Auch bei ihm handelt es sich um einen weiten Formenkreis von Urmenschen, die vor etwa 1,8 Millionen bis vor 40.000 Jahren in Afrika, Europa und Asien gelebt haben. Anders als bei *Australopithecus* und frühen *Homo*-Arten, die teilweise noch an das Klettern in Bäumen angepasst waren, entsprach der aufrechte Gang des *Homo erectus* bereits dem des modernen Menschen. Das Gehirnvolumen variierte je nach untersuchtem Exemplar zwischen 650 und 1250 Kubikzentimetern. *Homo erectus* hat sich möglicherweise als erster Hominide stark über seine Urheimat Afrika hinaus ausgebreitet. Die Ausbreitung nach Eurasien begann wahrscheinlich bereits vor 1,8 Millionen Jahren, das heißt kurz nach der Entstehung der neuen Art. Dafür sprechen zum Beispiel Funde aus Dmanisi in Georgien und Yuanmou in Südchina. Der nach einem Fundort in der Höhle von Zhoukoudian bei Peking benannte, bis zu 780.000 Jahre alte „Pekingmensch" ist ebenso ein Nachfahre dieser Auswanderungsbewegung wie der bis zu 1,5 Millionen Jahre alte „Javamensch". Etwa 500.000 Jahre alte Ritzspuren auf einer Muschelschale zeugen möglicherweise von dem bereits entwickelten Kunstsinn dieser frühen Menschenformen.

Die afrikanischen Vertreter des *Homo erectus* sind übrigens auch unter dem Namen *Homo ergaster* bekannt. Ein bekanntes Fossil dieser Art ist der Turkana-Junge, ein jugendliches Individuum, dessen fast vollständig erhaltene Skelettreste am Turkana-See im nördlichen Kenia entdeckt wurden. Von *Homo ergaster* sind in Kenia (Ileret, Koobi Fora-Formation) zudem 1,5 Millionen Jahre alte Fußspuren erhalten, die bereits auf einen modernen Bau der Füße hinweisen (Bennett et al. 2009; Sander 2016b). Rund eine Millionen Jahre alte Spuren in der Wonderwerk-Höhle in Südafrika deuten wiederum darauf hin, dass

Homo erectus bereits zum Gebrauch des Feuers befähigt war. Denkt man an die *cooking*-Hypothese, wundert es weniger, dass mit dem Auftreten von *Homo ergaster* viele Großraubtiere in Afrika ausstarben.

Fragen wirft bis heute der Fund von zahlreichen Individuen des *Homo naledi* in zwei schwer zugänglichen Kammern (Dinaledi-Kammer und Lesedi-Kammer) der Rising-Star-Höhle in Südafrika auf (Abb. 7.1) (Wong 2016). Diese Höhle liegt zwar in der Nähe der aufgrund zahlreicher Fossilfunde als „Wiege der Menschheit" bekannten Region, eine solche Anhäufung von Knochen einer einzigen Urmenschenart ist aber auch für diese

Abb. 7.1 *Homo naledi* verbrachte wahrscheinlich seine toten Artgenossen in eine abgelegene Höhlenkammer. Was ihn zu diesem Verhalten antrieb, ist unklar

Region untypisch. *Homo naledi* fällt außerdem durch seine ungewöhnliche Kombination aus altertümlichen und modernen Merkmalen auf und bietet somit wieder ein Beispiel für **Mosaikevolution.** Beispielsweise besaß er ein Gehirn, das wie bei *Australopithecus* nicht größer war als eine Orange. Seine Handgelenke und Hände entsprachen jedoch weitgehend dem modernen Menschen, sodass er wahrscheinlich Werkzeuge herstellen konnte. Ob sein recht kleines Gehirn dafür aber genug geistige Kapazität bereitstellte, ist umstritten. Immerhin konnte anhand von Schädelausgüssen gezeigt werden, dass sein Gehirn ähnlich strukturiert war wie bei anderen Vertretern der Gattung *Homo* und sich so von den Gehirnen der Australopithecinen und der großen Menschenaffen deutlich unterschied (Holloway et al. 2018). Wahrscheinlich konnte *Homo naledi* dank seiner relativ stark gekrümmten Finger gut klettern und mit seinen langen Beinen gut und ausdauernd am Boden laufen. Zeitlich allerdings konnte der Fund zunächst nicht genau eingeordnet werden, da das Sintergestein der Höhle mit Tonablagerungen verunreinigt ist. Sein wissenschaftlicher Wert war daher begrenzt. Mittlerweile wird diese merkwürdige Menschenart aber auf ein Alter von nur 335.000 bis 236.000 Jahren datiert (Sander 2017a). Rätselhaft bleibt, wie die Individuen in die Höhle gelangt sind. Bei den *Homo-naledi*-Knochen fanden sich keine Werkzeuge und nur wenige Tierknochen. Diese Befunde sowie die Abgelegenheit der Höhlenkammern lassen es unwahrscheinlich erscheinen, dass die Knochen in die Höhle geschwemmt oder durch Raubtiere dorthin geschleppt wurden. Die Verteilung der Funde auf zwei verschiedene, räumlich deutlich getrennte Kammern schließt zudem ein einziges katastrophales Ereignis, das zum Tod und zur Deponierung der Individuen geführt haben könnte, aus.

Möglicherweise waren es also andere Menschenarten oder ihre eigenen Artgenossen, die ihre Toten dort bestattet haben. Warum aber taten sie das? Diese Frage konnte bislang nicht geklärt werden.

7.2 Die Zeit des Neandertalers

Die Arten *Homo antecessor* und *Homo heidelbergensis* (Heidelbergmensch) gelten als Übergangsformen zu dem Neandertaler. Bisweilen wird versucht, aus ihnen auch den modernen Menschen abzuleiten. Bereits *Homo antecessor* hatte wahrscheinlich eine deutlich längere Kindheit, als beispielsweise Schimpansen. So stand ihm in der Jugend mehr Zeit zur Entwicklung und zum Lernen zur Verfügung. Vermutlich von *Homo heidelbergensis* stammen die 400.000 Jahre alte Holzlanze, die bei Clacton-on-Sea (England) gefunden wurde, und 300.000 Jahre alte bei Schöningen gefundene Wurfspeere, die der Acheuléen-Industrie zugerechnet werden. Außerdem konnten von dem Heidelbergmensch 400.000 Jahre alte Moleküle der in den **Mitochondrien** und im Zellkern enthaltenen Erbsubstanz sequenziert werden. Das Material hierfür stammt aus der spanischen „Knochenhöhle" Sima de los Huesos (Meyer et al. 2014, 2016), einem 13 Meter tiefen Schacht, in den die Frühmenschen ebenso wie beim *Homo naledi* – nur dass dieser sich noch mehr Mühe gegeben hat – aus unbekannten Gründen ihre verstorbenen Angehörigen geworfen haben. Interessanterweise weist die (überwiegend) nur über die Mütter vererbte, mitochondriale Erbsubstanz des Heidelbergmenschen eine größere Verwandtschaft zum später genauer behandelten Denisova-Menschen auf, als zum Neandertaler! Die Erbsubstanz des Zellkerns spricht aber eher dafür, dass Denisova-Mensch und Neandertaler enger miteinander verwandt waren als mit dem modernen Menschen. Dazu passt wiederum nicht, dass der spanische *Homo heidelbergensis* eher moderne Zähne besaß, während die vom Denisova-Mensch bekannten Zähne durch ihre Größe urtümlich wirken. Eine mögliche Erklärung für das Mitochondrienparadoxon könnte die Kreuzung der Neandertalervorfahren mit archaischen Formen des *Homo sapiens* liefern. Diese müssten dann bereits vor 470.000 bis 220.000 Jahren aus Afrika ausgewandert sein. Das Gehirnvolumen des Heidelbergmenschen indes lag zwischen 1116 und 1450 Kubikzentimetern und war damit im Schnitt noch deutlich kleiner, als die Gehirne der Neandertalers und des *Homo sapiens*.

Der Neandertaler *(Homo neanderthalensis)* lebte seit etwa 350.000 bis 230.000 Jahren in Europa und ist wahrscheinlich vor etwa 39.000 bis 41.000 Jahren als reine Art ausgestorben. In diesen Zeitraum fallen die Saale- und die Weichsel-Eiszeit. Durch seine fliehende Stirn und sein fliehendes Kinn, seine ausgeprägten Überaugenwülste und seine große, breite Nase unterschied er sich deutlich vom modernen Menschen. Mit seinem untersetzten Körperbau war er sehr gut an die kalten, eiszeitlichen Klimabedingungen angepasst. Auch die breite Nase könnte eine Anpassung an die Kälte sein, da die Luft so angewärmt werden konnte, bevor sie die Lunge erreichte. Möglicherweise erleichterte die breite Nase aber auch eine gute Sauerstoffzufuhr, was dem Neandertaler bei körperlich anstrengenden Tätigkeiten wie der Jagd zugute gekommen sein könnte.

Bezüglich seiner Ernährung orientierte sich der Neandertaler wahrscheinlich sehr stark an seinem jeweiligen Lebensraum: Je nachdem was seine Umwelt ihm bot, konnte er überwiegend von Fleisch leben oder zu einem großen Anteil vegetarische Kost zu sich nehmen. Auf seinem Speiseplan dürften Wollnashörner, Mammuts,

Waldelefanten, Rentiere, Wildschafe und Bisons, Hasen, Vögel, Schildkröten, Fische und Muscheln, die Samen von Wildgräsern, Pinienkerne, Hülsenfrüchte, Pilze und selbst Moose gestanden haben (Weyrich et al. 2017). Besonders wehrhafte Tiere wie Mammuts und Nashörner wurden aber wohl nur dann aktiv gejagt, wenn keine leichtere Beute zur Verfügung stand. Die Neandertaler setzten ihre Speere bei der Jagd wahrscheinlich eher als Stoßlanzen und nicht als Wurfspeere ein (Gaudzinski-Windheuser et al. 2018). Dies setzt voraus, dass sie in hohem Maße kooperativ jagten und dabei zum Beispiel die Tiere gemeinschaftlich in die Enge trieben.

Die körperliche Reife erreichten die Neandertaler wahrscheinlich noch etwas früher als die modernen Menschen, es gibt aber auch Forschungsergebnisse, die dieser These widersprechen (Rosas et al. 2017; DeSilva 2018).

Die Sequenzen der Zellkern-**DNA** des Neandertalers sprechen dafür, dass die Trennung der Neandertalerlinie von der Linie des modernen Menschen vor etwa 800.000 bis 700.000 Jahren begann und vor etwa 550.000 bis 400.000 Jahren abgeschlossen war. Im Nahen Osten und vielleicht auch anderswo kam es wahrscheinlich später zur Bildung von **Hybriden** zwischen dem anatomisch modernen Menschen, der im Begriff war aus Afrika auszuwandern, und dem Neandertaler. Alle modernen Menschen, die nicht ursprünglich aus Afrika stammen, tragen daher in geringem Umfang – etwa ein bis vier Prozent der Gene – Erbgut des Neandertalers in ihren Zellkernen. Der Neandertaler wiederum hat bei einer solchen Kreuzung wahrscheinlich seine mitochondriale Erbsubstanz von einer Frau des modernen Menschen erhalten. Bei der Zellkern-DNA dagegen konnte bisher aber kein Genfluss vom modernen Menschen zum Neandertaler nachgewiesen werden. Als mögliche Auswirkung des Neandertalererbes beim modernen Menschen gelten glatte und feste, an kühles Klima angepasste Kopfhaare, eine helle Haut und ein Immunsystem, das effektiv vor Krankheitserregern in Europa und Asien schützen konnte (Sankararaman et al. 2014; Vernot und Akey 2014). Einige vom Neandertaler stammende Genvarianten könnten aber auch Krankheiten wie Asthma oder Depressionen beim *Homo sapiens* begünstigt haben (Wong 2019). Möglicherweise überwiegt bei diesen Genvarianten dennoch der Vorteil, den sie bringen, oder ihr Nachteil zeigt sich erst heute in unserem modernen Lebensumfeld. Auffällig ist, dass bei Genen, die für die Fortpflanzung wichtig sind, Neandertalererbmaterial fehlt (McCoy et al. 2017). Dies deutet auf eine verminderte Fruchtbarkeit insbesondere der männlichen Hybriden hin. Später ist es wahrscheinlich nicht mehr oder nur noch selten zu Kreuzungen gekommen. Nahrung erhält die Hybridisierungsthese auch aufgrund von Funden intermediärer Knochen, was für eine auch später noch stattfindende Hybridisierung sprechen würde.

Die vom Neandertaler getragene Kultur des Mousteriens begann vor 200.000 Jahren und endete vor 40.000 Jahren. In dieser Kulturstufe wurden zum Beispiel Faustkeilmesser entwickelt. Die **Levalloistechnik** war weiter im Gebrauch. Rund 170.000 Jahre alte, aufwendig hergestellte Grabstöcke aus dem harten und somit schwer zu bearbeitenden Buchsbaumholz, die in der südlichen Toskana gefunden wurden, zeugen von den hohen handwerklichen Fähigkeiten des Neandertalers. Weitere dem Neandertaler zugeschriebene Kulturen sind das Szeletien (50.000 bis 35.000 Jahre vor heute) in Mittel und Osteuropa und das Châtelperronien (38.000 bis 33.000 Jahre vor heute: Grotte du Renne) in Westeuropa.

Kunst und das Tragen von Schmuck wurden früher nur dem *Homo sapiens* zugeschrieben. Es mehren sich allerdings Hinweise, dass auch Neandertaler Schmuckgegenstände herstellten. Da viele dieser Gegenstände aus der Zeit nach

Ankunft des modernen Menschen in Europa stammen, wurde lange darüber spekuliert, ob die künstlerischen Fähigkeiten des Neandertalers erst durch den modernen Menschen geweckt wurden. Jüngste Funde deuten allerdings auch auf ältere Schmuckgegenstände hin. Kulturelle Hinterlassenschaften, die allerdings oft nur schwer zu deuten sind, sprechen für ein hohes Abstraktionsvermögen und den Kunstsinn des Neandertalers: 176.500 Jahre alte kreisförmige Strukturen in der französischen Bruniquel-Höhle könnten eine kultische Funktion gehabt haben. Rund 120.000 Jahre alte bemalte und durchbohrte Muschelschalen und rund 65.000 Jahre alte, wahrscheinlich dem Neandertaler zuzuschreibende Malereien in verschiedenen spanischen Höhlen belegen, dass diese Spezies lange vor dem Kontakt mit dem modernen Menschen gestalterisch aktiv war (Sander 2018). Die Malereien in der Höhle zeigen Tiere, geometrische Figuren und Handschablonen. Mutmaßlich 42.000 Jahre alte Zeichnungen in der Höhle von Nerja (Spanien), die wahrscheinlich Seehunde darstellen sollen, stammen vielleicht ebenfalls vom Neandertaler.

Auffallend ist, dass Bestattungen beim Neandertaler zwar bezeugt sind, offensichtlich aber nur sehr selten vorkamen, sodass die meisten Neandertaler wohl unbestattet geblieben sind. Eindeutig als solche identifizierbare Grabbeilagen sind selten. Es wurden aber überproportional viele Neandertalerkinder bestattet und mit Grabbeigaben versehen, etwa Werkzeugen oder Blumenschmuck. Das könnte auf eine enge emotionale Bindung der Neandertaler an ihre Kinder hindeuten.

Interessant, aber auch sehr umstritten ist die Frage, ob der Neandertaler – und andere ausgestorbene Hominiden – bereits sprechen konnten. Ein direkter Nachweis hierfür wird wahrscheinlich nicht möglich sein, jedoch gibt es anatomische und molekularbiologische Indizien, die bei der Antwort helfen können. So spricht die Anatomie des bei der „Leiche von Kebara", einem fossilen Neandertalerskelett, erhaltenen Zungenbeins eher für die Sprachfähigkeit. Einen weiteren Anhaltspunkt bietet die Krümmung der Schädelbasis, die Rückschlüsse auf die Lage des Kehlkopfes zulässt: Bei Schimpansen und *Australopithecus* ist diese flach, beim *Homo sapiens* relativ stark gekrümmt. Bei den übrigen Hominiden ist die Krümmung je nach ihrer Nähe zum *Homo sapiens* zunehmend. Lediglich beim Neandertaler scheint die Krümmung wieder abzunehmen. Möglicherweise hatte dieser somit nur eingeschränkte Möglichkeiten, Töne zu erzeugen. Rekonstruktionen der Großhirnrinde anhand von Schädelfossilien deuten darauf hin, dass die Neandertaler eine Broca- (überwiegend Sprachproduktion) und eine Wernicke-Region (überwiegend Sprachverständnis) besaßen (Degioanni et al. 2010). Auf molekularer Ebene spricht für die Sprachfähigkeit des Neandertalers, dass die Sequenz seines für die Artikulation benötigten *FOXP2*-Gens der Sequenz des *Homo sapiens* und nicht etwa der Sequenz des Schimpansen entspricht (Wong 2015): Moderne Menschen, die eine **Mutation** in diesem Gen aufweisen, haben Probleme mit dem Spracherwerb. Deutliche Unterschiede weist allerdings das ebenfalls für die Sprachfähigkeit wichtige *CNTNAP2*-Gen auf. Die Frage, ob beziehungsweise in welchem Umfang der Neandertaler sprechen konnte beziehungsweise welche anderen Kommunikationsmöglichkeiten (Gesten, Musik etc.) ihm zur Verfügung standen, lässt sich also letztlich nicht sicher beantworten.

Möglicherweise bis vor 40.000 (Douka et al. 2019; Jacobs et al. 2019) oder sogar bis vor 15.000 Jahren (Gibbons 2019) lebte zeitgleich mit dem Neandertaler eine wahrscheinlich von Sibirien bis Südostasien (inklusive des tibetischen Hochlands) verbreitete weitere

Menschenform: der Denisova-Mensch. Bisher sind
nur ein Unterkieferfragment (Chen et al. 2019a), ein
Zehenknochen, drei Backenzähne und einige Knochen-
fragmente sowie die Überreste einer Mischlingsfrau
aus Neandertaler und Denisova-Mensch, der man den
Namen „Denny" gegeben hat (Slon et al. 2018) bekannt.
Daher lässt sich über das Aussehen dieser Menschen bisher nur spekulieren. Die Größe der Fundstücke spricht
aber dafür, dass sie von sehr kräftiger Gestalt gewesen
sein könnten. Außerdem deutet eine auf der Basis von
Erbmaterial durchgeführte anatomische Rekonstruktion
darauf hin, dass die Denisovamenschen möglicherweise
breitere Gesichter besaßen, als moderne Menschen und
selbst Neandertaler (Gokhman et al. 2019). Die in den
Knochen enthaltene **DNA** zeigt deutliche Abweichungen
von der Erbsubstanz des Neandertalers und des modernen Menschen (Krause et al. 2010). Offenbar handelt
es sich also um eine eigenständige Menschenform, die
sich vor rund 800.000 Jahren von der Abstammungslinie des *Homo sapiens* getrennt hat. Die Trennung von
der **Stammlinie** des Neandertalers erfolgte wahrscheinlich erst vor 640.000 bis 390.000 Jahren. Auch in diesem Fall kam es aber möglicherweise später dennoch zu
Vermischungen – sowohl mit dem modernen Menschen
als auch mit dem Neandertaler. So sollen sich Spuren des
Denisova-Menschen in heutigen Melanesiern, aber auch
in weiteren ostasiatischen und ozeanischen Populationen
erhalten haben – etwa bei den australischen Aborigines
oder den Tibetern (Wong 2019). Im Denisova-Genom
finden sich darüber hinaus Hinweise auf die Einkreuzung
einer weiteren unbekannten, möglicherweise archaischen
Menschenart. Die genetische Vielfalt der Denisova-
Menschen – zumindest der zuerst entdeckten Population D0 – war wahrscheinlich eher klein (Meyer et al.
2012). Weitere Denisova-Populationen (D1 und D2),

deren genetische Spuren in der Erbsubstanz moderner Menschen vorkommen, unterschieden sich allerdings stark von der Population D0 (Gibbons 2019).

Als rätselhaft gilt nach wie vor auch der Floresmensch *(Homo floresiensis)*, eine kleine, nur gut einen Meter große Menschenart, die wahrscheinlich seit etwa 700.000 Jahren (van den Bergh et al. 2016; Brumm et al. 2016) bis vor etwa 100.000 bis 60.000 Jahren auf der indonesischen Insel Flores lebte (Sutikna et al. 2016). Ältere Werkzeugfunde in Mata Menge und Wolo Sege könnten sogar auf eine viel frühere – vor 880.000 Jahren beziehungsweise einer Million Jahren – Besiedelung der Insel hinweisen (Brumm et al. 2010). Auffallend an *Homo floresiensis* ist sein kleines Gehirn. Es wird spekuliert, dass sich der Floresmensch entweder direkt von dem asiatischen *Homo erectus* oder sogar von einer früheren Menschenform auf der Stufe von *Homo habilis* oder *Homo rudolfensis* ableiten könnte. *Homo floresiensis* könnte somit auf eine sehr viel frühere Auswanderung der Gattung *Homo* aus Afrika hinweisen.

Die fossilen Überreste einer anderen kleinen, auf der Philippineninsel Luzon gefundenen Menschenart *(Homo luzonensis)* sind jeweils mindestens 50.000 beziehungsweise 67.000 Jahre alt (Détroit et al. 2019). Bekannt sind von dieser Menschenart bisher mehrere, im Vergleich zu anderen Menschenarten erstaunlich kleine Zähne sowie Hand-, Fuß- und Oberschenkelknochen, die von mindestens drei Individuen stammen. *Homo luzonensis* ist wie *Homo naledi* und viele andere frühe Menschenformen ein Beispiel für **Mosaikevolution:** Manche seiner anatomischen Merkmale ähneln *Homo erectus,* andere wiederum *Homo sapiens* oder *Paranthropus-* und *Australopithecus*-Arten. So dürfte *Homo luzonensis* ebenso wie die Australopithecinen und womöglich auch *Homo naledi* und *Homo floresiensis* ein guter Kletterer gewesen sein.

Irgendeine dieser frühen Menschenformen ist möglicherweise in der Warmzeit, die der letzten Eiszeit vorausging, bis nach Amerika gelangt. Dafür sprechen deutliche, aber auch umstrittene Bearbeitungsspuren an den Knochen eines vor 130.000 Jahren erlegten amerikanischen Mastodons *(Mammut americanum)* (Sander 2017b).

7.3   Der moderne Mensch

Frühe Formen des *Homo sapiens* werden oft auch als anatomisch moderne Menschen bezeichnet, da ihr Skelettbau zwar bereits dem Unsrigen glich. Über ihre tatsächlichen geistigen Fähigkeiten lässt sich aber anhand ihrer kulturellen Hinterlassenschaften nur spekulieren. Entstanden ist der anatomisch moderne Mensch nach traditioneller Lehrmeinung vor etwa 150.000 bis 200.000 Jahren im subsaharischen Afrika und hat sich von dort spätestens vor etwa 60.000 Jahren über die ganze Welt ausgebreitet (*out-of-Africa*-Hypothese: 2. Ursprung in Afrika). Skelettfunde zusammen mit **Levallois-Feuersteinen** am Djebel-Irhoud-Hügel in Marokko belegen aber, dass es bereits vor 300.000 Jahren anatomisch weitgehend moderne Menschen in Nordafrika gegeben haben muss (Wong 2019; Ziegler 2017b). Für ein solch hohes Alter sprechen auch neuere genetische Befunde, die nahelegen, dass die Populationen des modernen Menschen bereits vor 350.000 bis 260.000 damit begonnen haben, sich auseinanderzuentwickeln.

Die Sahara war damals in Folge der Eiszeiten keine Wüste, sondern eine von Löwen, Gazellen, Zebras und Gnus besiedelte Savanne, die den Menschen reichlich Nahrung bot (Ziegler 2017b). Etwa 320.000 Jahre alte Steinäxte aus Obsidian aus dem Olorgesailie-Becken in Kenia sind nicht nur technologisch fortschrittlicher als die bis dahin üblichen, einfachen Handäxte des Acheuléen. Sie erforderten zu ihrer Herstellung auch Materialien, die nicht vor Ort vorkamen. Sie belegen somit erste Handelsnetzwerke und damit eine bereits recht komplexe Sozialstruktur bei den frühen Menschen. Angestoßen wurde dieser Prozess möglicherweise durch geologische Ereignisse wie Erdbeben und Klimaveränderungen, die dazu führten, dass größere Tierarten im Olorgesailie-Becken durch kleinere Arten ersetzt wurden.

Als frühe fossile Belege für den modernen Menschen, gelten außer den Funden von Djebel Irhoud der 260.000 Jahre alte, unvollständig erhaltene Schädel von Florisbad aus dem heutigen Südafrika, drei etwa 195.000 Jahre alte Schädelbruchstücke aus Äthiopien, die als Omo-Schädel bekannt sind, sowie der etwa 160.000 Jahre alte, ebenfalls aus Äthiopien stammende Herto-Schädel (Ziegler 2017b). Darüber hinaus deuten Sequenzanalysen der nur mütterlich vererbten mitochondrialen DNA darauf hin, dass vor rund 100.000 bis 150.000 Jahren in Afrika eine Frau gelebt hat – die „afrikanische Eva" –, von der alle heuten lebenden Menschen in rein weiblicher Linie abstammen. Anhand der Y-Chromosomen wurde für diese Zeitspanne auch ein „afrikanischer Adam" postuliert, „Adam" und „Eva" dürften sich jedoch nie persönlich begegnet sein.

Auffallend an den Schädeln des frühen *Homo sapiens* ist die von der Seite betrachtet noch eher ovale und nicht runde Schädelform. Dem entsprach wahrscheinlich auch eine andere Gehirnform, wie Schädelausgüssen, sogenannte Endocasten, belegen. Dadurch konnten Bereiche des Gehirns größer werden, die für die Planung und Orientierung, die Verarbeitung sprachlicher Informationen und die Bewegungskoordination verantwortlich sind. Fast vollständig abgeschlossen war dieser Prozess wahrscheinlich erst vor 35.000 Jahren. Aber selbst heute noch gibt es Menschen, die eine leicht abweichende Schädelform aufweisen und Neugeborene besitzen ebenfalls noch einen länglichen Schädel. Bei Menschen mit minimal ovalem Schädel konnten Wissenschaftler ein altes Erbe des Neandertalers entdecken (Gibbons 2018; Gunz et al. 2019): Zwei Gene *UBR4* und *PHLPP1* werden bei ihnen etwas anders exprimiert. *UBR4* reguliert die Entwicklung von Nervenzellen und *PHLPP1* beeinflusst die Entwicklung der Myelinscheide, die Nervenzellen isoliert und schützt. Wahrscheinlich beeinflussen diese Gene die Bewegungskoordination, die Auswirkungen bei den betroffenen Menschen sind jedoch so schwach, dass sie bisher nicht nachgewiesen werden konnten. Direkte Rückschlüsse auf die Geschicklichkeit des Neandertalers und des archaischen *Homo sapiens* oder ihre Fähigkeit Wörter zu artikulieren, sind daher noch nicht möglich.

Auffallend ist auch das Verschwinden der bei vielen früheren Menschenformen so markanten Überaugenwülsten beim modernen Menschen. Möglicherweise entstanden so bewegliche Augenbrauen, die eine wichtige Rolle bei der Kommunikation über Mimik spielen (Godinho et al. 2018). Alternativ könnten diese Überaugenwülste aber zum Beispiel auch Kräfte abgefedert haben, die beim Beißen entstehen.

Der *Homo sapiens* ist auf jeden Fall vor 70.000 bis 60.000 Jahren, also zu einer Zeit, in der es große, wenn auch vorübergehende Kulturschübe gab, aus Afrika ausgewandert. Wahrscheinlich hat es aber schon früher, vor 180.000 und/oder vor 120.000 bis 100.000 Jahren eine oder mehrere Auswanderungswellen gegeben (Rabett 2018; Ziegler 2018b). Darauf deuten rund 194.000 bis 177.000 Jahre alte Schädelteile sowie Werkzeuge aus der Misliya-Höhle in Israel, Steinwerkzeuge aus Arabien (Jebel-Faya), Indien und Australien, die 120.000 bis 90.000 Jahre alten Schädel von Skhul und Qafzeh in Israel, ein gut 85.000 Jahre alter Fingerknochen aus

Arabien und ein umstrittener Unterkieferfund aus China hin. Möglicherweise sind diese frühen Auswandererpopulationen aber auch wieder erloschen.

Eine kontrovers diskutierte These geht davon aus, dass vor etwa 74.000 Jahren – bedingt durch den Ausbruch des Supervulkans Toba auf Sumatra – die menschlichen Populationen weltweit dramatisch reduziert wurden. Ein solcher genetischer Flaschenhals könnte erklären, weshalb sich die menschlichen Populationen heute weltweit so stark genetisch ähneln, die effektive Populationsgröße im Gegensatz zur realen Populationsgröße also gering ist.

Archaische Menschenformen könnten noch lange gemeinsam mit dem anatomisch modernen Menschen gelebt haben. Als wahrscheinlich gilt, dass vor etwa 20.000 Jahren, das heißt nach dem Neandertaler und dem Denisova-Menschen, in Afrika nochmals eine oder mehrere von *Homo sapiens* verschiedene Menschenart(en) eingekreuzt wurde(n) (Hammer et al. 2011). Dies könnte den etwa 13.000 Jahre alten, noch sehr altertümlich wirkenden, nigerianischen Iwo-Eleru-Schädel erklären, Spuren alter DNA in den **Genom**en der westafrikanischen Yoruba (Durvasula und Sankararaman 2018; Wong 2019) sowie für eine alte, etwa 300.000 Jahre alte Abstammungslinie der Y-Chromosomen, deren Träger somit nicht auf den afrikanischen Adam zurückgehen.

Der anatomisch moderne Mensch erreichte Südeuropa wahrscheinlich vor etwa 45.000 Jahren und breitete sich dann über den Donau-Korridor nach Mitteleuropa aus. Ihm wird die Kultur des (Proto-)Aurignacien zugeschrieben, das gegen Ende des Mousteriens vor etwa 42.000 Jahren bereits das nächste Zeitalter ankündigte. Kernland des Aurignacien (40.000 bis 28.000 Jahre vor heute) ist wahrscheinlich das Donautal in der Schwäbischen Alb: Typisch für diese Kulturepoche sind Knochenspitzen und Steinwerkzeuge aus langen, dünnen Klingen.

An kulturelle Erzeugnisse finden sich zum Beispiel Höhlenmalereien in den Höhlen von El Castillo und Altamira, Felsgravuren im Abri von Castanet, der Löwenmensch vom Lonetal, die Venus vom Hohlefels und Flöten aus Schwanenflügelknochen als erste Musikinstrumente. Eine etwa 12,6 Zentimeter lange Flöte wurde zum Beispiel am Geißenklösterle im Achtal gefunden. Die Vertreter der Aurignacien-Kultur verdrängten in Europa die bisher dort ansässigen Menschen: Mit dem Auftreten des anatomisch modernen Menschen in Europa starb der Neandertaler aus. Über die Gründe hierfür wird immer noch spekuliert. Infrage kommen zum Beispiel

1. eine geringe genetische Vielfalt des Neandertalers und, verbunden damit, eine hohe Inzuchtrate (Briggs et al. 2009),
2. Klimaschwankungen, auf die der moderne Mensch besser reagieren konnte,
3. ein hoher Kalorienbedarf des Neandertalers beziehungsweise eine flexiblere Ernährung beim modernen Menschen als beim Neandertaler,
4. technische Innovationen des modernen Menschen wie der Besitz von Nadeln, um warme Kleidung und Zelte zu nähen, sowie
5. bessere Fähigkeiten des modernen Menschen zu planen, soziale Netzwerke zu bilden oder sich an verschiedene Umweltbedingungen anzupassen.

Auch eine Kombination dieser Ursachen ist möglich. Die Unterschiede in der Schädelform, die zwischen dem anatomisch modernen Menschen und anderen Menschenformen wie dem Neandertaler bestehen, könnten auf eine unterschiedliche, das heißt aber nicht zwingend minderwertige Gehirnstruktur hinweisen.

Am Ende des Aurignaciens wurden auch die Träger der Aurignacien-Kultur wiederum von Einwanderern aus Südosteuropa und Westasien verdrängt. Das Gravettien etwa dauerte von vor 30.500 bis 22.000 Jahren und überlappt daher teilweise mit dem Aurignacien. Wahrscheinlich gehören in diese Zeit die Zeichnungen der Chauvet-Höhle in Frankreich. Neben oft sehr natürlich wirkenden Tierabbildungen umfassen diese Zeichnungen auch Mischwesen und Symbole. Typisch für diese Periode sind Venusfigürchen wie die Venus von Willendorf, die als Sexual- oder Fruchtbarkeitssymbole gedient haben könnten. Abgelöst wurde das Gravettien vom Epigravettien und vom Solutreen (22.000 bis 19.000 Jahre vor heute). In das Solutreen, das mit dem Höhepunkt der letzten Eiszeit zusammenfiel, gehören fein gearbeitete Lorbeerblattspitzen und Gravierungen im Côa-Tal. Das Magdalenien (18.000 bis 12.000 Jahre vor heute) kennzeichnen verzierte Knochen- und Geweihwerkzeuge sowie Zeichnungen in den Höhlen von Lascaux in Frankreich und Altamira in Nordspanien. Die Menschen lebten damals von der Jagd auf Großwildherden, die in der eiszeitlichen Steppenlandschaft grasten. Als Jagdwaffen dienten ihnen Speerschleudern. Europaweit bestand ein soziales Beziehungsnetz zwischen den Menschengruppen. Zum Azilien (12.300 bis 9600 vor heute) gehören schließlich Rückenmesser (Federmesser) und Harpunen aus Hirschgeweih. Da das nacheiszeitliche Europa zunehmend bewaldet war, erwiesen sich jetzt Pfeil und Bogen als die besseren Jagdwaffen. Die künstlerische Aktivität der Menschen nahm damals ab. Außerdem gaben die Menschen im Azilien das weit ausgedehnte soziale Netzwerk des Magdaleniens auf und orientierten sich überwiegend lokal.

Mit der Erfindung der Landwirtschaft im vorderen Orient endete schließlich die Altsteinzeit (Paläolithikum)

und begann die Neusteinzeit (Neolithikum). In Mitteleuropa, wo diese Entwicklung erst zeitverzögert einsetzte,
wird zudem noch eine Mittelsteinsteinzeit (Mesolithikum)
unterschieden. Der Mensch begann jetzt, zunehmend das
Leben auf der Erde zu dominieren. Mit der Erfindung
der Schrift begann das Zeitalter der Geschichte. Es wird
diskutiert, ob der Mensch auch ein neues geologisches
Zeitalter eingeleitet hat, das Anthropozän. Definitiv ent-
schieden wurde bisher aber weder ob, noch wann eine solche Epoche begonnen haben könnte.

Anhang

Stammbäume

Siehe Abb. A.1, A.2.

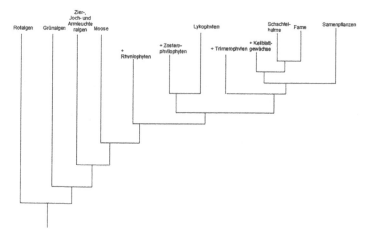

Abb. A.1 Stammbaum der Pflanzen

© Springer-Verlag GmbH Deutschland,
ein Teil von Springer Nature 2020
J. Sander, *Ursprung und Entwicklung des Lebens*,
https://doi.org/10.1007/978-3-662-60570-7

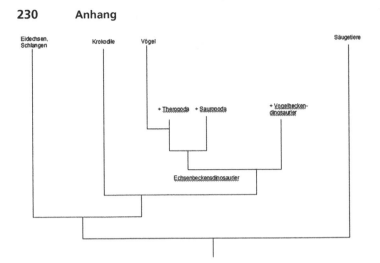

Abb. A.2 Stammbaum der Wirbeltiere

Bildnachweis

Abb. 4.4: Sander, J., 2012. Paläontologie: Das Wuda-Kohlefeld: Pompeji der Inneren Mongolei. Naturw. Rdsch, Vol. 65, No. 768, 305–307.

Abb. 5.4: Sander, J., 2015. Pflanzensystematik: *Montsechia*, ein früher Verwandter der Hornblattgewächse. Naturw. Rdsch, Vol. 68, No. 807, 462–463.

Abb. 5.3: *(Aglaophyton):* Sander, J., 2016. Paläomikrobiologie – Eine kurze Geschichte der Prokaryoten und Pilze. Naturw. Rdsch, Vol. 69, No. 813, 112–120.

Glossar

Adaptive Radiation Bildung zahlreicher neuer, stärker spezialisierter Arten innerhalb kurzer Zeit aus weniger spezialisierten Vorfahren. Oft kommt es unmittelbar oder zeitverzögert nach Massenaussterben zu solchen Ereignissen. Die Zeitverzögerung kann daher rühren, dass nach einem Aussterbeereignis die Verschiedenheit zwischen den Organismen stark reduziert wurde. Dementsprechend muss sich erst wieder mehr Verschiedenheit herausbilden, bevor Artenvielfalt entstehen kann.

Aerobe Atmung Aerobe Atmer übertragen im Stoffwechsel freiwerdende Elektronen auf Sauerstoff. Die Übertragung erfolgt über eine Elektronentransportkette, das heißt über eine Kette aus Proteinen, die in Membranen eingelagert sind. Bei Bakterien und Archaeen sind dies die Zellmembranen, bei Organismen mit Zellkern handelt es sich um die inneren Membranen der Mitochondrien, die als Organellen im Zellplasma liegen.

© Springer-Verlag GmbH Deutschland,
ein Teil von Springer Nature 2020
J. Sander, *Ursprung und Entwicklung des Lebens,*
https://doi.org/10.1007/978-3-662-60570-7

Amnioten Wirbeltiere, bei denen die Embryonen von einer selbst gebildeten Hülle geschützt sind. Zu den Amnioten gehören die Reptilien, die Säugetiere und die Vögel.

Anaerobe Atmung Als anaerobe Atmer bezeichnet man Mikroorganismen, die statt Sauerstoff andere anorganische Verbindungen, wie etwa Sulfat, als Elektronensenke verwenden. Die Übertragung der Elektronen erfolgt wie bei der aeroben Atmung über eine Elektronentransportkette, d. h. über eine Kette aus Proteinen in Membranen.

Angiospermen Bedecktsamer, bei denen das Fruchtblatt die Samenlange umhüllt. Gegensatz: Gymnospermen.

Archaeen Früher als „Archaebakterien" bezeichnete Gruppe von Organismen ohne Zellkern. Aus den Archaeen haben sich vielleicht die Organismen mit Zellkern (Eukaryoten) entwickelt.

Arthropoden Tiere mit Außenskelett (= Exoskelett) und gegliederten Beinen: Insekten, Krebse, Spinnentiere, Trilobiten.

Asteroide Überwiegend feste Körper mit einem geringen Anteil an flüchtigen Substanzen, die im inneren Bereich des Sonnensystems entstanden sind. Die meisten Asteroiden kreisen heute zwischen den Planeten Mars und Jupiter im sogenannten Asteroidengürtel um die Sonne.

Astronomische Einheit (AE) Mittlere Entfernung zwischen der Erde und der Sonne.

Atmungskette Siehe Elektronentransportprozesse.

Atom Atomkerne bestehen aus zwei Sorten von Teilchen, elektrisch neutralen Neutronen und positiv geladenen Protonen. Die Zahl der Protonen legt die chemischen Eigenschaften des jeweiligen Elements dar. Verschiedene Isotope eines Elements haben die gleiche Anzahl von Protonen, unterscheiden sich aber in der Anzahl der Neutronen. Die negativ geladenen Elektronen in der Atomhülle kompensieren die positive Ladung der Protonen im Atomkern. Durch Kernfusion entstehen schwerere Atomkerne, durch Kernspaltung und radioaktiven Zerfall leichtere Kerne.

Cyanobakterien Gruppe von Bakterien, die zu einer sauerstoffbildenden (oxygenen) Photosynthese befähigt sind.

Daumenfittich Federn am Daumen, die die Luftströmung am Flügel steuern.

DNA Englische Abkürzung für „Desoxyribonukleinsäure"das Material, aus dem die Erbsubstanz besteht.

Echsenbeckensaurier (Saurischia) Dinosaurier mit echsenartigem Becken. Zu den Echsenbeckensauriern gehören die ursprünglichen Herrerasaurier sowie die Theropoda und die Sauropoda. Die Vögel besitzen zwar ein vogelartiges Becken, haben sich aber aus den Theropoda entwickelt.

Elektronentransportketten Energiereiche Elektronen werden von Proteinen, die in eine Biomembran eingelagert sind, aufgenommen und über mehrere weitere Membranproteine und kleine Moleküle auf einen Endakzeptor weitergeleitet. Die dabei frei werdende Energie wird zunächst in Form eines Protonengradienten über die Membran und später dann chemisch gespeichert. Elektronentransportketten spielen bei der Atmung und der Photosynthese eine wichtige Rolle.

Euphyllophyten Pflanzen mit echten Großblättern (Megaphyllen). Heute gehören zu diesen Pflanzen die Farne und Samenpflanzen, aber nicht die Lykophyten.

Foraminiferen (Kammerlinge) Überwiegend im Meer und nur selten im Südwasser lebende, machmal mehrere Zentimeter große Einzeller mit Kalkschalen, die als Leitfossilien verwendet werden.

Gametophyt Geschlechtliche Generation der Landpflanzen mit einfachem Chromosomensatz.

Gen Abschnitt der Erbsubstanz eines Organismus, der zum Beispiel für ein bestimmtes Protein kodiert.

Genom Gesamtheit aller Erbanlagen eines Organismus, einer Zelle, eines Virus oder einer Organelle.

Gymnospermen Nacktsamer, bei denen die Samenanlage ungeschützt auf dem Fruchtblatt sitzt. Gegensatz: Angiospermen.

Heterochrone Evolution Ein Oberbegriff für verschiedene Evolutionsprozesse, bei denen die Entwicklung eines Organismus vom Jugendlichen zum Erwachsenen verzögert oder beschleunigt wird. Dabei können Erwachsene mit jugendlichen Eigenschaften (Neotenie) oder Jugendliche mit den Eigenschaften erwachsener Tiere (Progenese) entstehen. Heterochrone Evolution geht oft mit Mosaikevolution einher.

Hybride Werden zwei Arten miteinander gekreuzt, so entstehen Hybride, aus denen neue Arten hervorgehen können. Die Bildung von Hybriden spielt nicht nur in der Evolution des Menschen, sondern auch bei der Evolution anderer Arten eine Rolle. Durch die Bildung von Hybriden werden ursprünglich getrennte Evolutionslinien miteinander vernetzt. Man spricht daher auch von netzförmiger oder „retikulater" Evolution.

Katalyse Viele chemische Reaktionen laufen nicht spontan ab, da erst eine Aktivierungsenergie zugeführt werden muss. Katalysatoren wie Enzyme und manche Ribonukleinsäuren senken diese Aktivierungsenergie, sodass die Reaktion ablaufen kann.

Kometen Körper mit einem hohen Anteil an flüchtigen Substanzen wie Wasser, die im äußeren Bereich des Sonnensystems entstanden sind. Bei Annäherung an die Sonne tauen die flüchtigen Substanzen auf und sorgen so für die Bildung eines Schweifes. Viele (vor allem kurzperiodische) Kometen gehören wie der Zwergplanet Pluto dem Kuipergürtel an, dessen Objekte jenseits der Neptunbahn um die Sonne kreisen.

Kraton Sehr alter Kontinentalkern.

Kronengruppe Alle rezenten und ausgestorbenen Vertreter einer Organismengruppe, die auf einen gemeinsamen Vorfahren zurückgehen und die für die jeweilige Organismengruppe typische Merkmale miteinander teilen. Bei heute noch lebenden Organismengruppen, zum Beispiel den Vögeln, werden alle lebenden und ausgestorbenen Vertreter dieser Gruppe, die auf den letzten gemeinsamen Vorfahren der lebenden Vertreter zurückgeführt werden können, als Kronengruppe bezeichnet. Gegensatz: Stammgruppe.

Lebendes Fossil Letzter/Letzte Vertreter einer einst viel größeren, mit zeitgenössischen Arten nur entfernt verwandten Gruppe mit noch sehr ursprünglichen Merkmalen und eingeschränktem Verbreitungsgebiet.

Leitfossilien Fossilien, bei denen bestimmte Formen typisch sind für ein bestimmtes Erdzeitalter und die daher eine relative Altersbestimmung der Gesteine erlauben, in denen sie gefunden wurden.

Levalloistechnik Schildkerntechnik, bei der schildförmige Steinklingen durch Abschlag von einem Kern gewonnen werden.

Lykophyten Pflanzengruppe mit gabelig verzweigten Sprossen und Wurzeln: Bärlappe, Moosfarne, Brachsenkräuter, Pleuromeien, Siegel- und Schuppenbäume. Vgl. Euphyllophyten.

Meteorit Kleine, aus dem All stammende Körper, die auf der Erdoberfläche gelandet sind. Meteorite stammen ursprünglich von Asteroiden und Kometen.

Mikrobenmatte Mattenförmiges, geschichtetes Ökosystem aus Mikroorganismen, das auf einer festen Oberfläche wächst.

Mitochondrien Kleine, von zwei Membranen umschlossene Organe in Zellen, in denen der Citratzyklus, die aerobe Atmung und andere Stoffwechselprozesse ablaufen. Mitochondrien stammen von Bakterien ab und enthalten eine eigene Erbsubstanz.

Mosaikevolution Die verschiedenen Organe von Organismen können sich in der Evolution unterschiedlich schnell entwickeln, sodass Organismen entstehen, die verschiedene Kombinationen aus altertümlichen und modernen Merkmalen aufweisen. Bei Parallelentwicklungen in unterschiedlichen Evolutionslinien können sich moderne Merkmale bei den einzelnen Linien in unterschiedlicher Reihenfolge entwickeln.

Mutation Änderung im Erbgut.

Mykorrhiza Symbiose zwischen an Land lebenden Pflanzen und Pilzen, bei der der Pilz die Pflanze mit Nährstoffen (Phosphor und Stickstoff) und die Pflanze im Gegenzug den Pilz mit Photosyntheseprodukten versorgt.

Nukleinsäuren Aus Nukleotiden aufgebaute Polymere, die die Erbsubstanz bilden. Zu den Nukleinsäuren gehören Desoxyribonukleinsäuren (DNA) und Ribonukleinsäuren (RNA), die sich chemisch leicht voneinander unterscheiden. DNA dient bei den meisten Organismen als Erbsubstanz, RNA wird von einigen Viren als Erbsubstanz genutzt und trägt außerdem dazu bei, die in der DNA gespeicherte Information in Proteine umzusetzen.

Organische Verbindungen Die meisten auf Kohlenstoff basierenden chemischen Verbindungen werden als organische Verbindungen bezeichnet. Alle anderen chemischen Verbindungen sind anorganisch. Kohlendioxid ist eines des wenigen anorganischen Verbindungen des Kohlenstoffs.

Osmotischer Wert Ein Maß für den Gehalt von gelösten Stoffen in Wasser: Je mehr Stoffe, desto höher der osmotische Wert. Werden zwei wässrige Lösungen mit unterschiedlichen Konzentrationen eines gelösten Stoffs durch eine wasserdurchlässige Membran voneinander getrennt, so strömt das Wasser von der niedrigerkonzentrierten zur höherkonzentrerten Lösung. Lebende Zellen mit hohen Stoffkonzentrationen in ihrem Inneren können daher platzen, wenn sie in einem Medium mit niedrigen Stoffkonzentrationen leben, es sei denn eine Zellwand erzeugt einen Gegendruck.

Oxidation Abgabe von Elektronen aus der Atomhülle.

Phanerozoikum Zeit von Beginn des Kambriums vor 541 Millionen Jahren bis heute, in der vermehrt Fossilien auftreten.

Phototrophie/Photosynthese Nutzung von Licht als Energiequelle zum Leben. Binden (fixieren) entsprechende Organismen auch Kohlendioxid (CO_2) in organischen Molekülen, so spricht man von Photosynthese. Während Pflanzen zum Fixieren von Kohlendioxid den Calvinzyklus verwenden, nutzen Bakterien entweder den Calvinzyklus oder andere Stoffwechselwege, etwa den Acetyl-CoA-Weg. Cyanobakterien und Pflanzen betreiben eine oxygene Photosynthese, bei der Sauerstoff gebildet wird. Dabei existiert eine klassische C3-Variante und eine C4-Variante, bei der das Kohlendioxid zur Effizienzsteigerung vorfixiert wird.

Plastiden Kleine von zwei oder mehr Membranen umschlossene Organe (Organellen) in den Zellen von phototrophen Organismen mit Zellkern, in denen die Photosynthese abläuft (dann heißen sie auch Chloroplasten) oder Stoffe gespeichert werden. Plastiden stammen von Bakterien ab und enthalten eine eigene Erbsubstanz.

Polymere Große, aus mehreren wiederkehrenden Bausteinen aufgebaute Moleküle. In der Biologie zum Beispiel Proteine, Nukleinsäuren oder Stärke. Proteine bestehen aus Aminosäure, Nukleinsäuren aus Nukleotiden. Stärke gehört zu den Polysacchariden (Vielfachzuckern) und besteht daher aus Zuckermolekülen.

Primärproduzenten Organismen, die Lichtenergie oder in anorganischen, chemischen Molekülen gespeicherte Energie nutzen, um organische Substanzen aufzubauen, die dann den Konsumenten (= Sekundärproduzenten) als Nahrung dienen.

Protein Aus Aminosäuren aufgebautes Polymer (Polypeptid). Proteine erfüllen als Strukturproteine und Enzyme wichtige Funktionen für Lebewesen.

Reduktion Aufnahme von Elektronen in die Atomhülle.

Rezent Heute noch lebend.

Ribosomen Große Gebilde aus Ribonukleinsäuren und Proteinen, die in allen Lebewesen vorkommen und die Erbinformationen in Proteinsequenzen übersetzen.

Schlauchpilze Pilze, die ihre Sporen in einem schlauchförmigen Gebilde tragen, der als Ascus bezeichnet wird.

Schwestergruppe Zwei Gruppen von Organismen, die sich von einer gemeinsamen Stammart aus entfaltet haben, werden als Schwestergruppen bezeichnet.

Sporophyt Ungeschlechtliche Generation der Landpflanzen mit doppeltem Chromosomensatz.

Stammgruppe/Stammlinie Alle Vertreter einer Organismengruppe, die näher mit der Kronengruppe dieser Organismen verwandt sind als mit anderen Gruppen, aber die noch nicht alle Merkmale der Kronengruppe aufweisen.

Ständerpilze Pilze, die ihre Sporen auf einem „Ständer" tragen, der Basidie.

Sterane Organischen Molekül aus vier miteinander verbundenen Kohlenstoffringen. Sterane bilden die Grundstruktur aller Steroide.

Steroide Organische Moleküle, die sich von den Steranen ableiten. Zu den Steroiden gehören das Cholesterin und viele Hormone.

Stromatolith Durch Matten aus phototrophen oder nicht-phototrophen Mikroorganismen gebildete Carbonatablagerungen.

Symbiose Enges Zusammenleben zweier Organismenarten zum gegenseitigen Vorteil.

Taxonomie Lehre von der Einordnung der Lebewesen in verschiedene Gruppen.

Vogelbeckensaurier (Ornithischia) Dinosaurier mit vogelartigem Becken – allerdings mit Ausnahme der Vögel.

Literatur

Albani, A.E., et al. 2010. Large colonial organisms with coordinated growth in oxygenated environments 2.1 Gyr ago. *Nature* 466:100–104.

Allwood, A.C., et al. 2018. Reassessing evidence of life in 3,700-million-year-old rocks of Greenland. *Nature* 563:241–244.

Arnoldt, H., et al. 2015. Toward the Darwinian transition: Switching between distributed and speciated states in a simple model of early life. *Physical Review E* 92:052909.

Bacon, C.D., et al. 2015. Biological evidence supports an early and complex emergence of the Isthmus of Panama. *Proceedings of the National Academy of Sciences* 112 (19): 6110–6115.

Barden, P., et al. 2017. A new genus of hell ants from the Cretaceous (Hymenoptera: Formicidae: Haidomyrmecini) with a novel head structure. *Systematic Entomology* 42:837–846.

Beerling, D.J., et al. 2001. Evolution of leaf-form in land plants linked to atmospheric CO_2 decline in the Late Palaeozoic era. *Nature* 410:352–354.

© Springer-Verlag GmbH Deutschland,
ein Teil von Springer Nature 2020
J. Sander, *Ursprung und Entwicklung des Lebens*,
https://doi.org/10.1007/978-3-662-60570-7

Bell, C.D., et al. 2010. The age and the diversification of the angiosperms re-revisited. *American Journal of Botany* 97:1296–1303.

Bengtson, S., et al. 2017. Three-dimensional preservation of cellular and subcellular structures suggests 1.6 billion-year-old crown-group red algae. *PLoS Biology* 15:e20000735.

Bennett, M.R., et al. 2009. Early hominin foot morphology based on 1.5-million-year-old footprints from Ileret, Kenya. *Science* 323 (5918): 1197–1201.

Bernardi, M., et al. 2018. Dinosaur diversification linked with the Carnian Pluvial Episode. *Nature Communications* 9:1499.

Berry, C.M., und J.E.A. Marshall. 2015. Lycopsid forests in the early Late Devonian peloequatorial zone of Svalbard. *Geology* 43 (12): 1043–1046.

Blank, C.E. 2004. Evolutionary timing of the origins of mesophilic sulphate reduction and oxygenic photosynthesis: A phylogenomic dating approach. *Geobiology* 2:1–20.

Blomenkemper, P., et al. 2018. A hidden cradle of plant evolution in Permian tropical lowlands. *Science* 362:1414–1416.

Blonder, B., et al. 2014. Plant ecological strategies shift across the Cretaceous-Paleogene Boundary. *PLoS Biologie* 12 (9): e1001949.

Blount, Z.D. 2018. Evolution zwischen Zufall und Wiederholung. *Spektrum der Wissenschaft* 2018:38–47.

Bobrovskiy, I., et al. 2018. Ancient steroids establish the Ediacaran fossil *Dickinsonia* as one of the earliest animals. *Science* 361:1246–1249.

Borths, M.R., und N.J. Stevens. 2019. *Simbakubwa kutokaafrika*, gen. et sp. nov. (Hyainailourinae, Hyaenodonta, ‚Creodonta', Mammalia), a gigantic carnivore from the earliest Miocene of Kenya. *Journal of Vertebrate Paleontology* 39:e1570222. https://doi.org/10.1080/02724634.2019.1570222.

Boyce, C.K., und W.A. DiMichele. 2018. Fast or slow fort he arborescent lycopsids? *New Phytologist*. https://doi.org/10.1111/nph.15059.

Boyle, R.A., et al. 2014. Stabilization of the coupled oxygen and phosphorus cyclcs by the evolution of bioturbation. *Nature Geoscience* 7:671–676.

Boyle, R. 2019. Leben durch Plattentektonik. *Spektrum der Wissenschaft* 2019:42–47.

Briggs, A.W., et al. 2009. Targeted retrieval and analysis of five neandertal mtDNA genomes. *Science* 325 (5938): 318–321.

Brinkhuis, H., et al. 2006. Episodic fresh surface waters in the Eocene Artic Ocean. *Nature* 441:606–609.

Britt, B.B., et al. 2018. Caelestiventus hanseni gen. et sp. nov. extends the desert-dwelling pterosaur record back 65 million years. *Nature Ecology & Evolution* 2:1386–1392.

Broadley, M.W., et al. 2018. End-Permian extinction amplified by plume-induced release of recycled lithospheric volatiles. *Nature Geoscience* 11:682–687.

Brocklehurst, R.J., et al. 2018. Vertebral morphometrics and lung structure in non-avian dinosaurs. *Royal Society Open Science* 5:180983.

Brocks, J.J., et al. 2017. The rise of algae in Cryogenian oceans and the emergence of animals. *Nature* 548:578–581.

Brumm, A., et al. 2010. Hominins on Flores, Indonesia, by one million years ago. *Nature* 464:748–752.

Brumm, A., et al. 2016. Age and context of the oldest known hominin fossils from Flores. *Nature* 534:249–253.

Brusatte, S. 2015. Der späte Siegeszug der Tyrannosaurier. *Spektrum der Wissenschaft* 2015:20–28.

Brusatte, S. 2017. Das Puzzle der Vogelevolution. *Spektrum der Wissenschaft* 2017:30–37.

Butterfield, N.J. 2000. *Bangiomorpha pubescens* n. gen., n. sp.: Implications for the evolution of sex, multicellularity, and the Mesoproterozoic/Neoproterozoic radiation of eukaryotes. *Paleobiology* 26:386–404.

Cai, C., et al. 2017. Mycophagous rove beetles highlight diverse mushrooms in the Cretaceous. *Nature Communicattions* 8:14894.

Caldwell, M.W., et al. 2015. The oldest known snakes from the Middle Jurassic-Lower Cretaceous provide insights on snake evolution. *Nature Communications* 6:5996.

Camacho, A., et al. 2017. Photoferrotrophy: Remains of an ancient photosynthesis in modern environments. *Frontiers in Microbiology* 8:323.

Cau, A., et al. 2017. Synchrotron scanning reveals amphibious ecomorphology in a new clade of bird-like dinosaurs. *Nature* 552:395–399.

Chen, F., et al. 2019. A late Middle Pleistocene Denisovan mandible from the Tibetan Plateau. *Nature* 569:409–412.

Chen, M., et al. 2019. Assembly of modern mammal community structure driven by Late Cretaceous dental evolution, rise of flowering plants, and dinosaur demise. *Proceedings of the National Academy of Sciences* 116:9931–9940.

Couzens, A.M.C., und G.J. Prideaux. 2018. Rapid Pliocene adaptive radiation of modern Kangaroos. *Science* 362:72–75.

Crowe, S.A., et al. 2013. Atmospheric oxygenation three billion years ago. *Nature* 501:535–538.

Cuk, M., und S.T. Stewart. 2012. Making the Moon from a fast spinning Earth: A giant Impact followed by a resonant despinning. *Science* 338 (6110): 1047–1052.

Cunningham, J.A., et al. 2017. The Weng'an Biota (Doushantuo Formation): an Ediacaran window on soft-bodied and multicellular microorganisms. *Journal of the Geological Society* 174:793–802.

Cuthill, J.F.H., und J. Hun. 2018. Cambrian petalonamid *Stromatoveris* phylogenetically links Ediacaran biota to later animals. *Palaeontology* 61:813–823.

Cuthill, J.F.H., und S.C. Morris. 2017. Nutrient-dependent growth underpinned the Ediacaran transition to large body size. *Nature Ecology & Evolution* 1:1201–1204.

Daley, A.C., et al. 2018. Early fossil record of Euarthropoda and the Cambrian explosion. *Proceedings of the National Academy of Sciences* 115:5323–5331.

Damer, B. 2016. A field trip to the Archaean in search of Darwin's warm little pond. *Life (Basel)* 6:21.

Damer, B., und D. Deamer. 2015. Coupled phases and combinatorial selection in fluctuating hydrothermal pools: A scenario to guide experimental approaches to the origin of cellular life. *Life* 5:872–887.

Darroch, S.A.F., et al. 2018. Ediacaran extinction and Cambrian explosion. *Trends in Ecology & Evolution* 33:653–663.

David, L.A., und E.J. Alm. 2011. Rapid evolutionary innovation during an Archaean genetic expansion. *Nature* 469 (7328): 93–96.

De-Paula, O.C., et al. 2018. Unbuttoning the ancestral flower of angiosperms. *Trends in Plant Science* 23:551–554.

DeMichelle, W.A., et al. 2007. Ecological gradients within a Pennsylvanian mire forest. *Geology* 35 (5): 415–418.

DePalma, R.A., et al. 2019. A seismically induced onshore surge deposit at the KPg boundary, North Dakota. *Proceedings of the National Academy of Sciences* 116:8190–8199.

DeSilva, J.M. 2018. Comment on „The growth pattern of Neandertals, reconstructed from a juvenile skeleton from El Sidrón (Spain)". *Science* 359:3611.

DeSilva, J.M., et al. 2018. A nearly complete foot from Dikika, Ethiopia and its implications for the ontogeny and function of *Australopithecus afarensis*. *Science Advances* 4:eaar7723.

Degioanni, A., et al. 2010. Gene der Neandertaler. *Spektrum der Wissenschaft, Juni* 2010:54–59.

Dilcher, D.L., et al. 2007. An early infructescence *Hyrcantha decussata* (comb. nov.) from the Yixian Formation in northeatsern China. *Proceedings of the National Academy of Sciences* 104 (22): 9370–9374.

Dohrmann, M., und G. Wörheide. 2017. Dating early animal evolution using phylogenomic data. *Scientific Reports* 7:3599.

Douka, K., et al. 2019. Age estimates for hominin fossils and the onset of the Upper Palaeolithic at Denisova Cave. *Nature* 565:640–644.

Durvasula, A., und S. Sankararaman. 2018. Recovering signals of ghost archaic admixture in the genomes of present-day Africans. *BioRxiv.* https://doi.org/10.1101/285734

Détroit, F., et al. 2019. A new species of *Homo* from the Late Pleistocene of the Philippines. *Nature* 568:181–186.

Edwards, D., et al. 2014. Cryptospores and cryptophytes reveal hidden diversity in early land floras. *New Phytologist* 202:50–78.

Eickmann, B., et al. 2018. Isotopic evidence for oxygenated Mesoarchaean shallow oceans. *Nature Geoscience* 11:133–138.

Elkins-Tanton, L.T. 2017. Aufruhr in der Kinderstube. *Spektrum der Wissenschaft* 2017:44–52.

Engel, M.S. et al. 2007. *Primitive termites from the Early Cretaceous of Asia (Isoptera).* Stuttgarter Beiträge zur Naturkunde, Serie B, Vol. 371, 1–32. Stuttgart: Staatliches Museum für Naturkunde.

Engl, T., et al. 2018. Evolutionary stability of antibiotic protection in a defensive symbiosis. *Proceedings of the National Academy of Sciences* 115:E2020–E2029.

Erickson, G.M. 2018. Bitte einmal kräftig zubeißen! *Spektrum der Wissenschaft* 2018:32–37.

Errington, J. 2013. L-form bacteria, cell walls and the origins of life. *Open Biology* 3:120143.

Feild, T.S., et al. 2011. Fossil evidence for Cretaceous escalation in angiosperm leaf vein evolution. *Proceedings of the National Academy of Sciences* 108 (20): 8363–8366.

Feldberg, K., et al. 2014. Epiphytic leafy liverworts diversified in angiosperm dominated forests. *Scientific Reports* 4:5974.

Feng, J.-Y., et al. 2017. Phylogenomics reveals rapid, simultaneous diversification of three major clades of Gondwanan frogs at the Cretaceous-Paleogene boundary. *Proceedings of the National Academy of Sciences* 114:E5864–E5870.

Field, K.J., et al. 2015. Symbiotic options for the conquest of land. *Trends in Ecology & Evolution* 30 (8): 477–486.

Fielding, C.R., et al. 2019. Age and pattern of the southern high-latitude continental end-Permian extinction constrained by multiproxy analysis. *Nature Communications* 10:365.

Finkel, Z.V., et al. 2005. Climatically driven macroevolutionary patterns in the size of marine diatoms over the Cenozoic. *Proceedings of the National Academy of Sciences* 102 (25): 8927–8932.

Floudas, D., et al. 2012. The Paleozoic origin of enzymatic lignin decomposition reconstructed from 31 Fungal genomes. *Science* 336 (6089): 1715–1719.

Flynn, J.J., et al. 2007. Es war einmal in Südamerika. *Spektrum der Wissenschaft* 2007:27–33.

Fortey, R. 2000. Olenid trilobites: The oldest known chemoautotrophic symbionts? *Proceedings of the National Academy of Sciences* 97 (12): 6574–6578.

Frankowiak, K., et al. 2016. Photosymbiosis and the expansion of shallow-water corals. *Science Advances* 2 (11): e1601122.

Frebel, A. 2008. Auf der Spur der Sterngreise. *Spektrum der Wissenschaft* 2008:24–32.

Frieling, J., et al. 2017. Extreme warmth and heat-stressed plankton in the tropics during the Paleocene-Eocene Thermal Maximum. *Science Advances* 3 (3): e1600891.

Fu, Q., et al. 2018. An unexpected noncarpellate epigynous flower from the Jurassic of China. *eLife* 7:e388827.

Fu, D., et al. 2019. The Qingjiang biota – A Burgess Shale-type fossil Lagerstätte from the early Cambrian of South China. *Science* 363:1338–1342.

Gall, J.-C., und L.G. Stamm. 2005. The early Middle Triassic „Grès à Voltzia" formation of eastern France: A model of environmental refugium. *Comptes Rendus Palevol* 4:637–652.

Garcia, A.K., et al. 2017. Reconstructed ancestral enzymes suggest long-term cooling of Earth's photic zone since the Archean. *Proceedings of the National Academy of Sciences* 114 (18): 4619–4624.

Garrouste, R., et al. 2012. A complete insect from the Late Devonian period. *Nature* 488:82–85.

Garrouste, R., et al. 2016. Insect mimicry of plants dates back to the Permian. *Nature Communications* 7:13735.

Garwood, R.J., et al. 2016. Almost a spider: A 305-million-year-old fossil arachnid and spider origins. *Proceedings of the Royal Society B: Biological Sciences* 283:20160125.

Gaudzinski-Windheuser, S., et al. 2018. Evidence for close-range hunting by last interglacial Neanderthals. *Nature Ecology & Evolution* 2:1087–1092.

Gerrienne, P., et al. 2011. A simple type of wood in two Early Devonian plants. *Science* 333 (6044): 837.

Gibbons, A. 2018. Why modern humans have round heads. *Science* 362:1229.

Gibbons, A. 2019. Our mysterious cousins—the Denisovans—may have mated with modern humans as recently as 15,000 years ago. *BioRxiv.* https://doi.org/10.1126/science.aax5054.

Gibson, T.M., et al. 2017. Precise age of *Bangiomorpha pubescens* dates the origin of eukaryotic photosynthesis. *Geology* 46:135–138.

Gilles, S., et al. 2017. Early members of „living fossil" lineage imply later origin of modern ray-finned fishes. *Nature* 549:265–268.

Godinho, R.M., et al. 2018. Supraorbital morphology and social dynamics in human evolution. *Nature Ecology & Evolution* 2:956–961.

Gokhman, D., et al. 2019. Reconstructing Denisovam anatomy using DNA methylation maps. *Cell* 179:180–192.

Gomez, B., et al. 2015. *Montsechia*, an ancient aquatic angiosperm. *Proceedings of the National Academy of Sciences* 112:10985–10988.

Gould, S.B., et al. 2016. Bacterial vesicle secretion and the evolutionary origin of the eukaryotic endomembrane system. *Trends in Microbiology* 24:525–534.

Grice, K., et al. 2005. Photic zone euxinia during the Permian-Triassic superanoxic event. *Science* 307 (5710): 706–709.

Gunz, P., et al. 2019. Neandertal introgression sheds light on modern human endocranial globularity. *Current Biology* 29:120–127.

Guo, C.-Q., et al. 2018. *Riccardiothallus devonicus* gen. et sp. nov., the earliest simple thalloid liverwort from the Lower Devonian of Yunnan, China. *Review of Palaeobotany and Palynology* 176–177:35–40.

Hammer, M.F., et al. 2011. Genetic evidence for archaic mixture in Africa. *Proceedings of the National Academy of Sciences* 108:15123–15128.

Han, G., et al. 2017. A Jurassic gliding euharamiyidan mammal with an ear of five auditory bones. *Nature* 551:451–456.

Harmand, S., et al. 2015. 3.3-million-year-old stone tools from Lomekwi 3, West Turkana, Kenya. *Nature* 510:310–315.

Harms, M.J., und J.W. Thornton. 2014. Historical contingency and its biophysical basis in glucocorticoid receptor evolution. *Nature* 512:203–207.

Hashimoto, T., et al. 2018. The onset of star formation 250 million years after the Big Bang. *Nature* 557:392–395.

Haug, C., und J. Haug. 2017. The presumed oldest flying insect: more likely a myriapod? *PeerJ* 5:e3402.

Henning, T. 2013. Aus Staub geboren. *Spektrum der Wissenschaft* 2013:42–52.

Herendeen, P.S., et al. 2017. Palaeobotanical redux: Revisiting the age of the angiosperms. *Nature Plants* 3:17015.

Hibbett, D.S., et al. 1997. Fossil mushrooms from Miocene and Cretaceous ambers and the evolution of homobasidiomycetes. *American Journal of Botany* 84 (8): 981–991.

Hibbett, D.S., et al. 2016. Climate, decay, and the death of the coal forests. *Current Biology* 26:R563–R567.

Hochuli, P.A., et al. 2016. Severest crisis overlooked – Worst disruption of terrestrial environments postdates the Permian-Triassic mass extinction. *Scientific Reports* 6:28372.

Hochuli, P.A., und S. Feist-Burkhardt. 2013. Angiosperm-like Pollen and *Afropollis* from the Middle Triassic (Anisian) of the Germanic Basin (Northern Switzerland). *Frontiers in Plant Science* 4:344.

Hoffman, P.F., et al. 2017. Snowball Earth climate dynamics and Cryogenian geology-geobiology. *Science Advances* 3:e1600983.

Hoffman, E.A., und T.B. Rowe. 2018. Jurassic stem-mammal perinates and the origin of mammalian reproduction and growth. *Nature* 561:104–108.

Hoffmann, S., und D.W. Krause. 2018. A 3D view of early mammals. *Nature* 558:32–33.

Holloway, R.L., et al. 2018. Endocast morphology of *Homo naledi* from the Dinaledi Chamber, South Africa. *Proceedings of the National Academy of Sciences* 115:5738–5743.

Hoshino, Y., et al. 2017. Cryogenian evolution of stigmasteroid biosynthesis. *Science Advances* 3 (9): e1700887.

Hörnschemeyer, T., et al. 2013. Is Strudiella a Devonian insect? *Nature* 494:E3–E4.

Irisarri, I., et al. 2017. Phylotranscriptomic consolidation of the jawed vertebrate timetree. *Nature Ecology & Evolution* 1:1370–1378.

Ivany, L.C., et al. 2018. Little lasting impact of the Paleocene-Eocene Thermal Maximum on shallow marine molluscan faunas. *Science Advances* 4:eaat5528.

Jackson, J.B.C., und D.H. Erwin. 2006. What can we learn about ecology and evolution from the fossil record? *Trends in Ecology & Evolution* 21 (6): 322–328.

Jacobs, Z., et al. 2019. Timing of archaic hominin occupation of Denisova Cave in southern Siberia. *Nature* 565:594–599.

Jason, J.H., et al. 2009. Giant boid snake from the Palaeocene neotropics reveals hotter past equatorial temperatures. *Nature* 457:715–717.

Jeffery, J.E., et al. 2018. Unique pelvic fin in a tetrapod-like fossil fish, and the evolution of limb patterning. *Proceedings of the National Academy of Sciences* 115 (47): 12005–12010.

Jewitt, D., und E.D. Young. 2015. Als die Meere vom Himmel fielen. *Spektrum der Wissenschaft* 2015:50–58.

Johnson, R.J., und P. Andrews. 2016. In den Fängen des Fettgens. *Spektrum der Wissenschaft* 2016:20–26.

Jones, K.E., et al. 2018. Fossils reveal the complex evolutionary history of the mammalian regionalized spine. *Science* 361:1249–1252.

Jud, N.A., M.D. D'Emic, S.A. Williams, et al. 2018. A new fossil assemblage shows that large angiosperm trees grew in North America by the Turonian (Late Cretaceous). *Science Advances* 4:eaar8568.

Kaasalainen, U., et al. 2017. Diversity and ecological adaptations in Palaeogene lichens. *Nature Plants* 3:17049.

Kandler, O. 1995. Cell wall biochemistry in Archaea and its phylogenetic implications. *Journal of Biological Physics* 20:165–169.

Kaplan, J.O., et al. 2017. Large scale anthropogenic reduction of forest cover in Last Glacial Maximum Europe. *PLoS ONE* 11:e0166726.

Katz, O. 2018. Extending the scope of Darwin's „abominable mystery": Integrative approaches to understanding angiosperm origins and species richness. *Annals of Botany* 121:1–8.

Kawai, H., et al. 2003. Responses of ferns to red light are mediated by an unconventional photorecetor. *Nature* 421:287–290.

Keller, M.A., et al. 2017. Sulfate radicals enable a non-enzymatic Krebs cycle precursor. *Nature Ecology & Evolution* 1:0083.

Kiang, N.Y., et al. 2007. Spectral signatures of photosynthesis. *I. Review of Earth Organisms. Astrobiology* 7 (1): 222–251.

Knoll, A.H., und M.J. Follows. 2016. A bottom-up perspective on ecosystem change in Mesozoic oceans. *Proceedings of the Royal Society B: Biological Sciences* 283:20161755.

Kopp, R.E., et al. 2005. The Paleoproterozoic snowball Earth: A climate disaster triggered by the evolution of oxygenic photosynthesis. *Proceedings of the National Academy of Sciences* 102:11131–11136.

Krause, J., et al. 2010. The complete mitochondrial DNA genome of an unknown hominin from southern Siberia. *Nature* 464:894–897.

Ksepka, D.T., und M. Habib. 2016. Riesenvögel der Urzeit. *Spektrum der Wissenschaft* 2016:18–25.

Kölbl-Ebert, M., et al. 2018. A Piranha-like Pycno-dontiform Fish from the Late Jurassic. *Current Biology* 28:1–6.

Laaß, M., und A. Kaestner. 2017. Evidence for convergent evolution of a neocortex-like structure in a late Permian therapsid. *Journal of Morphology* 278:1033–1057.

Laenen, B., et al. 2014. Extant diversity of bryophytes emerged from successive post-Mesozoic diversification bursts. *Nature Communications* 5:5134.

Lambertz, M. 2016. Zur Evolution des eigentümlichen Ventilationsmechanismus der Schildkröten. *Naturwissenschaftliche Rundschau* 69 (817): 355–359.

Lang, D., et al. 2008. Exploring plant biodiversity: The *Physcomitrella* genome and beyond. *Trends in Plant Science* 13 (10): 542–549.

Lappin, A.K., et al. 2017. Bite force in the horned frog (*Ceratophrys cranwelli*) with implications for extinct giant frogs. *Scientific Reports* 7:11963.

Leite, Y.L.R., et al. 2016. Neotropical forest expansion during the last glacial period challenges refuge hypothesis. *Proceedings of the National Academy of Sciences* 113 (4): 1008–1013.

Lenton, T.W., et al. 2012. First plants cooled the Ordovician. *Nature Geoscience* 5:86–89.

Li, C., et al. 2018. A Triassic stem turtle with an edentulous beak. *Nature* 560:476–479.

Li, H.-T., et al. 2019. Origin of angiosperms and the puzzle of the Jurassic gap. *Nature Plants* 5:461–470.

Libertin, M., et al. 2018. Sporophytes of polysporangiate land plants from the early Silurian period may have been photosynthetically autonomous. *Nature Plants* 4:269–271.

Ligrone, R., et al. 2012. The origin of the sporophyte shoot in land plants: A bryological perspective. *Annals of Botany* 110:935–941.

Lindgren, J., et al. 2018. Soft-tissue evidence for homeothermy and crypsis in a Jurassic ichthyosaur. *Nature* 564:359–365.

Liu, X., et al. 2018. Liverwort Mimesis in a Cretaceous Lacewing Larva. *Current Biology* 28:1475–1481.

Lloyd, D. 2006. Hydrogen sulfide: Clandestine microbial messenger? *Trends in Microbiology* 14 (10): 456–462.

Loron, C.C., et al. 2019. Early fungi from the proterozoic era in Arctic Canada. *Nature* 570:232–235.

Lu, J., et al. 2012. The earliest known stem-tetrapod from the Lower Devonian of China. *Nature Communications* 3:1160.

Lucas-Lledó, J.I., und M. Lynch. 2009. Evolution of mutation rates: Phylogenomic analysis of the photolyase/cryptochrome family. *Molecular Biology and Evolution* 26:1143–1153.

Luque, J., et al. 2019. Exceptional preservation of mid-Cretaceous marine arthropods and the evolution of novel forms via heterochrony. *Science Advances* 21 (3): 157–165.

MacFadden, B.J. 2006. Extinct mammalian biodiversity of the ancient New World tropics. *Trends in Ecology & Evolution* 21 (3): 157–165.

MacLeod, K.G., et al. 2018. Postimpact earliest Paleogene warming shown by fish debris oxygen isotopes (El Kef, Tunisia). *Science* 360:1467–1469.

Maier, W. 2018. Fortpflanzungsbiologie und Ursprung der Säugetiere. *Biologie in unserer Zeit* 48:301–309.

Mander, L., et al. 2010. An explanation for conflicting records of Triassic-Jurassic plant diversity. *Proceedings of the National Academy of Sciences* 107 (35): 15351–15356.

Mann, A. 2018. Streit um die frühe Erde. *Spektrum der Wissenschaft* 2018:58–62.

Maor, R., et al. 2017. Temporal niche expansion in mammals from a nocturnal ancestor after dinosaur extinction. *Nature Ecology & Evolution* 1:1889–1895.

Martin, W., et al. 2008. Hydrothermal vents and the origin of life. *Nature Reviews Microbiology* 6:805–814.

Martin, W. 2009. Hydrothermalquellen und der Ursprung des Lebens. Alles hat einen Anfang, auch die Evolution. *Biologie in unserer Zeit* 39:166–174.

Martin, W., et al. 2017. The physiology of phagocytosis in the context of mitochondrial origin. *Microbiology and Molecular Biology Reviews* 81:e00008–17.

Martin, W., und M.J. Russel. 2003. On the origins of cells: A hypothesis for the evolutionary transitions from abiotic geochemistry to chemoautotrophic prokaryotes, and from prokaryotes to nucleated cells. Philos. *Philosophical Transactions of the Royal Society of London. Series B, Biological sciences* 358:59–85.

Mayr, G., et al. 2017. A Paleocene penguin from New Zealand substantiates multiple origins of gigantism in fossil Sphenisciformes. *Nature Communications* 8:1927.

McCoy, R.C., et al. 2017. Impacts of Neanderthal-introgressed sequences on the landscape of human gene expression. *Cell* 168:916–927.

McCutcheon, J.P., und C.D. von Dohlen. 2011. An interdependent metabolic patchwork in the nested symbiosis of mealybugs. *Current Biology* 21 (16): 1366–1372.

McElwain, J.C., und S.W. Punyasena. 2007. Mass extinction events and the plant fossil record. *Trends in Ecology & Evolution* 22 (10): 548–557.

McLoughlin, S., et al. 2008. Seed ferns survived the end-Cretaceous mass extinction in Tasmania. *American Journal of Botany* 95:465–471.

McMahon, W.J., und N.S. Davies. 2018. Evolution of alluvial mudrock forced by early land plants. *Science* 359:1022–1024.

McPherron, S.P., et al. 2010. Evidence for stone-tool-assisted consumption of animal tissues before 3.39 million years ago at Dikika, Ethiopia. *Nature* 466:857–860.

Meyer, M., et al. 2012. A high-coverage genome sequence from an archaic Denisovan individual. *Science* 338:222–226.

Meyer, M., et al. 2014. A mitochondrial genome sequence of a hominin from Sima de los Huesos. *Nature* 505:403–406.

Meyer, M., et al. 2016. Nuclear DNA sequences from the Middle Pleistocene Sima de los Huesos hominins. *Nature* 531:504–507.

Morris, J.L., et al. 2018. The timescale of early land plant evolution. *Proceedings of the National Academy of Sciences* 115:E2274–E2283.

Moser, M. 2012. *Deinonychus:* Funktion der Schreckensklaue. *Naturwissenschaftliche Rundschau* 65 (765): 138–139.

Moser, M. 2017. Neuer Stammbaum der Dinosaurier? *Naturwissenschaftliche Rundschau* 70:247–249.

Moser, M. 2017. Gleitfliegende Säugetiere der Jurazeit. *Naturwissenschaftliche Rundschau* 70 (831): 458–459.

Moser, M. 2018. Dinosaurier, Vögel und Zecken im kreidezeitlichen Bernstein. *Naturwissenschaftliche Rundschau* 71 (836): 82–84.

Motani, R., et al. 2014. A basal ichthyosauriform with a short snout from the Lower Triassic of China. *Nature* 517:485–488.

Muchowska, K.B., et al. 2019. Synthesis and breakdown of universal metabolic precursors promoted by iron. *Nature* 569:104–107.

Muscente, A.D., et al. 2018. Quantifying ecological impacts of mass extinctions with network analysis of fossil communities. *Proceedings of the National Academy of Sciences* 115:5217–5222.

Ménez, B., et al. 2018. Abiotic synthesis of amino acids in the recesses of the oceanic lithosphere. *Nature* 564:59–63.

Nasir, A., und G. Caetano-Anolés. 2015. A phylogenomic data-driven exploration of viral origins and evolution. *Science Advances* 1:e1500527.

Nel, A., et al. 2013. The earliest known holometabolous insects. *Nature* 503 (7475): 257–261.

Nelsen, M.P., et al. 2016. Delayed fungal evolution did not cause the Paleozoic peak in coal production. *Proceedings of the National Academy of Sciences* 113:2442–2447.

Neville, L.A., et al. 2019. Limited freshwater cap in the Eocene Arctic Ocean. *Scientific Reports* 9:4226.

Niether, D., et al. 2016. Accumulation of formamide in hydrothermal pores to form prebiotic nucleobases. *Proceedings of the National Academy of Sciences* 113:4272–4277.

Niklas, K.J., und U. Kutschera. 2009. The evolution of the land plant life cycle. *New Phytologist* 185:27–41.

Nitsch, E., und M. Franz. 2009. Lebensraum Jurameer: Der Frühe und Mittlere Jura. *Biologie in unserer Zeit* 39 (4): 278–287.

Nowak, H., et al. 2019. No mass extinction for land plants at the Permian-Triassic transition. *Nature Communications* 10:384.

Nutman, A.P., et al. 2016. Rapid emergence of life shown by discovery of 3,700-million-year-old microbial structures. *Nature* 537:535–538.

Okerblom, J., et al. 2018. Human-like Cmah inactivation in mice increases running endurance and decreases muscle fatigability: Implications for human evolution. *Proceedings of the Royal Society B: Biological Sciences* 285:20181656. https://doi.org/10.1098/rspb.2018.1656.

Ortlund, E.A., et al. 2007. Crystal structure of an ancient protein: Evolution by conformational epistasis. *Science* 317:1544–1548.

O'Dea, A., et al. 2016. Formation of the Isthmus of Panama. *Science Advances* 2:e1600883.

Padian, K. 2018. Evolutionary insights from an ancient bird. *Nature* 557:36–37.

Pan, Y., et al. 2019. The molecular evolution of feathers with direct evidence from fossils. *Proceedings of the National Academy of Sciences* 116:3018–3023.

Pearce, B.K.D., et al. 2017. Origin of the RNA World: The fate of nucleobases in warm little ponds. *Proceedings of the National Academy of Sciences* 114:11327–11332.

Peters, R.S., et al. 2017. Evolutionary history of the Hymenoptera. *Current Biology* 27:1013–1018.

Petersen, K.B., und M. Burd. 2018. The adaptive value of heterospory: Evidence from *Selaginella*. *Evolution* 72:1080–1091.

Peterson, K.J., et al. 2009. MircoRNAs and metazoan macroevolution: Insights into canalization, complexity, and the Cambrian explosion. *BioEssays* 31:736–747.

Pimiento, C., et al. 2016. Geographical distribution patterns of *Carcharocles megalodon* over time reveal clues about extinction mechanisms. *Journal of Biogeography* 43:1645–1655.

Planavsky, N.J., et al. 2010. The evolution of the marine phosphate reservoir. *Nature* 467:1088–1090.

Poinar, G.J., und F.N. Rasmussen. 2017. Orchids from the past, with a new species in Baltic amber. *Botanical Journal of the Linnean Society* 183:327–333.

Poinar, G.O., und R. Buckley. 2007. Evidence of mycoparasitism and hypermycoparasitism in Early Cretaceous amber. *Mycological Research* 111:503–506.

Pointing, S.B., et al. 2015. Biogeography of photoautotrophs in the high polar biome. Front. *Frontiers in Plant Science* 6:692.

Powner, M.W., et al. 2009. Synthesis of activated pyrimidine ribonucleotides in prebiotically plausible conditions. *Nature* 459 (7244): 239–242.

Provan, J., und K.D. Bennett. 2008. Phylogeographic insights into cryptic glacial refugia. *Trends in Ecology & Evolution* 23 (10): 564–571.

Rabett, R.J. 2018. The success of failed *Homo sapiens* dispersals out of Africa and into Asia. *Nature Ecology & Evolution* 2:202–219.

Ramirez, I., et al. 2014. Elemental abundances of solar sibling candidates. *The Astrophysical Journal* 787:154–171.

Rasmussen, D.T., et al. 2019. Primitive Old World monkey from the earliest Miocene of Kenya and the evolution of cercopithecoid bilophodonty. *Proceedings of the National Academy of Sciences* 116:6051–6056.

Remy, W., et al. 1994. Four hundred-million-year-old vesicular arbuscular mycorrhizae. *Proceedings of the National Academy of Sciences* 91:11841–11843.

Rickards, R.B. 2000. The age of the earliest club mosses: The Silurian *Baragwanathia* flora in Victoria. *Geological Magazinec* 137:207–209.

Rimington, W.R., et al. 2014. Fungal associations of basal vascular plants: Reopening a closed book? *New Phytologist* 205:1394–1398.

Rosas, A., et al. 2017. The growth pattern of Neandertals, reconstructed from a juvenile skeleton from El Sidrón (Spain). *Science* 357:1282–1287.

Rosendahl, W., und D. Döppes. 2018. Tiermumien: Dino, Mammut & Co. *Spektrum der Wissenschaft* 2018:40–47.

Rothman, D.H., et al. 2014. Methanogenic burst in the end-Permian carbon cycle. *Proceedings of the National Academy of Sciences* 111 (15): 5462–5467.

Rubinstein, C.V., et al. 2010. Early Middle Ordovician evidence for for land plants in Argentinia (eastern Gondwana). *New Phytologist* 188:365–369.

Sahnouni, M., et al. 2018. 1.9-million- and 2.4-million-year-old artifacts and stone tool-cutmarked bones from Ain Boucherit, Algeria. *Science* 362:1297–1301.

Sanchez, S., et al. 2016. Life history of the stem tetrapod *Acanthostega* revealed by synchrotron microtomography. *Nature* 537:408–411.

Sander, J. 2016. Paläomikrobiologie – Eine kurze Geschichte der Prokaryoten und Pilze. *Naturwissenschaftliche Rundschau* 69 (813): 112–120.

Sander, J. 2016. Auf den Spuren des *Homo erectus*. *Naturwissenschaftliche Rundschau* 69 (819): 470–472.

Sander, J. 2017. Zwei Menschenarten werden zu Zeitgenossen. *Biologie in unserer Zeit* 47:217–219.

Sander, J. 2017. Frühe Menschen in Amerika. *Naturwissenschaftliche Rundschau* 70 (829): 358–359.

Sander, J. 2018. Höhlenmalereien des Neandertalers. *Biologie in unserer Zeit* 48 (2): 151–152.

Sankararman, S., et al. 2014. The genomic landscape of Neanderthal ancestry in present-day humans. *Nature* 507:354–357.

Sann, M., et al. 2018. Phylogenomic analysis of Apoidea sheds new light on the sister group of bees. *BMC Evolutionary Biology* 18:71.

Sauquet, H., et al. 2017. The ancestral flower of angiosperms and its early diversification. *Nature Communications* 8:16047.

Schink, B. 2011. Mikroorganismen als Architekten unserer Erde. *Biospektrum* 17 (1): 95.

Schmidt, A.R., et al. 2007. Carnivorous fungi from Cretaceous amber. *Science* 318 (5857): 1743.

Schmitz, B., et al. 2019. An extraterrestrial trigger for the mid-Ordovician ice age: Dust from the breakup of the L-chondrite parent body. *Science Advances* 5:4184.

Schobben, M., et al. 2015. Fluorishing ocean drives the end-Permian mass extinction. *Proceedings of the National Academy of Sciences* 112:10298–10303.

Schoenemann, B., et al. 2017. Structure and function of a compound eye, more than half a billion years old. *Proceedings of the National Academy of Sciences* 114:13489–13494.

Schopf, J.W., et al. 2017. SIMS analyses of the oldest known assemblage of microfossils document their taxon-correlated carbon isotope compositions. *Proceedings of the National Academy of Sciences* 115:53–58.

Schuettpelz, E., und K.M. Pryer. 2009. Evidence for a Cenozoic radiation of ferns in an angiosperm-dominated canopy. *Proceedings of the National Academy of Sciences* 106 (6): 11200–11205.

Selosse, M.-A., und M. Roy. 2009. Green plants that feed on fungi: Facts and questions about mixotrophy. *Trends in Plant Science* 14 (2): 64–70.

Sepúlveda, J., et al. 2009. Rapid resurgence of marine productivity after the Cretaceous-Paleogene mass extinction. *Science* 326 (5949): 129–132.

Shaw, A.J., et al. 2010. Peatmoss (*Sphagnum*) diversification associated with Miocene Northern Hemisphere Climate Cooling? *Molecular Phylogenetics and Evolution* 55 (3): 1139–1145.

Simmons, N.B. 2009. Fledermäuse – Wie sie fliegen und jagen lernten. *Spektrum der Wissenschaft* 09 (09): 50–57.

Simonin, K.A., und A.B. Roddy. 2018. Genome downsizing, physiological novelty, and the global dominance of flowering plants. *PLoS Bilogy* 16 (1): e2003706.

Slon, V., et al. 2018. The genome of the offspring of a Neanderthal mother and a Denisovan father. *Nature* 561:113–116.

Smith, M.R. 2016. Cord-forming Palaeozoic fungi in terrestrial assemblages. *Botanical Journal of the Linnean Society* 180:452–460.

Smith, K.T., und A. Scanferla. 2016. Fossil snake preserving three trophic levels and evidence for an ontogenetic dietary shift. *Palaeobiodiversity and Palaeoenvironments* 96:589–599.

Soh, W.K., et al. 2017. Palaeo leaf economics reveal a shift in ecosystem function associated with the end-Triassic mass extinction event. *Nature Plants* 3:17104.

Spang, A., et al. 2015. Complex archaea that bridge the gap between prokaryotes and eukaryotes. *Nature* 521:173–179.

Speelman, E.N., et al. 2009. The Eocene Arctic Azolla bloom: Environmental conditions, productivity and carbon drawdown. *Geobiology* 7:155–170.

Spribille, T., et al. 2016. Basidiomycete yeasts in the cortex of ascomycete macrolichens. *Science* 353 (6298): 488–492.

Stein, W.E., et al. 2007. Giant cladoxylopsid trees resolve the enigma of the Earth's earlist forest stumps at Gilboa. *Nature* 446:904–907.

Strother, P.K., et al. 2011. Earth's earliest non-marine eukaryotes. *Nature* 473:505–509.

Sulej, T., und G. Niedzwiedsky. 2019. An elephant-sized Late Triassic synapsid with erect limbs. *Science* 363:78–80.

Sun, G., et al. 2011. A eudicot from the Early Cretaceous of China. *Nature* 471:625–628.

Sun, H., et al. 2018. Rapid enhancement of chemical weathering recorded by extremely light seawater lithium isotopes at the Permian-Triassic boundary. *Proceedings of the National Academy of Sciences* 115:3782–3787.

Sutikna, T., et al. 2016. Revised stratigraphy and chronology for *Homo floresiensis* at Liang Bua in Indonesia. *Nature* 532:366–369.

Sánchez-Baracaldo, P., et al. 2017. Early photosynthetic eukaryotes inhabited low-salinity habitats. *Proceedings of the National Academy of Sciences* 114 (37): E7737–E7745.

Tashiro, T., et al. 2017. Early trace of life from 3.95 Ga sedimentary rocks in Labrador, Canada. *Nature* 549:516–518.

Taylor, T.N., et al. 2005. Life history of early land plants: Deciphering the gametophyte phase. *Proceedings of the National Academy of Sciences* 102 (16): 5892–5897.

Testo, W., und M. Sundue. 2016. A 4000-species dataset provides new insights into the evolution of ferns. *Molecular Phylogenetics and Evolution* 105:200–211.

Tetsch, L. 2018. Überlebende im Tethys-Meer. *Biologie in unserer Zeit* 48:12–13.

Thomas, B.A., und C.J. Cleal. 2017. Arborescent lycophyte grwoth in the late Carboniferous coal swamps. *New Phytologist* 218:885–890.

Towle, I., und J.D. Irish. 2019. probable genetic origin for pitting enamel hypoplasia on the molars of *Paranthropus robustus*. *Journal of Human Evolution* 129:54–61.

Uhl, D. 2013. Eine kurze Geschichte des Feuers: Vegetationsbrände in der Erdgeschichte. *Biologie in unserer Zeit* 43 (4): 228–235.

van den Bergh, G.D., et al. 2016. *Homo floresiensis*-like fossils from the early Middle Pleistocene of Flores. *Nature* 534:245–248.

van Eldijk, T.J.B., et al. 2018. Triassic-Jurassic window into the evolution of Lepidoptera. *Science Advances* 4:e1701568.

Varga, T., et al. 2019. Megaphylogeny resolves global patterns of mushroom evolution. *Nature Ecology & Evolution* 8:668–678.

Vernot, B., und J.M. Akey. 2014. Ressurecting surviving Neandertal lineages from modern human genomes. *Science* 343:1017–1021.

Vinther, J. 2018. Bunte Dinosaurier. *Spektrum der Wissenschaft* 2018:36–44.

Vrsansky, P. 2010. Cockroach as the Earliest Eusocial Animal. *Acta Geologica Sinica* 84:793–808.

Wang, J., et al. 2012. Permian vegetational pompeii from Inner Mongolia and ist implications for landscape paleoecology and peleobiogeography of Cathaysia. *Proceedings of the National Academy of Sciences* 109 (13): 4927–4932.

Wang, M., et al. 2018. A new clade of basal Early Cretaceous pygostylian birds and developmental plasticity of the avian shoulder girdle. *Proceedings of the National Academy of Sciences* 115:10708–10713.

Wang, M., et al. 2019. A new Jurassic scansoriopterygid and the loss of membranous wings in theropod dinosaurs. *Nature* 569:256–259.

Wang, X., et al. 2017. Egg accumulation with 3D embryos provides insight into the life history of a pterosaur. *Science* 358:1197–1201.

Wang, Y., et al. 2012. Jurassic mimikry between a hangingfly and a ginkgo from China. *Proceedings of the National Academy of Sciences* 109 (50): 20514–20519.

Wappler, T., et al. 2015. Plant-insect interactions from Middle Triassic (late Ladinian) of Monte Agnello (Dolomites, N-Italy) – Initial pattern and response to abiotic environmental perturbations. *PeerJ* 3:e921.

Watson, T. 2017. Unterschätzte Urzeitjäger. *Spektrum der Wissenschaft* 2017:42–48.

Weiss, M.C., et al. 2016. The physiology and habitat of the last universal common ancestor. *Nature Microbiology* 1:16116.

Wellman, C.H., et al. 2003. Fragements of the earliest land plants. *Nature* 425:282–285.

Wellman, C.H. 2004. Palaeoecology and palaeophytogeography of the Rhynie chert plants: Evidence from integrated analysis of *in situ* and dispersed spores. *Proceedings of the Royal Society of London, Series B: Biological Sciences* 271:985–992.

Wellman, C.H. 2018. Palaeoecology and palaeophytogeography of the Rhynie chert plants: Further evidence from integrated analysis of *in situ* and dispersed spores. *Philosophical Transactions of the Royal Society B: Biological Sciences* 373:20160491.

Weyrich, L.S., et al. 2017. Neanderthal behaviour, diet, and disease inferred from ancient DNA in dental calculus. *Nature* 544:357–361.

Wiemann, J., et al. 2018. Dinosaur egg colour had a single evolutionary origin. *Nature* 563:555–558.

Winston, M.E., et al. 2016. Early and dynamic colonization of Central America drives speciation in Neotropical army ants. *Molecular Ecology* 26:859–870.

Wintrich, T., et al. 2017. A Triassic plesiosaurian skeleton and bone histology inform on evolution of a unique body plan. *Science advances* 3:e1701144.

Wipfler, B., et al. 2019. Evolutionary history of Polyneoptera and its implications for our understanding of early winged insects. *Proceedings of the National Academy of Sciences* 116:3024–3029.

Witmer, L.M. 2009. Fuzzy origins for feathers. *Nature* 458:293–295.

Wong, K. 2012. Ein neuer Urahn? *Spektrum der Wissenschaft* 2012:23–31.

Wong, K. 2014. Zum Jagen geboren. *Spektrum der Wissenschaft* 2014:26–31.

Wong, K. 2015. Verkannte Neandertaler. *Spektrum der Wissenschaft* 2015:28–35.

Wong, K. 2016. Wer war *Homo naledi?*. *Spektrum der Wissenschaft* 2016:20–29.

Wong, K. 2018. Die ersten Steinwerkzeuge. *Spektrum der Wissenschaft* 2018:40–47.

Wong, K. 2019. Die letzte ihrer Gattung. *Spektrum der Wissenschaft* 2019:30–35.

Wood, R. 2019. Integrated records of environmental change and evolution challenge the Cambrian Explosion. *Nature Ecology & Evolution* 3:528–538.

Wächtershauser, G. 1990. Evolution of the first metabolic cycles. *Proceedings of the National Academy of Sciences* 87:200–204.

Yang, Z., et al. 2019. Pterosaur integumentary structures with complex feather-like branching. *Nature Ecology & Evolution* 3:24–30.

Yao, W., et al. 2018. Large-scale ocean deoxygenation during the Paleocene-Eocene Thermal Maximum. *Science* 361:804–806.

Ye, Q., et al. 2016. The survival of benthic macroscopic phototrophs on a Neoproterozoic snowball Earth. *Geology* 43:507–510.

Yi, H. 2018. Wie die Schlangen gleiten lernten. *Spektrum der Wissenschaft* 2018:38–44.

Yiotis, C., et al. 2017. Differences in the photosynthetic plasticity of ferns and Ginkgo grown in experimentally controlled low [O2]:[CO2] atmospheres may explain their contrasting ecological fate across the Triassic-Jurassic mass extinction boundary. *Annals of Botany* 119:1385–1395.

Young, T.E. 2011. Die Geburt der Sterne. *Spektrum der Wissenschaft* 2011:46–53.

Zalmout, I.S., et al. 2010. New Oligocene primate from Saudi Arabia and the divergence of apes and Old World monkeys. *Nature* 466:360–364.

Zeng, L., et al. 2014. Resolution of deep angiosperm phylogeny using conserved nuclear genes and estimates of early divergence times. *Nature Communications* 5:4956.

Zheng, D., et al. 2018. Middle-Late Triassic insect radiation revealed by diverse fossils and isotopic ages from China. *Science Advances* 5:4956.

Zhu, S., et al. 2016. Decimetre-scale multicellular eukaryotes from the 1.56-billion-year-old Gaoyuzhuang Formation in North China. *Nature Communications* 7:11500.

Zhu, M., et al. 2017. Devonian tetrapod-like fish reveals substantial parallelism in stem tetrapod evolution. *Nature Ecology & Evolution* 1:1470–1476.

Zhu, Z., et al. 2018. Hominin occupation of the Chinese Loess Plateau since about 2.1 million years ago. *Nature* 559:608–612.

Ziegler, R. 2016. Neue Primaten aus dem Tertiär von China und Nordamerika. *Naturwissenschaftliche Rundschau* 69 (818): 422.

Ziegler, R. 2017. Graecopithecus: Der älteste Vormensch ein Europäer? *Naturwissenschaftliche Rundschau* 70 (828): 296–297.

Ziegler, R. 2017. Urspung von *Homo sapiens* schon vor 300.000 Jahren. *Naturwissenschaftliche Rundschau* 70 (830): 410–411.

Ziegler, R. 2018. 13 Millionen Jahre alter Fund eines Kinderschädels wirft Licht auf frühe Evolution der Menschenaffen. *Naturwissenschaftliche Rundschau* 71 (836): 84–85.

Ziegler, R. 2018. Der moderne Mensch verließ Afrika schon vor ca. 180.000 Jahren. *Naturwissenschaftliche Rundschau* 71 (837): 137–138.

Ziegler, R. 2018. Erfolg durch Miniaturisierung. *Naturwissenschaftliche Rundschau* 71 (844): 499–500.

Zwart, S.F.P. 2010. Auf der Suche nach den Geschwistern der Sonne. *Spektrum der Wissenschaft* 2010:26–33.

Weiterführende Literatur

Benton, M.J., und H.U. Pfretzschner. 2017. *Paläontologie der Wirbeltiere*. München: Pfeil-Verlag. ISBN-13: 978-3899370720.

Fagan, B. 2012. *Cro-Magnon. Das Ende der Eiszeit und die ersten Menschen*. Stuttgart: Theiss-Verlag. ISBN 978-3-8062-2583-9.

Foley, R. 2000. *Menschen vor Homo sapiens*. Stuttgart: Jan Thorbecke-Verlag. ISBN 3-7995-9084-6.

Fortey, R. 2004. *Trilobiten – Fossilien erzählen die Geschichte der Erde*. München: Dtv-Verlag. ISBN 3-423-34111-4.

Frahm, J.P. 2001. *Biologie der Moose*. Heidelberg: Springer-Spektrum-Verlag. ISBN 978-3-662-57606-9.

Frey, W., und R. Lösch. 2014. *Geobotanik: Pflanzen und Vegetation in Raum und Zeit*. Berlin: Springer. ISBN-13: 978-3662452806.

Kadereit, J.W., et al. 2014. *Strasburger. Lehrbuch der Pflanzenwissenschaften*. Heidelberg: Springer-Spektrum. ISBN 978-3-642-54434-7.

Kühl, G. 2012. *Fossilien im Hunsrückschiefer*. Aachen: Meyer-Verlag. ISBN 978-3-494-01483-8.

Kutschera, U. 2015. *Evolutionsbiologie.* Stuttgart: UTB-Verlag. ISBN-13: 978-3825286231.

Mutterlose, J., und Ziegler B. 2018. *Allgemeine Paläontologie.* Einführung in die Paläobiologie. Stuttgart: Schweizerbart-Verlag. ISBN-13: 978-3510654154.

Oschmann, W. 2018. *Leben der Vorzeit: Grundlagen der Allgemeinen und Speziellen Paläontologie.* Stuttgart: UTB-Verlag. ISBN-13: 978-3825248932.

Polenz, H., 1999. Lust auf Steine. Edition Goldschneck im Quelle & Meyer-Verlag. ISBN3-92629-25-5.

Remy, W., und R. Remy. 1977. *Die Flora des Erdaltertums.* Essen: Glückauf-Verlag. ISBN 3-7739-0188-7.

Schmude, J., et al. 2012. *Allgemeine Paläontologie.* Darmstadt: WBG-Verlag. ISBN-13: 978-3534220755.

Storch, V., et al. 2013. *Evolutionsbiologie.* Heidelberg: Springer-Spektrum. ISBN-13: 978-3642328350.

Tattersal, I. 1999. *Neandertaler. Streit um unsere Ahnen.* Basel: Birkhäuser. ISBN 3-7643-6051-8.

Weigert, A., und Wendker, J. 2009. Astronomie und Astrophysik: Ein Grundkurs. Weinheim: Wiley-VCH. ISBN-13: 978-3527407934.

Zarzavy, J., et al. 2013. *Evolution – Ein Lesebuch.* Heidelberg: Springer-Spektrum. ISBN-13: 978-3642396953.

Zimmer, C. 2006. *Woher kommen wir? Die Ursprünge des Menschen.* München: Spektrum-Verlag. ISBN-13: 978-3-8274-1787-2.

Stichwortverzeichnis

A

Acetyl-CoA-Weg 17
Afrikanische Eva 223
Altweltaffe 195
Ammonit 71, 95, 128, 130,
    144, 149, 173
Amphibien 93, 105, 117,
    130, 159, 180
Angiosperme 115, 133, 165,
    167
Anomalocaris 56
Anthropozän 228
Archaeen 21, 29, 31, 33, 35,
    36, 62, 95
Archaeopteryx 139
Archosaurier 119
Atmung 26

Atmungskette 13, 34
Australopithecus 199, 219

B

Bakterien 21, 27, 29, 33, 35,
    39, 45, 48, 53, 59, 62,
    77, 86, 108, 178
Bändereisenformation 30
Bedecktsamer 83, 90, 115,
    133, 164, 167
Belemnit 94, 144
Bernstein 160, 171, 179
Black Smoker 13
Blütenpflanze 83, 164, 177
Bombardement 22
Brachiopode 127

© Springer-Verlag GmbH Deutschland,
ein Teil von Springer Nature 2020
J. Sander, *Ursprung und Entwicklung des Lebens*,
https://doi.org/10.1007/978-3-662-60570-7

Buntbarsch 191

C

Chloroplast 35, 41, 109
Citratzyklus 13, 15, 26, 34
Conodont 51, 61, 129
Corticoidrezeptor 73

D

Denisova-Mensch 220
Dinosaurier 103, 111, 119, 121, 134, 150, 168, 172

E

Echsenbeckensaurier 122, 135, 139, 150
Eiszeit 32, 43, 66, 88, 95, 200, 209, 215, 222
Endoplasmatisches Retikulum (ER) 33
Eukaryot 33, 40, 42, 45, 109

F

Floresmensch 221
Flugsaurier 120, 138, 157, 173
Foraminifere 95, 131, 148, 178

G

Gärung 13, 26, 31
Gärungsstoffwechsel 13
Gegenschattierung 150

Generationswechsel 63, 78
Genexpansion, archaische 26
Glykolyse 13
Graptolith 62, 109
Gras 185
Große Sauerstoffkatastrophe 30
Grünalge 42
Gymnosperme 79, 81, 83, 98, 99, 109, 112, 113, 130, 163, 169

H

Hadaikum 8, 14
Heidelbergmensch 214
Heterosporität 82
Holz 80, 90, 146

I

Ichthyosaurier 74, 126, 130, 144, 172
Insekt 86, 92, 106, 110, 113, 115, 132, 141, 159, 160, 168, 183
Interstadial 201
Isosporie 82

J

Javamensch 211

K

Kieselalge 125, 148
Kohle 89, 96, 97, 178

Koralle 62, 87, 109, 128, 145, 148
Krokodil 119, 145, 158

L
Landpflanze 63, 64, 74, 87
Landwirtschaft 227
last eukaryotic common ancestor (LECA) 40
LECA (last eukaryotic common ancestor) 40
Leitfossil 51, 59, 62, 72, 95, 178
Lepidodendren 90
Lepidodendron 89
Lepidosaurier 120, 134, 149
Levallois-Abschlagtechnik 210
Lokiarchaeota 36
Lost City 16
Lucy 199

M
Mammut 203, 215
Massenaussterben 66, 87, 107, 129, 171, 173
Metamorphose 92
Metazoa 43
Methan 8, 14, 16, 25, 28, 31, 108, 176
Mikrobenmatte 27, 49, 53, 78
Mikrofossil 29, 52

Miller-Urey-Experiment 15
Mimikry 132, 147
Mitochondrien 13, 35
Mollusken 47, 61, 66, 71
Mond 7
Moos 63, 79, 132, 190, 216
Mykorrhiza 65, 78, 171

N
Nacktsamer 83, 90, 98, 99, 116, 130, 132, 163, 170
Neandertaler 215, 226
Neumundtier 61
Neuweltaffe 195
Nukleinsäure 11, 12, 17
Nussknackermensch 200

O
out-of-Africa-Hypothese 196, 222

P
Pekingmensch 211
Peptidnukleinsäure 18
Phagozytose 34
Photosynthese 28, 35, 107, 131, 186
Pilz 40, 42, 47, 62, 75, 78, 96, 134, 162, 171, 174, 179, 216

Placodontia 127
Plesiosaurier 127, 130, 145,
    149, 173
Pleuromeia 113
Primat 176, 182, 185, 194
Prokaryot 25
Protein 12, 17, 38, 54, 73,
    153, 208
Protheria 142

Q
Quastenflosser 147

R
Redoxprozess 13
Reptilien 93, 100, 105, 118
Retikulum, endo-
    plasmatisches 33
Rhynia 77
Rotalge 40, 41, 48

S
Samenpflanze 64, 79, 82,
    112, 133
Sauerstoff 13, 25, 28, 30, 31,
    39, 40, 42, 45, 53, 54,
    66, 92, 106, 108, 119,
    125, 131, 141, 148,
    163, 172, 177, 203,
    215
Säugetier 103, 105, 110, 117,
    120, 141, 159, 176,
    180, 187

Schachtelhalm 81, 89, 97,
    109, 113, 130, 132
Schildkröte 101, 118
Schlange 135, 158, 177, 182
Schneeballerde 43
Schwefelwasserstoff 14, 28,
    32, 45, 59, 178
Serpentinisierung 16
Sexualität 35, 38, 41
Sigillaria 89
Sigillarien 90
Sonne 4, 8
Spinne 162
Spurenfossil 52
Stachelhäuter 60, 62, 72,
    128, 145, 146
Stadial 201
Stammlinie 92
Stromatolith 22, 27, 60
Superkontinentzyklus 43

T
Tetrapode 84
Thermalquelle 15, 19, 22,
    30, 77
Trilobit 58, 61, 66, 109
Tullimonster 56
Tyrannosaurus 153, 159

U
Uhr, molekulare 54
Urknallnukleosynthese 2
UV-Strahlung 28

V

Velociraptor 119, 139, 155
Vielzeller 40, 45
Vierfüßler 84
Virus 20, 38
Vogel 119, 137, 139, 142,
    154, 155, 173, 180,
    191
Vogelbeckensaurier 122, 137,
    150

W

White Smoker 15
Wirbeltier 55, 56, 67, 70, 73,
    84, 100, 104, 134

Z

Zellkern 33, 37, 47, 78, 214

Printed by Printforce, the Netherlands